実験医学別冊 最強のステップUPシリーズ

# AlphaFold時代の構造バイオインフォマティクス

## 実践ガイド

[編集]
富井健太郎

今日からできる!

- 構造データの基本操作から
- 相互作用の推定、
- タンパク質デザインまで

羊土社
YODOSHA

## 表紙画像の解説

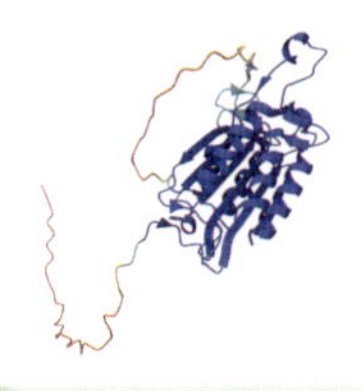
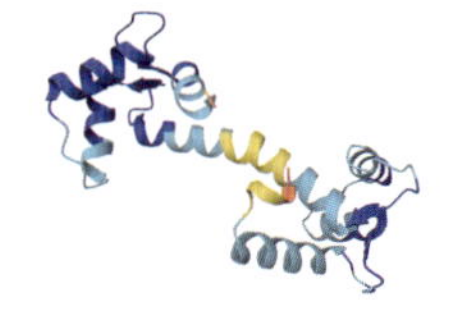
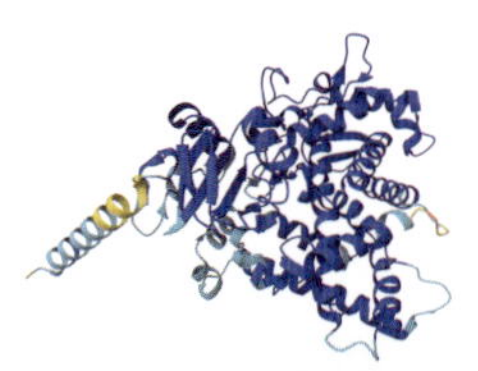

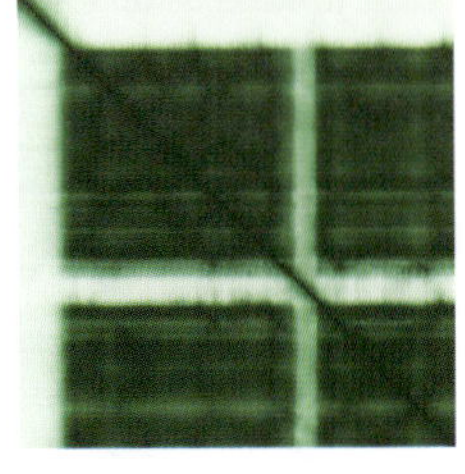

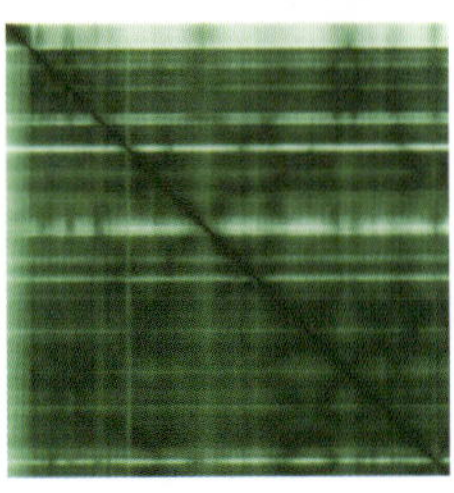

AlphaFold2による予測構造とPAE．左からヒトのcaspase-3，calmodulin-1，cytochrome P450 2C9．詳しくは**第1章-2**の**図3**（18ページ）を参照．

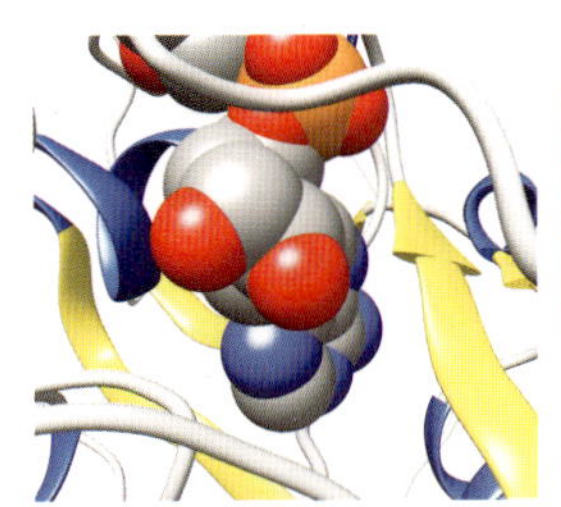
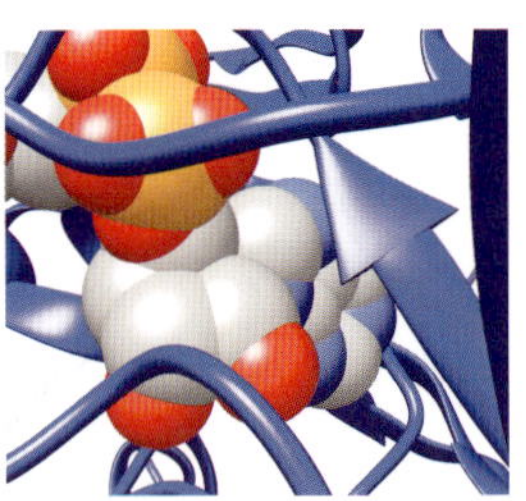

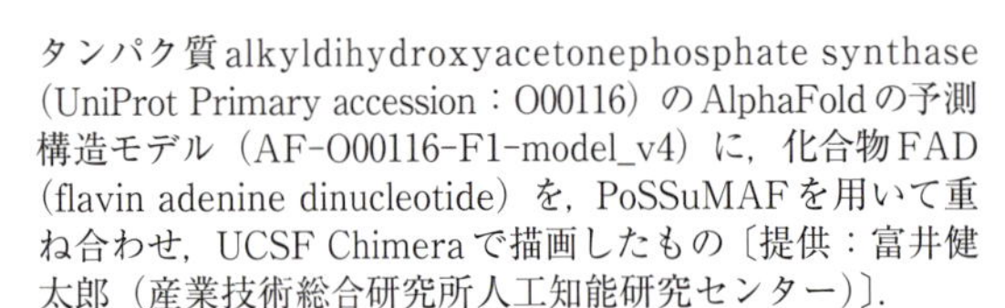

タンパク質alkyldihydroxyacetonephosphate synthase（UniProt Primary accession：O00116）のAlphaFoldの予測構造モデル（AF-O00116-F1-model_v4）に，化合物FAD（flavin adenine dinucleotide）を，PoSSuMAFを用いて重ね合わせ，UCSF Chimeraで描画したもの〔提供：富井健太郎（産業技術総合研究所人工知能研究センター）〕．

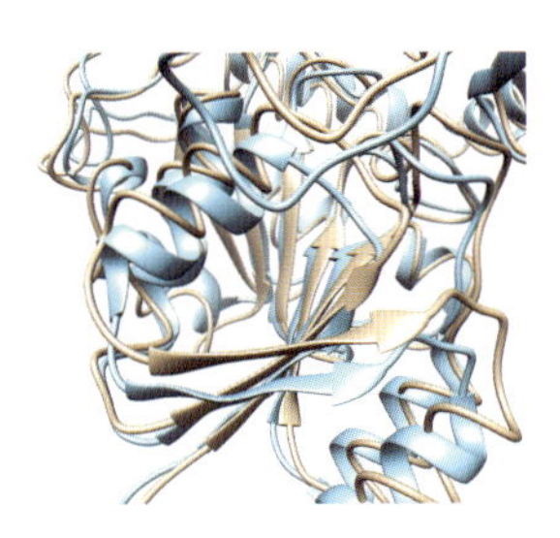

タンパク質serine palmitoyltransferase 1（UniProt Primary accession：O15269）について，PDBの構造（7K0M，金色）とAlphaFoldの予測構造モデル（AF-O15269-F1，水色）を重ね合わせ，UCSF Chimeraで描画したもの〔提供：富井健太郎（産業技術総合研究所人工知能研究センター）〕．

# 序

前世紀中頃にDNAの二重らせん構造が明らかになって以降，タンパク質や核酸など，実にさまざまな生体分子の立体構造が明らかにされてきた．生体分子の立体構造解明に多大な精力が注がれているのは，それら分子の有する機能の発現機構，あるいは機能の制御機構などについての理解を深めることができると考えられているからである．これまでに決定された数多くの立体構造は，時にそれら分子の有する機能に関する重要な手がかりを与え，時に分子の制御法を人類にもたらし，また機能美の極致ともいえるそれらのフォルム故か，時に人々を魅了すらしてきた．しかしながら，立体構造が決定されればそれだけでその分子の有する機能やその制御法が直ちにすべて明らかになる，という状況ではまだない．構造バイオインフォマティクス分野のさまざまなリソースは，必ずしも機能推定が容易ではない場合でも，立体構造データをもとに，あるいは利用し，少しでも生体分子の機能についての理解を深めるための方途となりうる．

近年，生体分子に関する利用可能な立体構造データが急増している．これには，二つの互いに関連する大きな流れが関係している．一つは，解析技術の発展による「**決定された立体構造データの増加**」であり，もう一つは，深層学習モデルの発達と立体構造データの蓄積を背景とした，多くのタンパク質に対する「**高精度の予測構造モデルの出現**」である．こうした大量の立体構造データの出現は，それらデータの利用による生体分子の機能解明の機会を拡大させるとともに，予測構造モデルの計算法のタンパク質の設計などへの応用も進められ，構造バイオインフォマティクス分野の研究の重要性を増大させている．本年のノーベル化学賞のタンパク質の設計と立体構造予測の進展に対する授与は，その象徴ともいえる出来事である．

こうした状況を背景に，これまでにさまざまなデータベースや利便性の高い数々のツールが開発され，普及が進んでいる．本書は，ライフサイエンスの，あるいはそれに限らない幅広い分野において，構造バイオインフォマティクスに関心のある研究者や学生に向け企画されたものである．時代の趨勢（すうせい）として，生体分子の立体構造に関する情報の蓄積は今後さらに加速し，またそれらの情報を解析する手立てもより豊富になるであろう．本書にはおさまりきらない研究やデータベース，手法なども多々あるが，本書が構造バイオインフォマティクスの世界を旅する読者のガイドとなり，読者が分子の立体構造の観点から自身の研究をさらに発展させるきっかけとなれば幸いである．

最後に，本書の企画に賛同し，貴重な時間を割いてご執筆いただいた先生方，本書に携わる機会をいただき，また担当いただいた羊土社の方々に深甚の謝意を表すしだいである．

2024年10月

富井健太郎

実験医学別冊 最強のステップUPシリーズ

# AlphaFold時代の構造バイオインフォマティクス

実践ガイド

今日からできる！構造データの基本操作から
相互作用の推定、タンパク質デザインまで

contents

## 第3章 立体構造によるタンパク質の機能推定



## 第4章 応用・発展的研究

#### 本文中のCUI表記について

- 本文中のアミかけのエリア（　）はCUI画面を表している.
- コード上の「▮」は，半角スペース1つ分を示す.
- 行末尾の「⮐」は，紙幅の制限による見た目の改行を示す．そのため実際のコード上では何も入力しない.
- 「#」で始まる行はコメントを示す．そのため実際のコード上では入力しなくてもよい.

#### 特典のご案内

羊土社ホームページにて，本書の特典〔構造解析用データ（p156 DL），動画（p196 movie）〕をそれぞれダウンロード，閲覧いただけます．ぜひご活用ください.

**1** 右の二次元バーコードを読み取り羊土社ホームページ内［書籍特典］ページにアクセスして下さい

（下記URL入力または「羊土社」で検索して羊土社ホームページのトップページからもアクセスいただけます
https://www.yodosha.co.jp/ ）

**2**
- 羊土社会員の方 ➡ ログインして下さい
- 羊土社会員でない方 ➡ ［新規登録ページ］よりお手続きのうえログインして下さい

**3** 書籍特典の利用 欄に下記コードをご入力ください

コード： ztc - auol - flpr ※すべて半角アルファベット小文字

**4** 本書特典ページへのリンクが表示されます

※ 羊土社会員の登録が必要です．2回目以降のご利用の際はコード入力は不要です
※ 羊土社会員の詳細につきましては，羊土社HPをご覧ください
※ 特典サービスは，予告なく休止または中止することがございます．本サービスの提供情報は羊土社HPをご参照ください.

# 第1章

# 概論と基礎知識

# 構造バイオインフォマティクスへの招待

富井健太郎

解析技術の進歩により，タンパク質の単量体構造に限らず，タンパク質－リガンド複合体，タンパク質－核酸複合体，そして巨大な超分子複合体などさまざまな生体分子の立体構造データの蓄積が進んでいる．さらに，膨大な配列データと立体構造データを利用した深層学習モデルの出現により立体構造予測の精度が格段に向上し，高精度な予測構造モデルが大部分のタンパク質について利用可能となっている．本稿では，このような立体構造データやそれらを収載するデータベースを簡単に紹介するとともに，本書で扱う内容（立体構造データの可視化や立体構造予測，シミュレーションなど）と使い方を概観する．

## はじめに

タンパク質を含む生体分子の立体構造はそれらの機能と密接に関連しており，立体構造を明らかにすることで，それら生体分子の機能発現についての理解を深めることができると考えられている．そのため，タンパク質をはじめとする多様な**生体分子の立体構造**が数多くの研究によって決定され，大量に蓄積している．そして近年，**AlphaFold**※1 1) をはじめとする，膨大な量のタンパク質のアミノ酸配列と実験により決定された大量の立体構造データを利用した本格的な深層学習モデルの出現により，多数のタンパク質について精度の良好な**予測構造モデル**が利用可能となっている．こうした状況の到来によって，本書で扱うような立体構造の分析や比較，あるいは立体構造を利用した各種シミュレーションなどにより，**生体分子の機能解明につながる機会がこれまで以上に増大している**．以下では，生体分子の立体構造データの現状や今後，そして本書の使い方などを概観する．

※1　AlphaFold
Google DeepMind社が開発した（もともとは）タンパク質立体構造予測法の名称．開発が進み，現在ではタンパク質に加え，核酸，低分子リガンドなど，あるいはそれらの複合体の立体構造予測が可能となっている10)．

## 生体分子の立体構造データの状況

前述したように，生体分子の立体構造決定は，解析技術の高度な発展に伴い，新たな局面を迎えつつある．近年では，立体構造データの入手がより容易になったことで，これまで立体構造データを扱った経験がなくても，自身の研究に取り入れてみようと考える方が増えているのではないだろうか．そのような方に向け，ここではまず，構造バイオインフォマティクスの基礎をなす，これら立体構造データの状況について概観する．

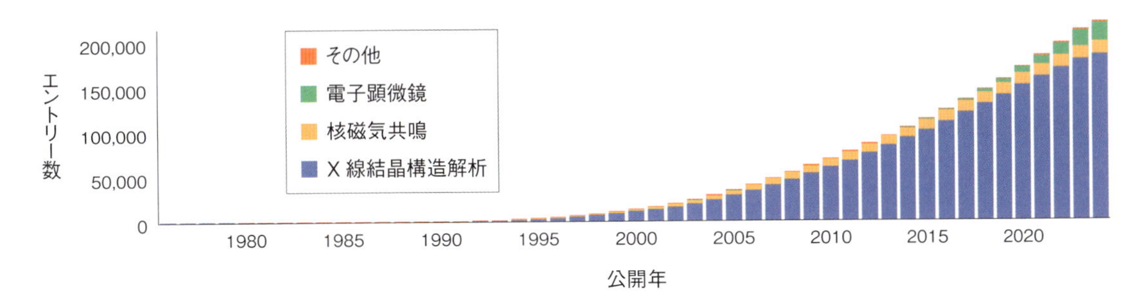


**図1　立体構造決定手法別の公開PDBエントリー数**
公開された立体構造の実験手法別のPDBエントリー数を示す．横軸は年（西暦），縦軸は累積の公開PDBエントリー数であり，グラフ内のバーは，X線結晶構造解析（青色），核磁気共鳴（橙色），電子顕微鏡（緑色），その他（赤色）の実験手法別に表示されている．〔PDBj統計情報（https://pdbj.org/info/statistics，2024年7月25日閲覧）より引用〕

## 1. 実験により決定された構造

**X線結晶構造解析**によるDNAの二重らせん構造の提唱[2]やミオグロビンの立体構造モデルの発表[3]のように，人類が原子レベルの，あるいはそれに近い解像度で生体分子を観測できるようになってきたのは1950年代のことである．以来X線結晶構造解析はタンパク質をはじめとする生体分子の立体構造決定の中心的な手法であり，現在でも**Protein Data Bank（PDB）**（第２章-2参照）のエントリーの大部分はX線結晶構造解析により決定されたものである．これに加え，**核磁気共鳴（nuclear magnetic resonance：NMR）法**による構造決定，さらに近年では**クライオ電子顕微鏡**による構造決定がさかんになり，2024年7月の時点で，全体として22万を超える件数のエントリーがPDBに登録，公開されている（図1）．それらは，ペプチドから巨大な超分子複合体※2まで多様な生体分子の立体構造データで構成されるものである（図2）．

PDBのエントリーには，同一タンパク質やその変異体あるいはきわめて近縁の相同タンパク質の（実験条件などが異なる）構造が多く含まれていることもしばしばある．例えばTequatrovirus T4リゾチームは，生体分子の立体構造決定がはじまって以降，モデルタンパク質の一つとして立体構造形成に関する研究が徹底して行われ，その変異体を含め700を超えるさまざまなエントリーがPDBに登録されている[4]．また，われわれの記憶にもまだ新しい新型コロナウイルス感染症（COVID-19）の急速な拡大に際し，世界各国で同時に多くの研究が進行し，新型コロナウイルスのもつタンパク質の立体構造もたいへんな勢いで決定された．その結果，現時点では，main proteaseは1,451エントリー，spikeタンパク質やその受容体結合ドメイン（receptor binding domain：RBD）については1,818エントリー，といったように多くの立体構造情報が蓄積，公開されるに至っている[5]．このため，同一配列をもつタンパク質をひとつにまとめると，現時点のPDBには13万弱程度の種類のタンパク質が登録されている状態である（図3）．ただし，**同一のタンパク質であっても条件の違いによっては，必ずしも同じ構造をとるとは限らないことには注意を要する**．

いくつか主要な手法により決定されたタンパク質立体構造の例を簡単に紹介する．図4は，X線結晶構造解析およびNMRによって決定された10アミノ酸からなるシニョリン（chignolin）の変異体CLN025の立体構造である．おのおの，結晶構造および溶液中の構造

**※2　超分子複合体**
代表的なものとしてリボソームやプロテアソームなどのように，生命現象における生体分子の機能発現に役割を果たす，多くのサブユニットからなる巨大な複合体の総称．らせん状あるいは環状のような規則的なものから，より複雑な形態のものまで，また，タンパク質のみからなるもの，あるいはタンパク質と核酸からなるものなどさまざまな複合体が知られている．

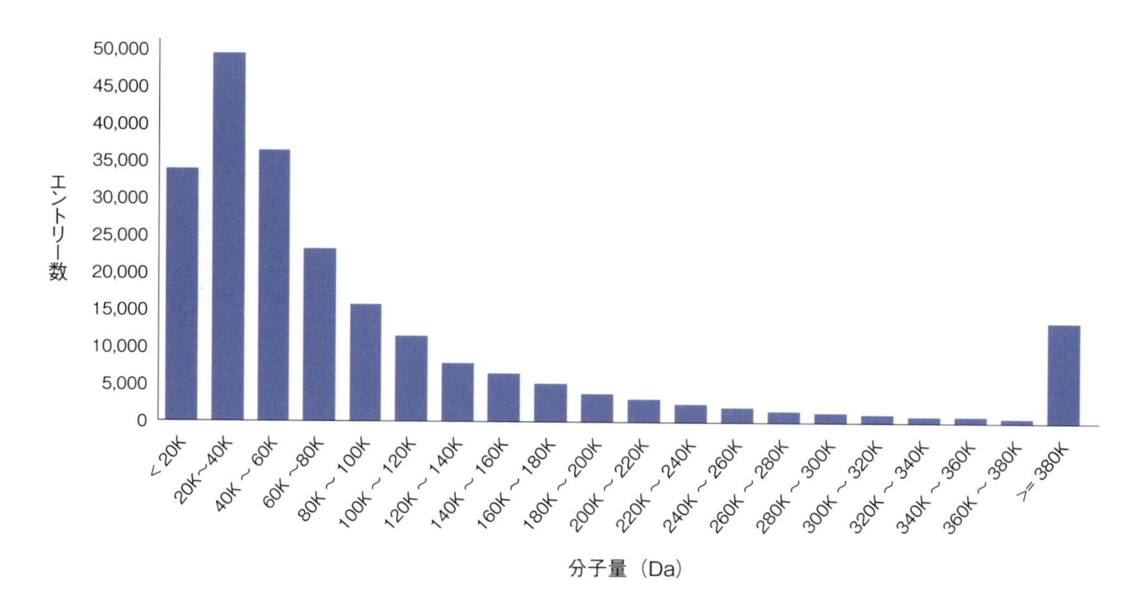


**図2　分子量別の公開PDBエントリー数**

非対称単位内の水分子を除く（高分子，小分子，イオンの）全原子の分子量を示す．横軸は分子量（Daltons），縦軸はPDBエントリー数であり，実験で決定されなかった原子も含まれている．〔PDB Statictics：PDB Data Distribution by Molecular Weight（Structure）（https://www.rcsb.org/stats/distribution-molecular-weight-structure，2024年7月25日閲覧）より引用〕

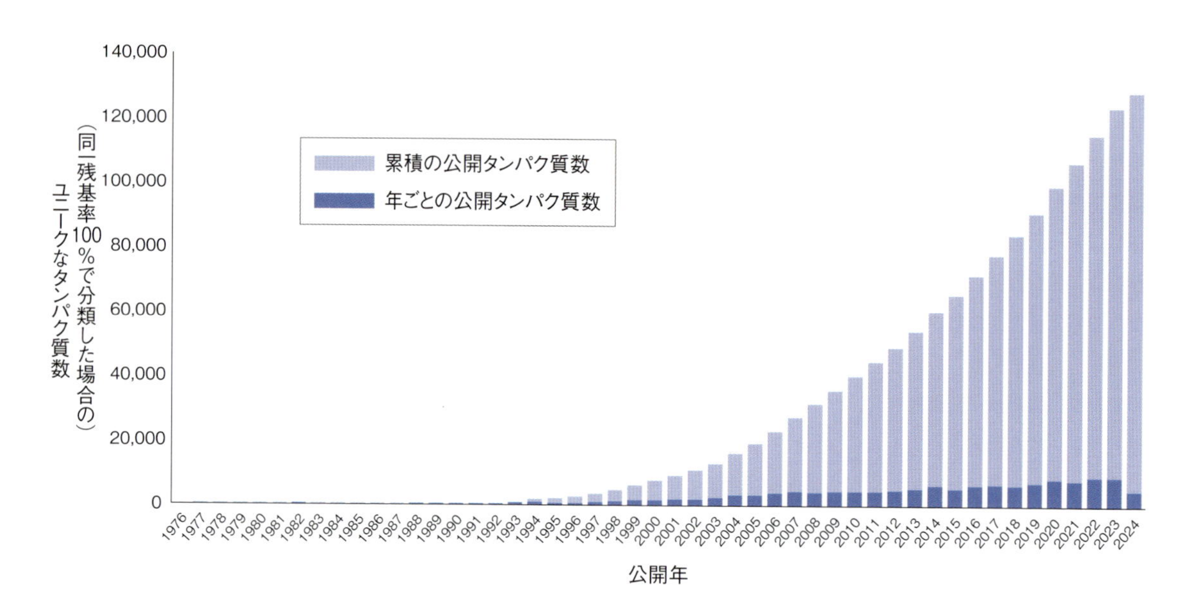


**図3　公開されたPDBエントリーにおけるユニークなタンパク質配列数の増加**

100％の同一残基率で分類した場合のPDBで公開されたタンパク質の種類数を示す．横軸は年（西暦），縦軸はタンパク質の種類数であり，グラフ内のバーは，累積の公開数（薄青色）と毎年の公開数（青色）がそれぞれ示されている．〔PDB Statistics: Growth in Number of Unique Protein Sequences in Released PDB Structures (Cumulative) at Identity 100%（https://www.rcsb.org/stats/growth/nr/cluster-ids-100，2024年7月25日閲覧）より引用〕

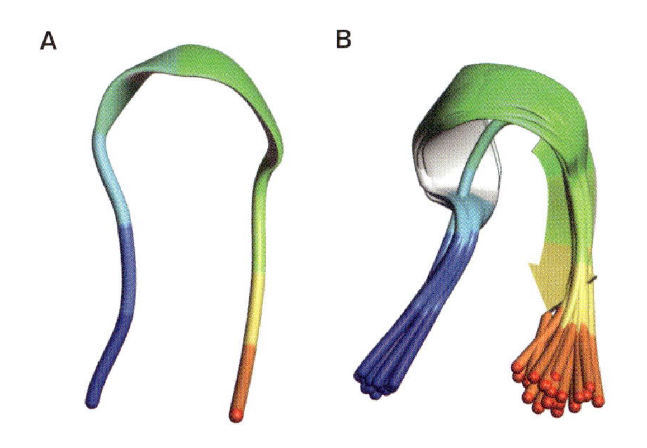


**図4　タンパク質 CLN025の立体構造**

**A)** X線結晶構造解析により決定されたCLN025の立体構造（PDB ID：5AWL）と**B)** NMRの測定結果に基づく制約を満たす20構造（PDB ID：2RVD）．N-末端側を青，C-末端側を赤で表示している．〔図は，PDBjでMolmil（第2章-2参照）を用いて作成〕

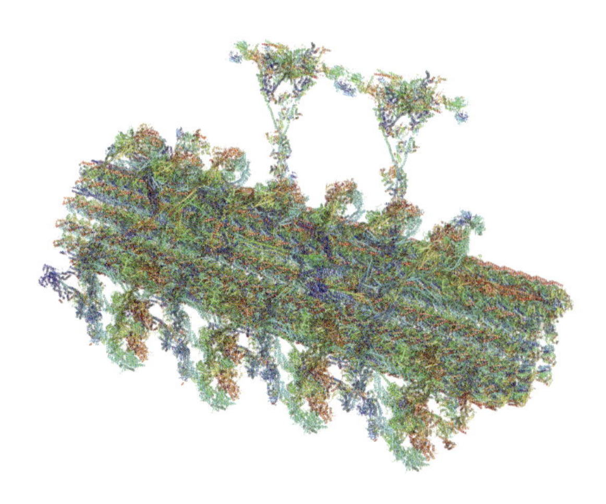

**図5　*Chlamydomonas reinhardtii*の鞭毛の微小管の立体構造**

電子顕微鏡による測定結果に基づき決定された鞭毛のくり返し単位の立体構造（PDB ID：8GLV）．127種類のタンパク質から構成されている．個々のタンパク質は，N-末端側を青，C-末端側を赤で表示されている．〔図は，PDBjでMolmil（第2章-2参照）を用いて作成〕

であるが，よく似た構造（主鎖のRMSD※3で1.75 Å）をとっていることがわかる[6]．NMRによるエントリーの場合，図4Bのように，測定された立体構造上の制約を満たす複数の構造が登録されている．近年では，巨大複合体の立体構造データの蓄積も進みつつある．また，図5は，電子顕微鏡により決定されたクラミドモナス（*Chlamydomonas reinhardtii*）の鞭毛を構成する微小管の立体構造である[7]．これは鞭毛のくり返し単位の立体構造であり，非常に多くのタンパク質から構成されている．このエントリーに含まれる一部のタンパク質の立体構造（予測構造モデル）は，AlphaFold2（第2章-3参照）により計算されたものであり，また一部のタンパク質間の相対的な配置の改善には，**AlphaFold-Multimer**（第3章-1参照）による計算結果が利用されている．このように現在では，立体構造の決定にも計算による予測構造モデルが利用されることもある．

## 2. 予測構造モデル

2020年代に入り，大規模なタンパク質立体構造予測実験CASP14（https://predictioncenter.org/casp14/，詳細は第1章-2）で一躍脚光を浴びた**AlphaFold2**の登場を皮切りに，高精度の予測構造モデルが多くのタンパク質について利用可能となりはじめた．2021年には，AlphaFold2によって計算された約30万タンパク質に対する予測構造モデルを収載したデータベース**AlphaFold Protein Structure Database**（**AlphaFold DB**：https://alphafold.ebi.ac.uk）がリリースされた（第2章-2，第3章-4参照）．AlphaFold DBでは，現在2億を超えるタンパク質に対する予測構造モデルが公開されている[8]．こうした大量の予測構造モデル（の一部）は，タンパク質配列と機能の情

※3　RMSD

root-mean-square deviationの略．構造バイオインフォマティクスや関連する分野では，特に分子の立体構造比較において，単位をÅ（オングストローム）とし，比較する構造の（最適な）重ね合わせを行った後の対応原子間の位置のずれに関する値である場合が多く，立体構造類似性を評価する指標の一つとして頻繁に用いられる（第1章-2，第3章-3参照）．ただし，立体構造比較の場合でも，例えば二面角のずれに基づく計算値を利用するような場合もある．

報に関するデータベースUniProt（https://www.uniprot.org）やPDBのComputed Structure Models（CSM）などからも利用可能である．つまり，研究対象のタンパク質について，**実験により決定された立体構造がPDBに登録されていない場合でも，高精度予測構造モデルが利用可能である場合が多々ある**と考えられる．

ただし，予測構造モデルの利用には注意が必要である．非常に多くの場合，予測精度はタンパク質内の部位によって異なる．AlphaFoldの予測構造モデルでは，**pLDDT**など，予測信頼度に関する複数の評価指標値が計算されており（**第1章-2**，**第2章-3**参照），それらの値を参照し，基本的には，高信頼度の予測構造モデルや領域を優先的に利用すべきであると考えられる．また，高信頼度の予測構造モデルや領域であったとしても，必ずしも実験によって決定された立体構造と一致するものばかりでないこともあり[9]，注意を要する．

## 構造バイオインフォマティクスの広がり

構造バイオインフォマティクスの基盤となるのは，**生体分子の立体構造データの保存と整理**である．**第2章-2**や前項で紹介したように，50年を超えるPDBの枠組みにより，幸いにも無料でいつでもだれでも立体構造データの利用が可能な状態が維持され続けている．こうしたデータを利用した分子の視覚化，分析，比較やシミュレーションあるいは予測などを通して，立体構造に由来する機能発現機序に対する洞察や機能制御に関する手がかりなどを，原子や残基レベルの解像度で得られる可能性がある．オーソドックスな例の一つとして，タンパク質と低分子化合物などのリガンドとの相互作用推定があげられる．PDBにはすでに多くのタンパク質-リガンド複合体の立体構造が登録されており，全体あるいは局所構造の類似性比較（検索）により，相互作用可能なリガンドの種類やそれらの結合部位とその様式などについて示唆が得られる可能性がある．もしそうした手がかりが得られた場合，あるいは何らかの実験結果などから相互作用することは判明していても結合部位や様式などが不明の場合，対象タンパク質の立体構造を利用した**ドッキング計算**[※4]によりタンパク質-リガンド複合体の構造モデルを推定できる可能性がある．そしてさらに，推定された複合体を出発点とする**分子動力学（MD）シミュレーション**[※5]の実行により，予測構造モデルの安定性や分子間の結合の強さ（親和性）などに関する情報を得られる可能性がある．こうした研究の実施により，タンパク質の機能解析や，変異体の機能変化の解析，創薬研究における化合物選定などの効率化が見込まれる．

予測構造モデルに関して言えば，タンパク質を中心とした生体分子の立体構造予測法の進化も加速している．2024年のノーベル化学賞を受賞[10]したGoogle DeepMind社とDavid Bakerのグループ双方がさまざまな刺激を受けながら，結果的にはかなり似た要素をとり入れ，タンパク質だけでなく核酸やリガンド（低分子化合物）を含め（さらに一部の翻訳後修飾にも対応可能とされ）た予測が可能な最新の立体構造予測法**AlphaFold 3**[11]と**RoseTTAFold All-Atom**[12]を発表し，利用可能となっている（**第1章-2**参照）．両者ともに，タンパク質単量体以外では予測精度がまだ十分とは思えない面もあるようであるが，その適用可能な範囲は着実に拡大しつつある．前項で紹介したように，電子顕微鏡観測による構造決定の際の初期モデルとして予測構造モデルが利用される場合や，結晶構

**※4　ドッキング計算**

分子の結合状態の計算．構造バイオインフォマティクスの分野では，タンパク質-タンパク質，タンパク質-核酸，タンパク質-リガンド（低分子化合物）などの計算がよく行われる．タンパク質分子を剛体とみなし，場合によって，側鎖などの自由度を許容するシミュレーションを通して，結合状態を推定することが多い．本文でも触れたように，また**第3章-2**で紹介されているように，深層学習モデルを用いた結合状態の推定もさかんに行われている．

**※5　分子動力学（MD）シミュレーション**

原子や分子の運動を模倣する計算．対象の系を構成する粒子（対象となるタンパク質や核酸，膜や水などの原子）に働く力を計算し，それらの運動をニュートンの運動方程式に従って計算する（**第3章-3**参照）．各原子に働く力は，経験的な定義に基づき計算されることが多いが，量子化学計算などに基づいて計算されることもある．

造解析の際に予測構造モデルを利用した分子置換法により位相情報を得られる場合もある[13]．立体構造予測は，生体分子の機能推定に資するだけでなく，実験的な立体構造決定にも影響を及ぼしつつある．さらに最近，AlphaFold 3などの予測結果を利用し，標的タンパク質に結合するタンパク質を従来よりも高効率で設計可能とされる**AlphaProteo**[14]が発表されており（第４章-2），今後もさらなる発展が見込まれる．

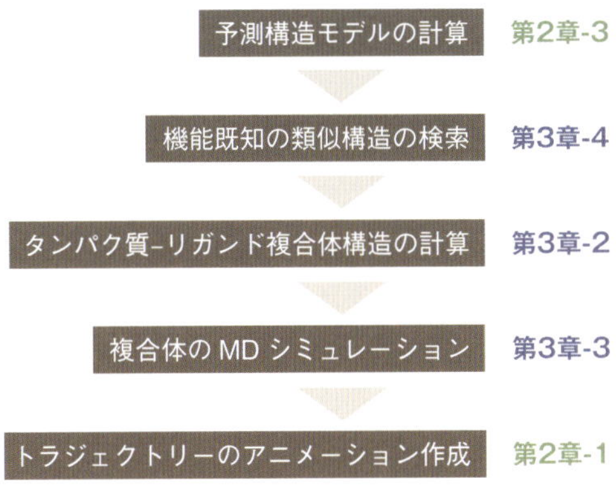

## 本書の構成と使い方

本書は，主にタンパク質に関するデータやツールの実践的な利用法に重きを置きつつ，それらを利用する際に知っておくとより理解が深まる，あるいは便利な事柄についてできるだけ丁寧に解説を加えている．

**第１章**では，実験により決定された構造や予測構造モデルを利用する際に重要と考えられる基礎的事項について紹介している．

**第２章**では，立体構造データの入手あるいは計算方法と可視化および簡易計測について紹介しており，各章のプロトコールを参照することで，読者は希望するタンパク質について，データベース検索により立体構造データを取得（第２章-2），あるいは，ツールの利用により予測構造モデルを計算（第２章-3）し，それらのデータの，分子描画や原子間距離の計測など（第２章-1）といった，さまざまな利用が可能となる．

続く**第３章**では，立体構造情報に基づく機能推定に向け，シミュレーションを含むツールやソフトウェア，手法の解説と利用法を紹介している．ここでも読者は各章のプロトコールを参照し，生体分子の複合体の予測構造モデルの計算（第３章-1）や，タンパク質とリガンド（基質）のドッキング計算（第３章-2），MDシミュレーションの計算（第３章-3），そして立体構造類似性検索（第３章-4）が可能となる．

各章それぞれは独立しているものの，例えば，読者の希望するタンパク質の予測構造モデルを計算（第２章-3）し，その構造モデルを問い合わせとして機能

予測構造モデルの計算　第2章-3
機能既知の類似構造の検索　第3章-4
タンパク質-リガンド複合体構造の計算　第3章-2
複合体のMDシミュレーション　第3章-3
トラジェクトリーのアニメーション作成　第2章-1

**図6　解析事例の概念図**
本書の内容を利用した，連続的な研究の流れの例を示す．

（あるいは結合するリガンドが）既知の類似構造の有無を調査（第３章-4）し，有力なリガンドがもし明らかになれば，タンパク質とリガンドの複合体構造をドッキングにより計算（第３章-2）（あるいは可能であればより最新のソフトウェアで計算）し，その複合体のMDシミュレーションの実行により結合の強さを評価し（第３章-3），またそのトラジェクトリーのアニメーション（動画）を作成する（第２章-1），といった連続的な活用（図6）も可能だろう．

また，AlphaFoldをはじめ，比較的容易に計算結果を得ることができる利便性の高い種々のツールは，非常に多くのユーザーを惹きつけている．そのため，おそらく開発者側は当初意識していないような形での利用法もこれまでに提案されている．**第４章**では，そうした先進的な利用法のなかから，タンパク質の構造状態の探索（第４章-1），デザイン（第４章-2），変異導入効果の予測（第４章-3）について紹介している．

## おわりに

構造バイオインフォマティクスのめざすところは，**立体構造をもとに生体分子の機能がどのように発現するかを理解する，あるいは機能制御の方法を見出そうとすること**である．構造バイオインフォマティクスの

定義については議論の余地が多分にあるかもしれないが，15年前の総説[15]で述べられた，立体構造の視覚化，分類（類似性検索），予測，シミュレーションは，当時とは環境が相当変化した現在でも中心的なテーマであり，いずれも本書で扱う内容である．読者が本書を参考に，タンパク質をはじめとする生体分子の豊富な立体構造データを有効活用し，さらなる研究の発展につなげられることに期待する．

### ◆ 文献


1）Jumper J, et al：Nature, 596：583-589, doi:10.1038/s41586-021-03819-2（2021）
2）Watson JD & Crick FH：Nature, 171：737-738, doi:10.1038/171737a0（1953）
3）Kendrew JC, et al：Nature, 181：662-666, doi:10.1038/181662a0（1958）
4）Baase WA, et al：Protein Sci, 19：631-641, doi:10.1002/pro.344（2010）
5）COVID-19/SARS-CoV-2 Resources https://www.rcsb.org/news/feature/5e74d55d2d410731e9944f52（2024年7月28日閲覧）
6）Honda S, et al：J Am Chem Soc, 130：15327-15331, doi:10.1021/ja8030533（2008）
7）Walton T, et al：Nature, 618：625-633, doi:10.1038/s41586-023-06140-2（2023）
8）Varadi M, et al：Nucleic Acids Res, 52：D368-D375, doi:10.1093/nar/gkad1011（2024）
9）富井健太郎：生物物理，64：5-11, doi:10.2142/biophys.64.5（2024）
10）The Nobel Prize in Chemistry 2024 https://www.nobelprize.org/prizes/chemistry/2024/summary/（2024年10月14日閲覧）
11）Abramson J, et al：Nature, 630：493-500, doi:10.1038/s41586-024-07487-w（2024）
12）Krishna R, et al：Science, 384：eadl2528, doi:10.1126/science.adl2528（2024）
13）Sumida T, et al：Nat Commun, 15：3543, doi:10.1038/s41467-024-47653-2（2024）
14）Zambaldi V, et al：arXiv, doi:10.48550/arXiv.2409.08022（2024）
15）Altman RB & Dugan JM：Defining Bioinformatics and Structural Bioinformatics「Structural Bioinformatics（Second Edition）」（Gu J & Bourne PE eds），pp3-14, Wiley-Blackwell（2009）

# AlphaFold2の衝撃

大上雅史

構造バイオインフォマティクスのなかでも最も重要視されてきたタンパク質立体構造予測問題．AlphaFold2の登場によって立体構造予測はどのように変化したのか．AlphaFold2の登場前夜から今日に至るまでの動向を，周辺技術も含めて俯瞰しつつ，今後の展望について紹介する．

## はじめに

構造バイオインフォマティクスの最も主要な問題の一つに，**タンパク質のアミノ酸配列から立体構造を予測する「タンパク質立体構造予測」**がある（図1）．構造生物学によってタンパク質の立体構造（原子の三次元座標）を1つひとつ実験的に決定してきた経緯からもわかるように，タンパク質の立体構造を解くことは生命科学分野において，また医薬品設計などの分野においても大きな意味をもつ．この構造生物学の発展と並行して，タンパク質の立体構造を高い実験コストを費やさずになんとか配列から推測することはできないかと，情報科学技術による予測の研究が進められていた．1994年にはじまったタンパク質立体構造予測の技術を競う国際コンペティション**CASP**※1が隔年で開催されるなかで，数多くのタンパク質立体構造予測手法が提案され，研究者達がしのぎを削ってきた．2021年に発表されたAlphaFold2[1]も，CASPが生んだ多数の予測プログラムの1つである．

## AlphaFold2の登場

AlphaFold2について，「あたかも突然降って湧いたAIによってタンパク質立体構造予測問題が解決されてしまった」かのように語られることも多い．しかし，タンパク質立体構造予測は生命科学における重要な問題として古くから認識され，さまざまな研究がなされてきた．現にAlphaFold2を開発したGoogle DeepMind社は，AlphaFold2の前身にあたるAlphaFold（AlphaFold1）[2]を2019年に発表しており，また**コンタクト予測**※2や**二次構造予測**※3，**天然変性領域**

※1　CASP
タンパク質立体構造予測法の客観的評価の場として，1994年から隔年開催されている実験/コンペティション．予測対象となるタンパク質は立体構造が既知ではなく，（開催開始時において）構造解析が進められているタンパク質である．critical assessment of structure prediction（あるいはcritical assessment of techniques for protein structure prediction）の略．

※2　コンタクト予測
コンタクトマップ予測ともよばれる．タンパク質のアミノ酸配列のそれぞれの残基が，立体構造中で他の残基と近い距離にあるかどうかを予測することをコンタクト予測という．残基間のコンタクトを$N \times N$の対称行列に表したものはコンタクトマップとよばれる．

※3　二次構造予測
タンパク質のアミノ酸配列のそれぞれの残基が，どのような二次構造をとりうるかを予測する問題を二次構造予測という．αヘリックス，βストランド，ランダムコイルが主な二次構造である（詳しくは第1章-3を参照）．

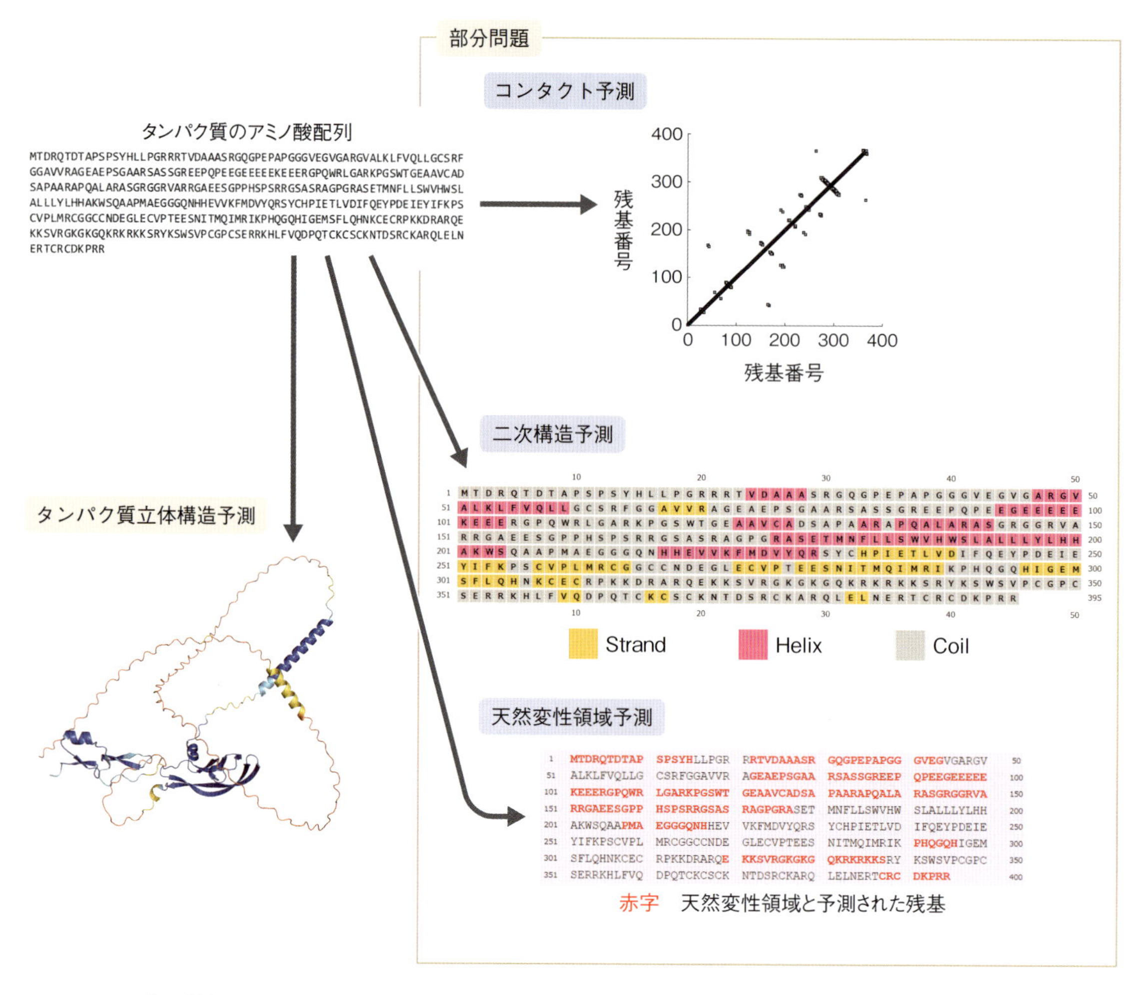


**図1　タンパク質立体構造予測と，立体構造予測にかかわるその他の予測問題**

タンパク質立体構造予測が精度よくできる状況下ではコンタクト予測などは必要ないが，タンパク質立体構造予測の精度が低かった時代は，部分問題の予測精度を高めて，未知なる立体構造の理解をめざしていた．図中のアミノ酸配列はヒトVEGFタンパク質，立体構造予測はAlphaFold2，コンタクト予測※2はResPRE，二次構造予測※3はPSIPRED，天然変性領域予測※4はPrDOSによる．

**予測**※4といったタンパク質立体構造予測にかかわる主要タスク（図1）にいたっては，2010年代前半の時点ですでに深層学習（deep learning）による研究が進められていた[3) 4)]．AlphaFold2は，AI・機械学習の技術の進展，タンパク質立体構造データの蓄積，計算機自体の発展に，さらにCASPを通じて蓄積されたさまざまな生物物理学的知見が幾層にも積み重なって結集した成果なのである．

**※4　天然変性領域予測**

ディスオーダー予測ともよばれる．天然状態で特定の構造をとらず，自由度の高い状態で存在している配列領域を天然変性領域といい（詳しくは**第1章-3**を参照），タンパク質のアミノ酸配列中の天然変性領域を予測することを天然変性領域予測という．なお，天然変性領域が多いタンパク質は天然変性タンパク質（ディスオーダータンパク質）とよばれ，高等生物においてある一定の割合で存在し，かつ重要な機能を担っていることが知られている．

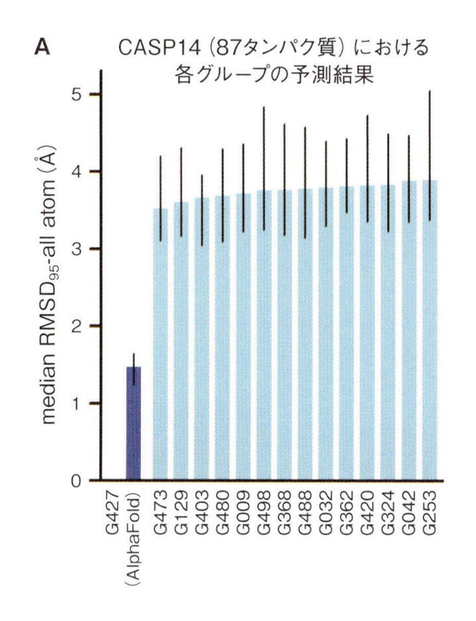


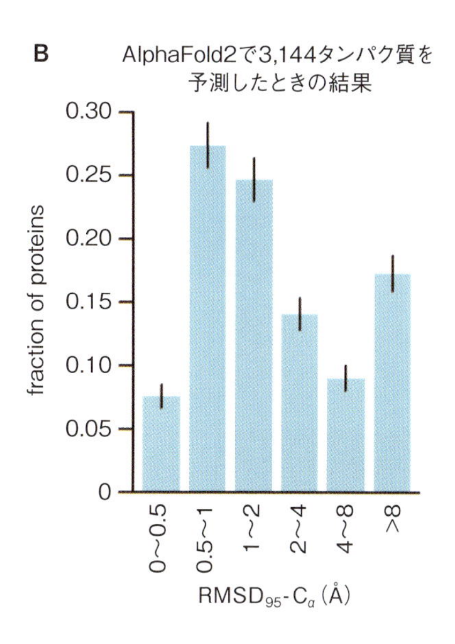


**図2　AlphaFold2の予測性能**

A）CASP14での予測結果の$RMSD_{95}$-all atom値の中央値．B）AlphaFold2の$RMSD_{95}$-$C_\alpha$値の分布．（文献1より引用）

# AlphaFold2の性能

## 1．CASP14の結果および論文による報告

2020年に開催されたCASP14の報告で，AlphaFold2の予測は正解構造との差異を表す**global distance test-total score（GDT_TS）**※5の中央値で92.4という値を叩き出した．GDT_TSは90を超えると実験的に得られる構造と同等レベルの予測とみなすことができ，*Science*誌ではゲームチェンジャーと評されるほど，その予測精度は従来の構造予測法を大きく上回るものであった．

図2は文献1で報告されたAlphaFold2の予測性能のサマリーである．予測構造と実験的に得られた構造との差異を示す**$RMSD_{95}$値**※6で評価されている．図2Aが他のグループとAlphaFold2のCASP14での成績の比較であり，出題された87タンパク質に対する$RMSD_{95}$値の中央値が示されている．他のグループが>3 Åの予測結果となるなかで，AlphaFoldグループは約1.5 Åの良好な予測結果であったことが報告された．また，図2BはCASP14以外のタンパク質で大規模にAlphaFold2の予測を行った結果であり，半数以上のタンパク質で$RMSD_{95}$-$C_\alpha$ <2.0 Åとなる予測が得られたことが示されている．

---

**※5　GDT_TS（global distance test – total score）**

真の構造と予測構造との差異を表す値．GDT_TS＝（GDT_P1＋GDT_P2＋GDT_P4＋GDT_P8）/4であり，GDT_P*x*は正解構造と予測構造を比較した際に閾値*x* Å以内に存在する残基（$C_\alpha$）ペア数の割合（%）である．すなわち，すべての残基の$C_\alpha$原子が1 Å以下のズレに収まれば，GDT_TSは100となる．

**※6　RMSD**

RMSDはroot-mean-square deviation（根平均二乗偏差）の略．RMSDは真の構造と予測構造が一番よく重なるように重ね合わせたときの各原子の座標のズレを計算した値であり，対応する原子同士の距離を2乗して全原子で平均をとった値の平方根をとったもの．特に記載のない場合は$C_\alpha$原子のみを対象とすることが多い．本稿ならびに論文1では，対象とする原子が$C_\alpha$原子のみの場合はRMSD-$C_\alpha$，（水素以外の）全原子とする場合はRMSD-all atomと記載される．なお，通常は全残基にわたって距離を計算するが，本稿の$RMSD_{95}$は全残基の95%に対して計算が行われている．詳しくは第3章-3も参照．

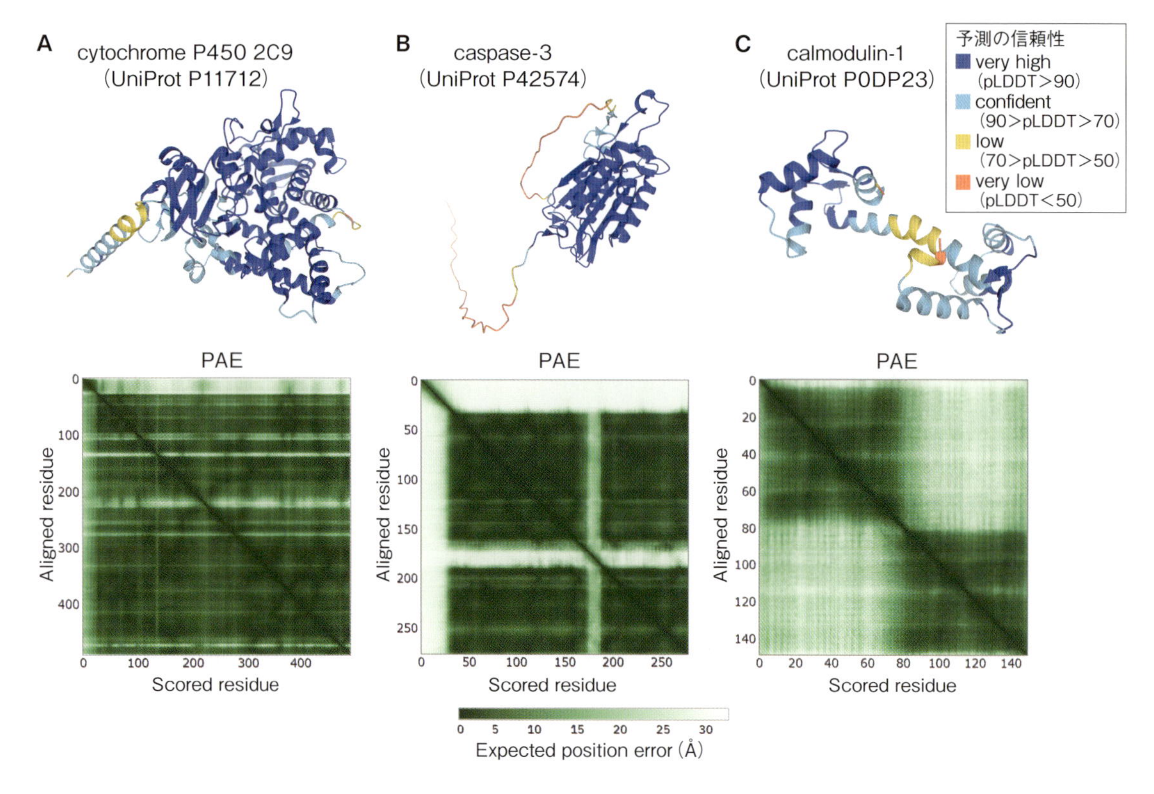


**図3　AlphaFold2によって予測された構造**
ヒトのcytochrome P450 2C9，caspase-3，calmodulin-1についての予測結果を表示した．各予測結果は残基位置の信頼性（pLDDT）および残基間の相対的な位置関係の信頼性（PAE）によって評価されている．（AlphaFold Protein Structure Database より取得）

## 2. 具体的な予測構造の例

AlphaFold2の予測構造を取得するには，自身でAlphaFold2を実行する以外に，AlphaFold Protein Structure Database（AlphaFold DB）[5]から予測済みの構造を参照することもできる．図3にAlphaFold DBで検索した3例の予測構造を示した．各予測結果は，**pLDDT**（predicted local distance difference test）とよばれる各残基位置の予測の信頼性指標と，**PAE**（predicted aligned error）とよばれる残基間の相対位置関係の信頼性指標とともに提供され，ユーザーはこれらの指標をもとに予測構造の妥当性をある程度判断することができる．例えばcytochrome P450 2C9タンパク質の予測結果は全長にわたって高いpLDDT値となっており，またPAEも全体的に良好であることからおおむね信頼できる予測構造であると判断できる（図3A）．caspase-3では主要な領域については高いpLDDT値となっているが，1〜31番残基と169〜190番残基についてはpLDDT値が低くなっており，またPAEについても薄くなっているため，これらの領域については構造をそのまま信用することは危険である（図3B）．calmodulin-1については中間にあるヘリックスの構造のpLDDTが低く，さらにPAEが特徴的な結果となっている（図3C）．この例のようにPAEが市松模様のような結果となるケースは，マルチドメインタンパク質に多くみられ，各ドメインの予測構造の信頼性は高いものの，ドメイン間の位置関係については正しくない可能性があるときに起きる．実際のところcalmodulin-1はダンベル型タンパク質として知られており，

$Ca^{2+}$イオンの結合によって大きく構造変化を起こすことがわかっている．

### 3. よくない予測結果となるケース

文献1や図2Bで報告されている通り，どのようなケースにおいてもAlphaFold2が完璧な予測を返すわけではない．特に図2Bのグラフにあるように，RMSDが8.0 Åを超えるケースが約17％存在することが示されている．実際に図3のcaspase-3やcalmodulin-1でも予測結果の信頼性が低い可能性について言及したが，pLDDTやPAEなどをもとに予測結果を実際に利用するかどうかを判断することが重要となる．以下に具体例を示す．

- 図3Bのcaspase-3のように**配列の末端はpLDDTが低くなりやすい**．実際に末端は実験的に決定された構造でも座標が登録されていないことも多いため，注意が必要である．
- 図3Bのcaspase-3のように，途中の領域でpLDDTが低くなるループ領域がみられることがある．この領域はおそらく**特定の構造をとらない天然変性領域**と考えられる．実際にcaspase-3はPDBに多くの構造が存在するが，この領域の残基はunmodeled residueとして座標がない状態で登録されているものがほとんどである．
- 図3Cのcalmodulin-1のように，**ドメイン間の位置関係が信頼できないケース**が存在する．特にcalmodulin-1は$Ca^{2+}$や他のタンパク質/ペプチドとの結合によって大きく構造変化を起こすことが知られており，PDBにも多様な構造が登録されている．calmodulin-1のように**さまざまなコンフォメーションの可能性があるタンパク質において，AlphaFold2の予測はそのなかのどの状態のコンフォメーションに近い構造になるかがわからない**ため注意が必要である（逆にAlphaFold2のパラメータを操作するなどして別のコンフォメーションを出力する試みもある[6)]）．
- **AlphaFold2は入力された配列に対する類似配列検索の結果によって大きく予測精度が変わる**ことが知られており，具体的には類縁配列がおよそ100本未満となるタンパク質の予測性能は低くなる可能性がある[1)]．AlphaFold DBでは配列検索の経過に関する情報を見ることができないが，AlphaFold2本体や次項に示すColabFoldでは配列検索の結果も参照することができるので，類縁配列が少なくないかを確認することが推奨される．

## ColabFoldの貢献

AlphaFold2以前のAlphaFold1も，当時のタンパク質立体構造予測技術としては世界最高精度を達成していた．にもかかわらずAlphaFold1は世の中にほとんど浸透しなかった．じつはAlphaFold1はプログラムが一部しか公開されなかったために，ユーザーが公開されている部分を拾って使っても，立体構造予測を行うことができなかったのである＊1．

＊1　AlphaFold1から公開されたのは，アミノ酸残基間の$C_\beta$-$C_\beta$原子間距離を予測する部分（コンタクト予測）のプログラムであった．コンタクト予測ができれば，その残基間の距離情報をもとに原子座標を三次元に起こすことが理論上可能となる．AlphaFold1では，距離情報から立体構造を生成する部分のコードはRosettaソフトウェア（ワシントン大学が知財保有）を用いていたため，ライセンス上の問題もあり公開が見送られたのではと考えられている．

AlphaFold2は公開当初から，予測構造の出力までを一貫して可能にした実行コードが提供され，ユーザーは実際にインストールして実行することができた．実際，公開直後から実行結果に関するtwitter（現X）でのつぶやきが多々なされ，その予測精度に驚く声も多かった．一方で，数TB（テラバイト）のデータベースを保存できるGPU搭載のLinuxマシンが要求されたため，必ずしも「気軽」に試せるというわけではなかった．しかしすぐに2つの解決策がGoogle DeepMind社より提供された．1つはあらかじめ別途に予測した構造を使えるようにするというアプローチであり，これは先に紹介したAlphaFold DBとして提供されている．もう1つはGoogle Colaboratoryを介したクラウド実行環境の提供であり，ユーザーはブラウザ画面上で配列を入力するだけで，あとはほぼ1クリックで予測の実行ができるようになった．

ただ，当初Google DeepMind社から公開されたGoogle Colaboratoryの実行環境は，いわゆる「簡易版」であり，AlphaFold2本来の予測性能からは劣るものであった．その後，Google DeepMind社とは別の研究グループから発表された**ColabFold**[7]は，Google Colaboratoryのユーザビリティをそのままに，感度のよい高速な配列検索サーバーの採用[8]などの工夫で，AlphaFold2本来の予測性能と同等性能を担保しつつ，20倍前後の予測計算時間の高速化に成功している．現在では**ColabFoldも広く活用されており，「AlphaFold2を利用した」という文脈でColabFoldが使われていることも多い**（内容の詳細や利用シーンについては第2章-3に譲る）．

## AlphaFold2のなかみ

基本的に，配列が似ているタンパク質は立体構造も似ていることが経験的にわかっており，もし立体構造が既知のタンパク質と40％以上の配列の一致があれば，その構造をテンプレートとした**ホモロジーモデリング法**※7によっておおむね正しい構造を推定できる．しかし，AlphaFold2は明確なテンプレートがなくてもよい予測結果を返す．なぜこのような高い予測性能を発揮したのか，そこには大きく3つのエッセンスがあると考えられる（図4）．

第一に，**direct coupling analysis（DCA）**とよばれる手法の採用がある．タンパク質の進化関係を考えたときに，タンパク質の各アミノ酸はそれぞれが勝手に（独立に）進化しているわけではなく，立体構造上で近い部位のアミノ酸同士は互いに依存して「共進化」しているという考え方および統計情報の利用である．この逆を考えれば，互いに依存している共進化残基ペアがわかれば，その残基は立体構造上のコンタクト残基となっていることが期待できる．共進化残基ペアは，配列データベースから進化的に近い配列をBLASTなどで検索し，**多重配列アラインメント（multiple sequence alignment：MSA）**を構築することで検出できる．このDCAの考え方は2009年にコンタクト予測の枠組みのなかで提案され[9]，2011年には立体構造予測に応用されはじめた[10]．

第二に，タンパク質の進化関係の知識を網羅するために，とにかく大量のタンパク質配列を活用するというアイデアがある．タンパク質の配列データベースであるUniProtを用いることはもちろんのこと，環境中の微生物叢からシーケンシングされた「生物種どころかどんなタンパク質かもわからないごたまぜ状態の」配列（**メタゲノム配列**）も併用して構築されたMSAを使うことで，構造予測精度を向上させるアイデアが2017年に提案された[11]．このとき，メタゲノム配列はゲノムアセンブリ法によってタンパク質と考えられるかたまり（コンティグ）になるまで繋ぎ合わせた配列が用いられる．

第三に，近年の機械学習技術の成果である**深層学習**の利用である．自然言語処理分野で発展した**Transformer**[12]とよばれるニューラルネットワークを，MSAからの知識抽出（**Evoformer**）とMSA情報からの立体構造復元（**Structure Module**）にそれぞれ利用することで，DCAの考え方に基づくタンパク質立体構造予測を実現した（図4B）．**特筆すべきは，入力のタンパク質配列から出力の予測立体構造までを一気通貫に（end-to-endに）予測させることに成功しており，この点はコンタクト予測までを深層学習にゆだねていたAlphaFold1からの大幅なアップデートでもある．**

---

**※7　ホモロジーモデリング法**

立体構造予測を行うタンパク質のアミノ酸配列を，立体構造データベースのアミノ酸配列に対して配列相同性検索（ホモロジー検索）を行い，もし立体構造既知の相同タンパク質が見つかれば，それをもとに立体構造のモデルをつくることができる．この方法をホモロジーモデリング法という．

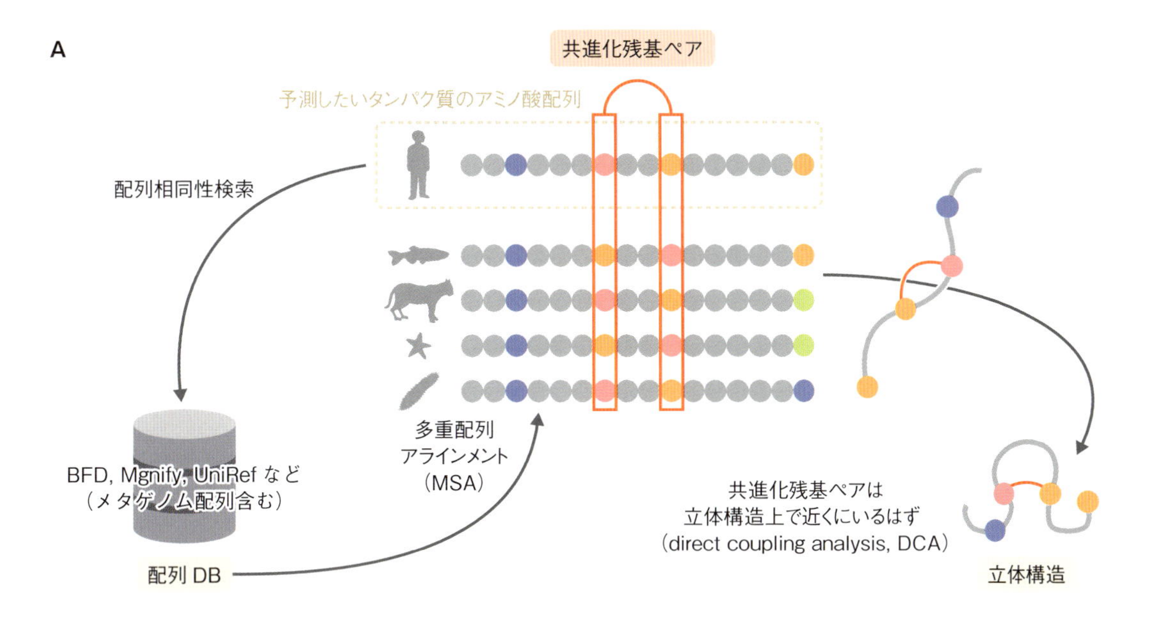


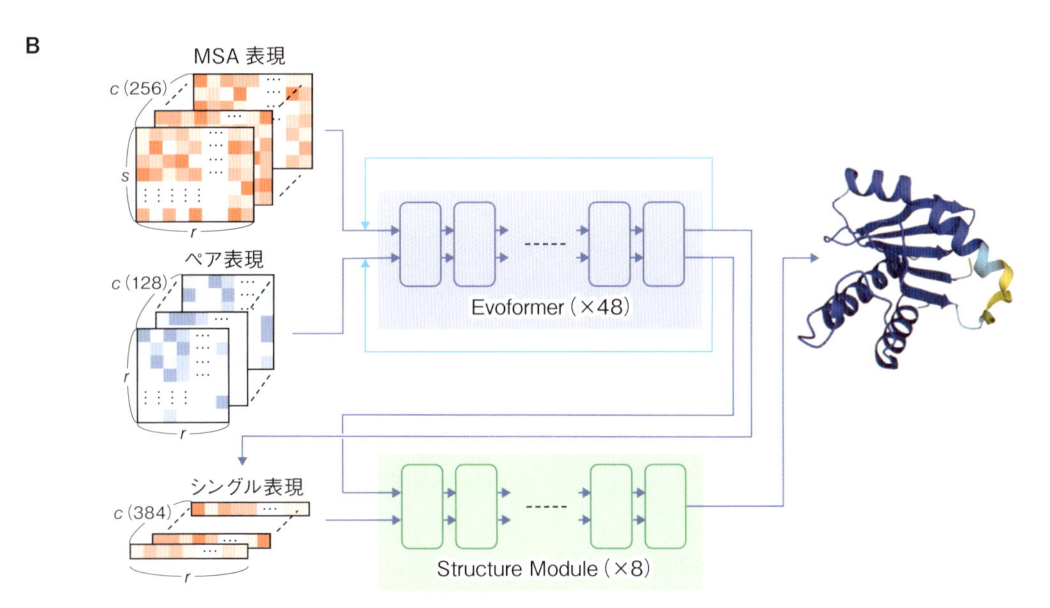


AlphaFold2 の予測精度を支えるエッセンス

- 共進化残基ペアが立体構造上で近くに位置しやすい（DCA）（2009 年）
- 共進化残基ペアを見つけるうえで，メタゲノム配列からアセンブルされた身元不明の配列も使うとよい（2017 年）
- Transformer をベースとした深層学習により，DCA の考え方を予測モデルとして集成（2020 年）

**図4　AlphaFold2の予測精度を支えるアイデア**

**A）** 大量の配列から予測したいタンパク質の配列と似た配列を検索し，多重配列アラインメント（MSA）を構築する．MSAから共進化している残基を特定し，立体構造上の位置関係と結びつける．**B）** AlphaFold2のニューラルネットワーク構造．Evoformer とStructure Moduleによって，MSAや配列の情報を変換し，立体構造上の位置関係を学習していく．（**B**）は文献32より引用）

## vs タンパク質言語モデル

ChatGPTのGPT（generative pre-trained transformer）に代表される，自然言語処理分野で発展した**大規模言語モデル**とよばれる学習モデルの手法をアミノ酸配列に適用した「**タンパク質言語モデル**」が2019年頃から活用されはじめている．さまざまなタンパク質言語モデルがあるが，近年のタンパク質言語モデルではAlphaFold2やGPTで利用されているTransformer[12]が同様に用いられている．アミノ酸配列の一部を隠して何のアミノ酸残基だったかを当てる（masked language modelingとよばれる）機械学習が行われており，これによりタンパク質配列におけるアミノ酸残基の登場パターン（すなわちMSAに含まれるような情報）を学習していると考えられている．実際に，タンパク質の機能予測や活性部位予測，遠縁のタンパク質を見つける検索手法，変異体における機能変化予測，タンパク質工学的な機能改変を狙った配列設計，抗体医薬品開発など，多くの研究トピックにタンパク質言語モデルが活用されている．

タンパク質言語モデルの利用シーンは，タンパク質立体構造予測も例外ではない．特に，MSAを構築するために膨大な配列群に対して毎回配列検索を行う必要があることはAlphaFold2の欠点でもあり，MSA構築の部分をタンパク質言語モデルでそっくり置き換えてしまうアイデアは有効そうに思われる．実際に，代表的なタンパク質言語モデルである**ESM**[13]を利用し，ESMの出力をEvoformerとStructure Moduleにつなげる形で構築した**ESMFold**[14]が提案されており，AlphaFold2と同等精度でかつ100倍前後の高速化に成功している．ただし，CASP15（2022年）の評価結果としてはAlphaFold2ベースの方法の方が平均的にはよい結果を示しており，現状では速度面以外の採用理由はあまりないかもしれない．しかしながらタンパク質言語モデル自体も性能が向上し続けており[15]，立体構造予測をはじめとする構造バイオインフォマティクス分野での利用はますます拡大していくものと考えられる（タンパク質言語モデルに関するより詳しい日本語情報については文献16を，タンパク質言語モデルを利用した変異型タンパク質の機能予測については**第4章-3**を参照のこと）．

## AlphaFold2が与えた影響 ——ペプチドデザインを例に

AlphaFold2はタンパク質複合体（ホモ/ヘテロオリゴマー）の構造予測も可能である（詳細は**第3章-1**）が，同時にタンパク質–ペプチド複合体構造の予測も可能であることが示されてきた[17]．さらには，AlphaFold2の制限として直鎖・標準アミノ酸のペプチドしか扱うことができないが，構造を環状化させるテクニックなども提案されている[18][19]．

### 1．AlphaFold2とbinder hallucination法によるペプチドデザイン

文献16などで議論されているのは，AlphaFold2の予測結果がペプチド配列の結合能と一定の相関がある可能性である．もしAlphaFold2がペプチド配列の結合能を正しく評価できるとしたら，手もとに好きなだけペプチド配列を準備して，AlphaFold2にすべて計算させることで標的タンパク質に対して結合能が高いペプチド配列を見つけられるということになる．これはすなわち標的タンパク質に結合するペプチドをデザインできたということになる（タンパク質のデザインについては**第4章-2**を参考）．ただしこの方法で実際にすべての組合せを考える場合，10残基のペプチドだけを考えたとしても，アミノ酸は20種類として$20^{10}$≒10兆回のAlphaFold2の実行をすることになり，現実的ではない．そこで，ランダムな配列からスタートし，予測の結果からフィードバックをかけて次の配列を選んでいくという方法[20]が提案されており，予測値がよくなる方向にバイアスをかけて配列を選択することで，全通りの計算を避けて妥当なペプチド配列を生成することが可能になっている．

このアイデアに基づいて，文献20の筆者であるSergey Ovchinnikovらによって実装された，タンパク質やペプチドをデザインするためのツールである**AfDesign**[21]の**binder hallucination法**で，実際にペプチド配列が生成できるようになっている．AlphaFold2の出力するペプチド複合体予測の評価値（pLDDTやPAEなど）をよくする方向にペプチド配列をサンプリングしていくことで，AlphaFold2的によいと考えるペプチドを現実的な計算時間で生成するというしくみである．実際にAfDesignを実行すると，実際に図5のようにペプチド配列が決定されていく様子を動画で出力することができる．

## 2. ペプチドの物性を考慮したデザイン

ところが，AfDesignによって生成された配列を確認すると，難水溶性のペプチドが多くを占めていた．タンパク質間相互作用の相互作用面は一般に疎水領域であり，AlphaFold2（**AlphaFold-Multimer**）も相互作用面に共起しやすい残基の関係を学習していると考えられることから，タンパク質の表面に結合するペプチド配列をAlphaFold2によって設計しようとすると疎水領域を構成するように，すなわち疎水性残基を多用したペプチド配列が選ばれやすくなっているのだと解釈できる．だが，後の生化学実験などを考えるうえではペプチドの水溶性は重要である．われわれはこの問題を解決するために，AlphaFold2の評価値に加えて**hydropathy index**[22]などのアミノ酸に関する物性評価指標を導入し，「疎水性アミノ酸はあまり使わないように」残基の使用頻度を制御することで，適切なペプチド配列を生成する手法を提案した[23]．われわれが開発した**Solubility-AfDesign**によって，実際に標的結合能を維持したまま水溶性を向上させるペプチド配列の予測に成功し，具体的な複合体構造モデルとともに提示することができるようになった．

## 3. 環状ペプチドへの応用

AlphaFold2の残基番号を読み込んでいる箇所に誤った残基番号を読み込ませるとAlphaFold2の予測構造の位置関係が誤認されることが知られている．これを逆手に取り，通常の直鎖型ではない，**環状型のペプチド構造**を予測させる試みがいくつかなされている[18][19]．ペプチド配列のN末端とC末端の残基が隣り合うような残基番号情報をAlphaFold2に入力することで，**head-to-tail型**（"o"の字型）の環状ペプチド構造が予測できることが2023年に示されており[18]（図6），特に人工的に設計した環状ペプチドでも予測構造と実験構造がよく一致していた．タンパク質と環状ペプチドの複合体構造の予測も行われており[24]，従来のタンパク質ペプチドドッキング計算と比べても構造予測の精度がよいことが示されている．2024年は，head-to-tail型だけでなく**ラリアット型**（"6"の字型）の環状ペプチドや，Cys-Cys残基側鎖の**ジスルフィド結合**によ

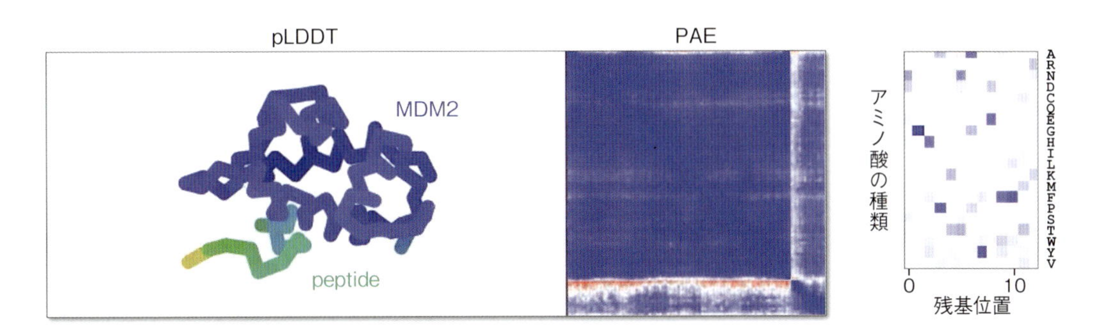


**図5 MDM2タンパク質に対してAfDesignによるペプチドデザインを実行した様子のスナップショット**
AlphaFold2の構造予測評価値であるpLDDTやPAEに従ってアミノ酸配列が決定されていく様子を確認できる．

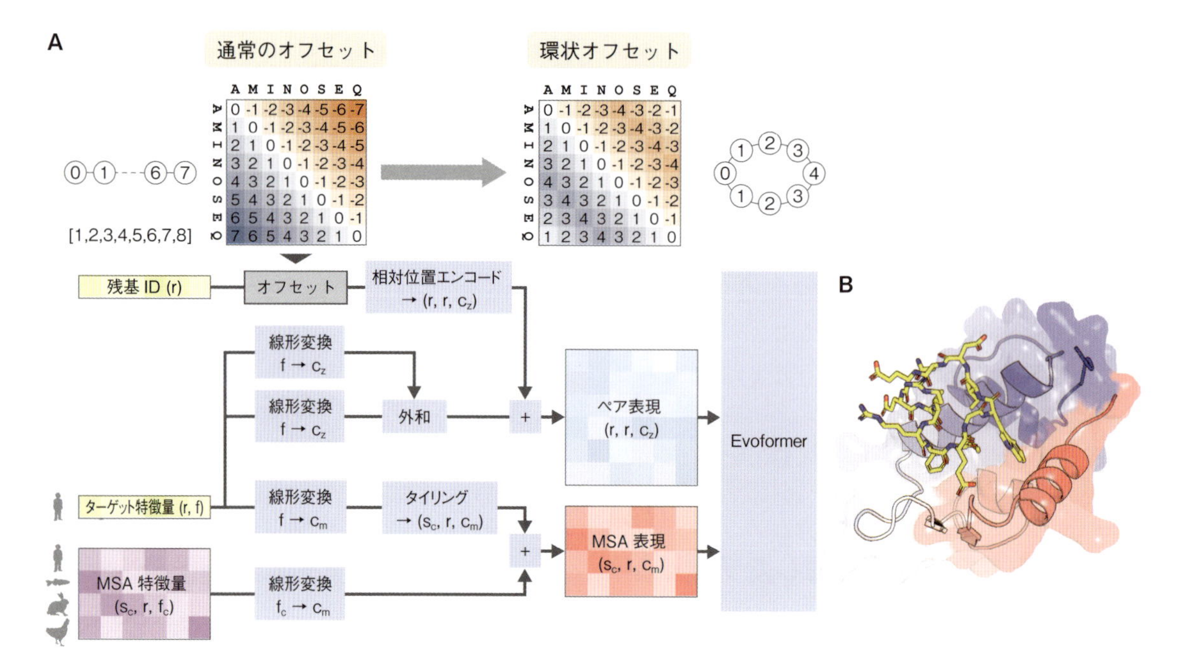


**図6　AlphaFold2による環状ペプチド構造の予測**

**A)** N末端とC末端を結合させて環状化するAlphaFold2の工夫．残基番号を管理するオフセットとよばれる情報を書き換えて，両末端が隣り合う状態にする（環状オフセット）．**B)** 環状ペプチドとタンパク質の複合体構造をAlphaFold2で予測した例．（**A**）は文献1をもとに作成）

る環状化構造をAlphaFold2で予測する**HighFold**[19]が提案された．環状ペプチドは医薬品開発においてもきわめて重要視されている分子モダリティであり，構造バイオインフォマティクスの今後の展開にも注目である．

## AlphaFold3の登場と今後の展望

タンパク質の立体構造が予測できるようになったら，今度はタンパク質に結合する低分子化合物や核酸といった，タンパク質と他のさまざまな分子との複合体構造を予測できるようにしたいと思うのは自然であろう．実際に医薬品設計においてはタンパク質と薬剤候補分子の結合様式や親和性の推定を行うための構造バイオインフォマティクス技術がさかんに開発されている[25]．しかし，20種の文字で表現できるタンパク質と異なり，4種の文字だが構造が柔軟なDNA/RNAや，鎖状の表現が不可能なその他の化合物は，タンパク質でいうところのMSAやDCAのような頼りになるヒントが乏しく，深層学習による（AlphaFold2流の）end-to-endの予測は未踏であった．

タンパク質とその他の分子の複合体構造を深層学習で予測する技術として，**Umol**[26]，**RoseTTAFold All-Atom**[27]，そして**AlphaFold3**[28]が2024年に相次いで発表された．Umolはタンパク質と低分子化合物の複合体構造の予測に特化したツールであり，ほぼAlphaFold2と同様のアイデアが用いられている．低分子化合物は**SMILES**※8文字列を変換してMSAと合体させ，EvoformerとStructure Moduleを改変したニューラルネットワークで学習される．RoseTTAFold

※8　SMILES

化合物の構造式を1行の文字列で表記するための方法の一種．

All-Atomは独自の一/二/三次元情報を並行して学習するニューラルネットワーク構造を利用しており，タンパク質のMSAと，結合分子の原子および原子間結合の情報を保持した行列から学習を行う．AlphaFold3は，タンパク質のアミノ酸配列，MSA，分子の情報をまとめて情報変換する**Input Embedder**に入力し，続いてAlphaFold2のEvoformerの簡略版である**Pair-Former**，AlphaFold2のStructure Moduleの代替である**拡散モデル**※9による構造生成へとつながる形式をとっている．全体としてMSAへの依存度がAlpha-Fold2に比べて低くなっていることは特徴的であろう．

RoseTTAFold All-AtomとAlphaFold3は，複合体として予測したい分子の種類はなんでもよく，核酸，低分子化合物，金属イオン，非標準アミノ酸/修飾アミノ酸など，さまざまな分子に対応できる点が大きな強みである．ただし，実際の利用においてはAlpha-Fold3の予測精度が一歩先をいくようではあるものの，2024年8月時点では**AlphaFold Server**（**第3章-1**も参照）とよばれるサーバーアプリケーションの利用＊2しかできず，さらには入力できる低分子化合物も一部のみに制限されている＊3．今後，実装の公開や，論文内で言及されているすべての機能が利用可能なサービスの提供の可能性が示唆されている＊4ほか，中国のBaidu社が2024年9月にAlphaFold3をクローン実装したHelixFold3[29]を公開し，またAlphaFold2をクローン実装したOpenFoldプロジェクト[30]でもAlpha-Fold3の再実装を進めている[31]との報もあり，徐々に普及していくものと思われる．

＊2　AlphaFold Serverは商用利用が不可である．また，AlphaFold Serverの予測構造を機械学習の訓練データとして用いたり，予測構造に対して薬剤ドッキング計算を行ったりすることは規約で禁止されている．

＊3　予測できる低分子化合物はADP，ATP，AMP，GTP，GDP，FAD，NAD，NAP（NADP），NDP（NADPH），HEM，HEC（heme C），PLM，OLA，MYR，CIT，CLA，CHL，BCL，BCBの19種となっている．

＊4　XにおけるPushmeet Kohli氏の投稿：https://x.com/pushmeet/status/1790086453520691657（2024年8月閲覧）

なお，当然ながらこれらのツールによって立体構造予測問題が解決したわけではないし，直ちに医薬品開発の課題が解決するわけでもない．タンパク質とさまざまな分子の複合体が高精度に予測できることは，創薬の初期段階における分子設計の加速が期待できる一方で，訓練データに含まれていないような分子間相互作用をどの程度まで予測できるか，**アロステリックサイト**※10や異なる抗原エピトープへの結合を正しく予測できるか，結合しないはずの分子リガンドに対して嘘の複合体構造を出力してしまわないのか，$K_d$などの結合の強さまで予測できるのか，といった検証されるべき課題も数多く存在する．post-AlphaFold3時代の構造バイオインフォマティクスがどのように進むのか，今後の研究にも目が離せない．

## おわりに

本稿では構造バイオインフォマティクス技術の代表例としてタンパク質立体構造予測手法であるAlpha-Fold2およびその関連技術を紹介した．近年のAI技術の発展もあいまって，構造バイオインフォマティクス分野全体で新しいAI技術の開発および活用が急速に進んでいる状況である．一方で，予測はあくまで予測であり，ツールの使い方しだいでは全く異なる結果が出力されることもある．最新のAIに飛びつけばよいというわけでもない．利用する側はその特徴や限界を正し

**※9　拡散モデル**

もとのデータにガウスノイズを段階的に付与していき，その逆（ノイズの除去過程）を学習することで最終的にもとのデータを予測する手法．画像生成AIでの活用が有名だが，構造バイオインフォマティクス分野でも利用が進んでいる．

**※10　アロステリックサイト**

受容体本来のリガンドが結合する部位とは異なるリガンド結合部位のこと．アロステリックサイトに結合するリガンドはアロステリックリガンドとよばれ，受容体機能を制御する新しい種類の医薬品へつながることが期待されている．

く把握しておくべきであり，AIの嘘に騙されないようにしつつ，しかし便利な構造バイオインフォマティクス技術を，うまく活用していってほしい．

## ◆ 文献


1）Jumper J, et al：Nature, 596：583-589, doi:10.1038/s41586-021-03819-2（2021）
2）Senior AW, et al：Nature, 577：706-710, doi:10.1038/s41586-019-1923-7（2020）
3）Lena PD, et al：Bioinformatics, 28：2449-2457, doi:10.1093/bioinformatics/bts475（2012）
4）Eickholt J & Cheng J：BMC Bioinformatics, 14：88, doi:10.1186/1471-2105-14-88（2013）
5）Tunyasuvunakool K, et al：Nature, 596：590-596, doi:10.1038/s41586-021-03828-1（2021）
6）Sala D, et al：Curr Opin Struct Biol, 81：102645, doi:10.1016/j.sbi.2023.102645（2023）
7）Mirdita M, et al：Nat Methods, 19：679-682, doi:10.1038/s41592-022-01488-1（2022）
8）Steinegger M & Söding J：Nat Biotechnol, 35：1026-1028, doi:10.1038/nbt.3988（2017）
9）Weigt M, et al：Proc Natl Acad Sci U S A, 106：67-72, doi:10.1073/pnas.0805923106（2009）
10）Marks DS, et al：PLoS One, 6：e28766, doi:10.1371/journal.pone.0028766（2011）
11）Ovchinnikov S, et al：Science, 355：294-298, doi:10.1126/science.aah4043（2017）
12）Vaswani A, et al：Advances in Neural Information Processing Systems, 30：6000-6010（2017）
13）Rives A, et al：Proc Natl Acad Sci U S A, 118：e2016239118, doi:10.1073/pnas.2016239118（2021）
14）Lin Z, et al：Science, 379：1123-1130, doi:10.1126/science.ade2574（2023）
15）Hayes T, et al：bioRxiv, doi:10.1101/2024.07.01.600583（2024）
16）山口秀輝 & 齋藤 裕：JSBi Bioinformatics Review, 4：52-67, doi:10.11234/jsbibr.2023.1（2023）
17）Tsaban T, et al：Nat Commun, 13：176, doi:10.1038/s41467-021-27838-9（2022）
18）Rettie SA, et al：bioRxiv, doi:10.1101/2023.02.25.529956（2023）
19）Zhang C, et al：Brief Bioinform, 25：bbae215, doi:10.1093/bib/bbae215（2024）
20）Anishchenko I, et al：Nature, 600：547-552, doi:10.1038/s41586-021-04184-w（2021）
21）ColabDesign（github）https://github.com/sokrypton/ColabDesign/tree/main/af
22）Kyte J & Doolittle RF：J Mol Biol, 157：105-132, doi:10.1016/0022-2836(82)90515-0（1982）
23）Kosugi T & Ohue M：Biomedicines, 10：1626, doi:10.3390/biomedicines10071626（2022）
24）Kosugi T & Ohue M：Int J Mol Sci, 24：13257, doi:10.3390/ijms241713257（2023）
25）柳澤渓甫：JSBi Bioinformatics Review, 2：76-86, doi:10.11234/jsbibr.2021.9（2021）
26）Bryant P, et al：Nat Commun, 15：4536, doi:10.1038/s41467-024-48837-6（2024）
27）Krishna R, et al：Science, 384：eadl2528, doi:10.1126/science.adl2528（2024）
28）Abramson J, et al：Nature, 630：493-500, doi:10.1038/s41586-024-07487-w（2024）
29）Liu L, et al：arXiv, doi:10.48550/arXiv.2408.16975（2024）
30）Ahdritz G, et al：Nat Methods, 21：1514-1524, doi:10.1038/s41592-024-02272-z（2024）
31）Callaway E：Nature, 630：14-15, doi:10.1038/d41586-024-01555-x（2024）
32）富井健太郎：実験医学, 40：423-427, doi:10.18958/6977-00002-0000037-00（2022）


## ◆ 参考図書


- 大上雅史／企画：いま知りたい!! 使ってわかったAlphaFoldのリアル．「実験医学2022年2月号」, pp423-438, 羊土社（2022）
- 「実験医学2023年10月号 AlphaFoldの可能性と挑戦」（富井健太郎／企画），羊土社（2023）
- 福永津嵩：逆イジング法の生命情報データ解析への応用．JSBi Bioinformatics Review, 1：3-11, doi:10.11234/jsbibr.2020.1（2020）
- 富井健太郎：AlphaFoldによる蛋白質立体構造予測から機能予測へ．生物物理，64：5-11, doi:10.2142/biophys.64.5（2024）
- 柳澤渓甫：タンパク質立体構造情報を用いた薬剤バーチャルスクリーニング．JSBi Bioinformatics Review, 2：76-86, doi:10.11234/jsbibr.2021.9（2021）
- 山口秀輝，齋藤 裕：タンパク質の言語モデル．JSBi Bioinformatics Review, 4：52-67, doi:10.11234/jsbibr.2023.1（2023）
- 森脇由隆：AlphaFold2までのタンパク質立体構造予測の軌跡とこれから．JSBi Bioinformatics Review, 3：47-60, doi:10.11234/jsbibr.2022.3（2022）

# 3 AlphaFoldの予測構造を読み解くための基礎知識

西　羽美

AlphaFoldとその予測構造データベースにより，これまでタンパク質立体構造にあまり馴染みがなかった研究者にも，広く立体構造を活用する道が開かれた．しかし，タンパク質の立体構造を理解するためにはある程度の知識が不可欠であり，AlphaFoldの予測構造が確からしいかを吟味するには，さらにその知識を応用していく必要がある．そこで本稿では，タンパク質立体構造の基礎知識をできるかぎりコンパクトに紹介するとともに，これらの知識をどのようにAlphaFoldの予測構造に当てはめその妥当性を考えればよいかについて概説する．

## はじめに

タンパク質の立体構造はその機能を理解するうえで大きなヒントを与えてくれるが，理解のためにはある程度の予備知識が必要となる．特に近年，AlphaFold2やAlphaFold3およびAlphaFold Protein Structure Databaseの登場により，誰でも容易に興味のあるタンパク質の予測構造モデルを手に入れることができるようになった．しかし，AlphaFoldから出力された構造を活用するには，一般的な立体構造の理解に加えて予測の妥当性を加味する必要がある．予備知識を得るのに一番よいのは構造生物学の教科書[参考図書]を最初から読んでいくことだが，いきなり分厚い教科書に飛び込むのにも勇気がいる．本稿はそうした読者のために，タンパク質の立体構造を理解するうえでの基礎知識として，立体構造を構成するさまざまな要素や分類を概説するとともに，それを踏まえて予測構造を利用するうえで特に気をつけるべき具体的なポイントを紹介していく．

## タンパク質の立体構造を構成する要素

### 1. アミノ酸とポリペプチド鎖

タンパク質は，20種類のアミノ酸が連なって形成される鎖状の分子である．各アミノ酸は特徴的な構造をもっており，中心となる炭素原子（α炭素または$C_\alpha$原子）にアミノ基（$-NH_2$），カルボキシル基（-COOH），水素原子（-H），そしてアミノ酸の種類を決定する側鎖（詳細を省略する場合にはRと書かれることが多い）が結合している．これらのアミノ酸は，あるアミノ酸のアミノ基と，別のアミノ酸のカルボキシル基がペプチド結合を形成することで連結される．この連結によって生じる一連のアミノ酸の鎖をポリペプチド鎖とよび，これがタンパク質の主鎖（バックボーン）を構成している．この主鎖がタンパク質の基本的な骨格であり，そこからさまざまな性質の側鎖が伸びているのがタンパク質の最も素朴な姿である．

## 2. タンパク質立体構造の基本階層

タンパク質の立体構造は一次構造から四次構造とよばれる階層に分類される（図1）．**一次構造**はアミノ酸配列と同義であり，**二次構造**は一次構造が部分的に構造をとったもの，すなわちポリペプチド鎖の局所的な折りたたみパターンを指す．主な二次構造には**α-ヘリックス**と**β-シート**がある．α-ヘリックスはらせん状の構造で，ポリペプチド鎖の主鎖間の水素結合によって構築される．一方，β-シートは平たく，隣接するポリペプチド鎖間の水素結合によって形成される．シートを構成する1本1本のポリペプチド鎖はβ-ストランドとよばれている．これらの構造に当てはまらないランダムな構造はループとよばれ，特に長いものは**天然変性領域（intrinsically disordered region：IDR）**とよばれる（後述）．これらの二次構造は，タンパク質の全体的な立体構造を形成する基本的な構成要素となる．

二次構造の上位階層である**三次構造**は，タンパク質分子全体の立体的な折りたたみパターンを意味する．具体的には二次構造要素の空間的配置と，それらを結ぶループ領域の配置のことを指し，疎水性相互作用や静電相互作用，水素結合といったさまざまな相互作用によって実現されている．最後に**四次構造**は，複数のタンパク質サブユニットが会合して形成される複合体構造を指す．一般にタンパク質の立体構造というときは，三次構造または四次構造のことを指すことが多い．

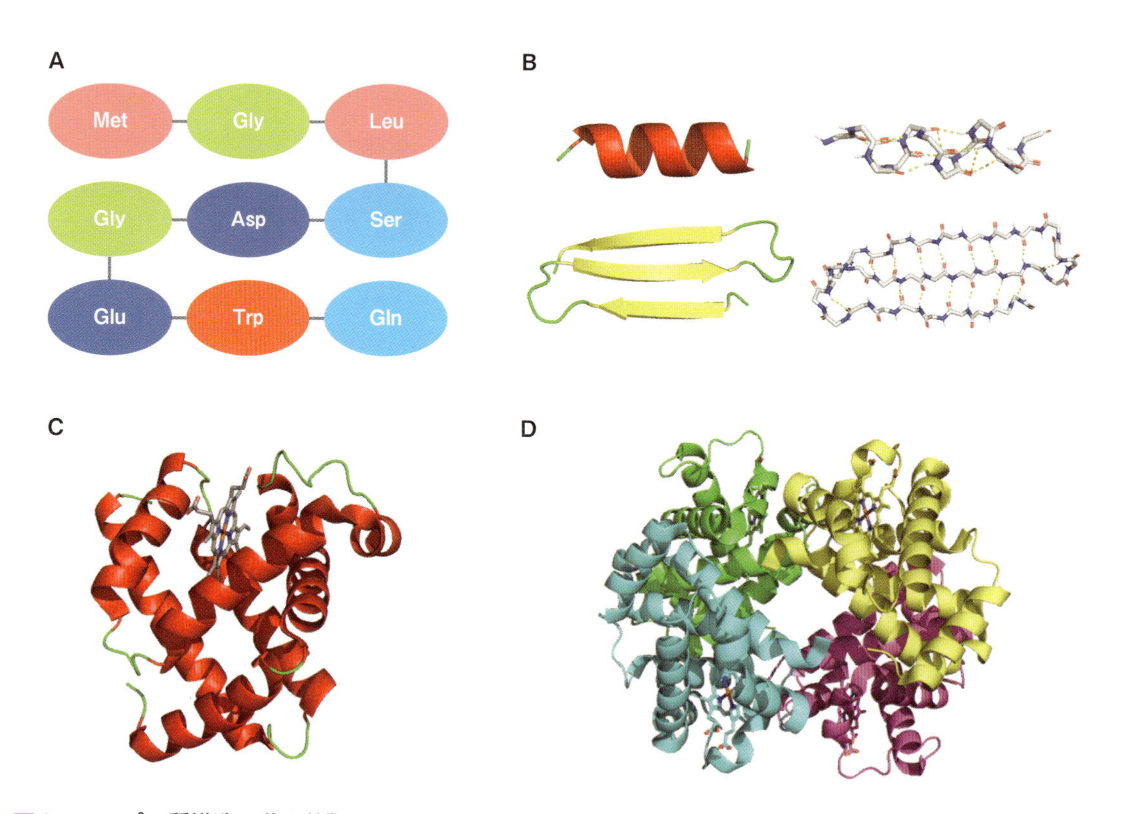


**図1　タンパク質構造の階層分類**

**A）** 一次構造，**B）** 二次構造，**C）** 三次構造，**D）** 四次構造の例．**B）** および **C）** では二次構造要素に基づいた色付け（赤：α-ヘリックス，黄色：β-ストランド，緑：ループ），**D）** についてはサブユニットごとの色付けになっている．**B）** の上段がα-ヘリックス，下段がβ-シートの例であり，左右はそれぞれ異なる表示法で同じ部分構造を表したものである．左は二次構造要素が判別しやすいカートゥーン（またはリボン）表示，右は原子間の結合が見やすいスティック表示であり，アミノ酸の主鎖のみを表示している．スティック表示では，二次構造内の水素結合を黄色で示している．

**二次構造から四次構造までの構造形成には，タンパク質を構成するアミノ酸の側鎖の性質とその相互作用が大きく影響する**．例えば，アラニン，ロイシン，グルタミン酸は$\alpha$-ヘリックスを形成しやすく，プロリンやグリシンは二次構造を破壊する傾向があり，ループ領域や二次構造要素の端にみられる．三次構造の形成においては，疎水性相互作用が折りたたみの主要な駆動力となり，疎水性アミノ酸がタンパク質内部に集まることで**疎水性コア**を形成し，水との接触を最小限に抑える．タンパク質内部の隙間を減らすように疎水性アミノ酸が集まり配置されることを，特に**パッキング**と呼ぶ．同時に，親水性および荷電アミノ酸は表面に配置され，**タンパク質の溶解性**を維持する．

四次構造の形成は三次構造のそれと似ており，サブユニット間の相互作用面には疎水性アミノ酸が多く存在する．ただし，四次構造の形成には荷電性アミノ酸間の静電相互作用である**塩橋**（えんきょう）や，結合に特に重要な**ホットスポット**とよばれる残基の存在もあり[1]，完全に三次構造の形成と同じというわけではない．

## 3. 構造ドメインと構造モチーフ

タンパク質において一般にドメインという用語は構造的・機能的なまとまりをもった部分領域を指して使われることが多いが，**構造ドメイン**と言った際にはタンパク質内で独立して折りたたむことができる構造的な単位を指す．多くのタンパク質は複数の構造ドメインから構成されており，各ドメインが特定の機能を担っている場合が多い．代表的な構造ドメインとしては，リン酸化チロシンを認識するSH2ドメインや，タンパク質のリン酸化を触媒するキナーゼドメインなどがある．ただし，配列や機能面から決定される機能ドメインと，折りたたみの単位である構造ドメインは必ずしも一致するとは限らないため，注意が必要である．

一方，**モチーフ**はドメインよりも小さい単位であり，特定の機能や構造的特徴をもつ短いアミノ酸配列パターンを指す．モチーフは通常，数個から数十個のアミノ酸で構成されるが，特に構造モチーフと言った場合には，配列上で近接していないが空間的には近い位置に配置され，特定の機能をもつものを指すことが多い．代表的な構造モチーフには，酵素の触媒部位（catalytic triad）や，DNA結合に関与するジンクフィンガーがある．

## 4. 決まった構造をとらない天然変性領域（IDR）

ここまでは，タンパク質がある決まった立体構造をとる場合について述べてきたが，タンパク質のなかには天然状態で安定した立体構造をとらない領域，すなわち**天然変性領域**を含んでいるものもある．天然変性領域は，環境に応じて柔軟に形状を変化させるため，機能的に重要な役割を果たすことが知られている．例えば，タンパク質間相互作用において多様なタンパク質と結合するほか，翻訳後修飾の標的となりやすいことも知られている．そのため，細胞内シグナリング等で重要な役割を果たすことが多く，機能ドメインとして知られる領域がすべて天然変性領域内に存在することもある[2]．さらに近年では，膜をもたないような細胞内小器官の形成に関連して，細胞内での液－液相分離を起こす主要なファクターとしても注目されている[3]．

天然変性領域の物理化学的特徴として，荷電アミノ酸や極性アミノ酸が多く含まれる一方，構造のコアをつくるのに必要な疎水性アミノ酸の割合が低いことがあげられる．この組成によって，天然変性領域は水溶液中で特定の構造をとらず，動的な状態を維持することができる．ただし，得られた立体構造情報の理解という観点においては，この動的な性質には注意する必要がある．立体構造決定の実験的手法としては，X線結晶構造解析やクライオ電子顕微鏡が多く用いられているが，これらの実験で使われる結晶中や凍結試料中においてはこの領域は，平均化された電子密度として観測されにくくなる．そのため，そうした領域は原子座標の情報が欠損した領域，“**missing region**”となる[4]．また，長い天然変性領域については結晶化などの観点からもともと含めずに構造決定することもあるため，PDBなどのデータベースで目的のタンパク質の実験的構造を確認する際には，そうした領域がどのように扱われているかに気を払う必要がある．

## タンパク質の立体構造分類

一般にタンパク質はその分子機能で分類されることが多いが，立体構造に基づく分類も存在する．構造に基づく分類では，タンパク質全体ではなく独立して折りたたむことができる単位ごと，すなわち構造ドメインに対して分類が行われ，ドメインを構成する二次構造要素の配置と割合に主に着目することになる．構造分類にはいくつかの流派があるが，代表的なものは**SCOP**および**CATH**とよばれる**構造分類データベース**がそれぞれ提案する基準であり，タンパク質群が類似性の高さをもとに階層的に分類されている．個別のタンパク質のみに着目して構造を観察するだけであれば分類の知識は必須というわけではないが，いくつかのタンパク質をまとめて比較・議論するうえでは，こうした分類の知識が役に立つことがある．そこで，ここではSCOPの階層分類[5]に基づいて，構造的特徴を捉えている上位2層である**クラス**と**フォールド**について概説する．

SCOP分類の最上位に位置するクラスの階層では，ドメインを構成する二次構造要素の多寡にのみ基づき，タンパク質を大まかに**all-α**，**all-β**，**α+β**，**α/β**の4つに分ける（図2）．all-αタンパク質は，その名の通り主にα-ヘリックスから構成される．これらのタンパク質は球状の形態をとりやすく，ミオグロビンやシトクロムcなどがこのカテゴリーに含まれる．all-βタンパク質は，主にβ-シートから構成され，平たい構造や樽形の構造を形成する．免疫グロブリンはall-βの代表例である．α+βタンパク質は，α-ヘリックスとβ-シートの両方を含むが，これらの二次構造要素が空間的に分離して存在する特徴をもつ．リゾチームや一部のリボヌクレアーゼがこの分類に含まれる．

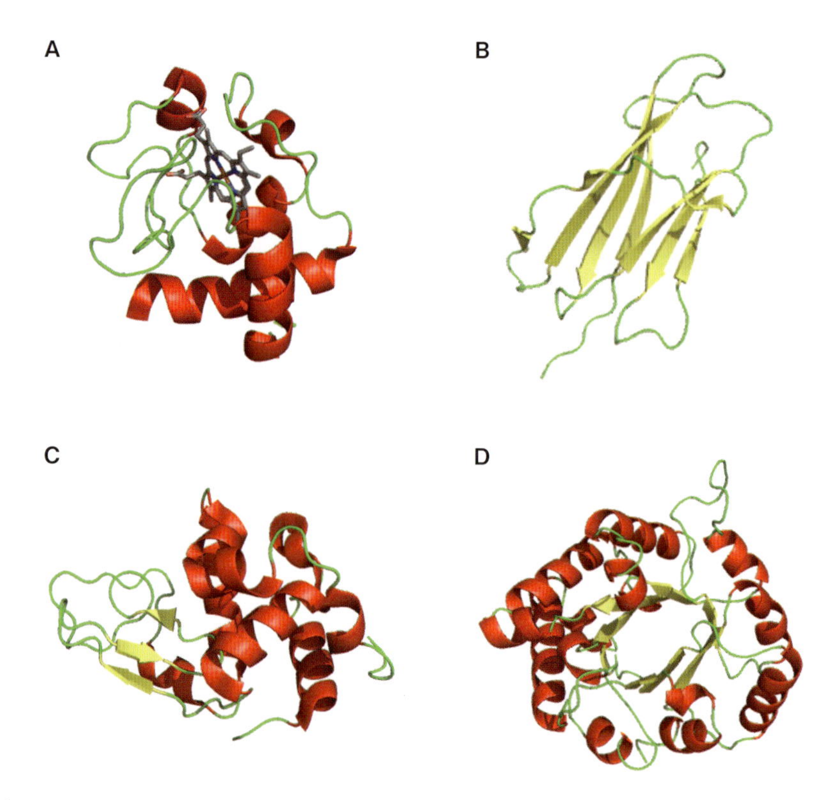


**図2　タンパク質の構造分類（クラス階層）**
**A）** all-αタンパク質，**B）** all-βタンパク質，**C）** α+βタンパク質，**D）** α/βタンパク質の例．

$\alpha/\beta$タンパク質は，$\alpha$-ヘリックスと$\beta$-ストランドが交互に配置された構造を持っており，多くの酵素にこの構造がみられる．

これらのカテゴリに加えて，タンパク質の特殊な構造的特徴に基づく分類も存在する．特に膜タンパク質は，細胞膜や細胞内小器官の膜に埋め込まれて機能するタンパク質であることから，膜と接する膜貫通領域に疎水性アミノ酸が露出しており，水溶性ドメインとは異なる構造的特徴を持っているため，別のカテゴリとして論じることもある．

クラスの下にはフォールドとよばれる分類があり，ここでは二次構造要素の数と空間配置，およびそれらの繋がり方によって構造が分類される．先に，タンパク質の立体構造とは三次構造または四次構造のことを指すと述べたが，立体構造分類を踏まえた場合には，タンパク質の立体構造といえばタンパク質のフォールドを指していることが多い．著名なフォールドとしては，ヘモグロビンやミオグロビンが属するグロビンフォールドなどがある．気をつけるべきフォールドの性質として，同じフォールドであってもタンパク質のアミノ酸配列は多様であり，フォールドが共通であることは進化的類縁関係や機能的な類似性を必ずしも示唆しない点がある．すなわち，**進化的に関係があり配列が相同である場合は同じフォールドになる可能性が高いが，逆は必ずしも成り立たない**．

## 基礎知識から予測構造をどう見るか

ここまでで，タンパク質立体構造を構成する基本的な要素を簡単に説明した．AlphaFoldの予測結果を見る際には，これまであげた要素それぞれから予測構造の妥当性を判断していく必要がある．妥当性の観点は大きく分けて，構造的に妥当であるかと機能的に妥当であるかの2つの方向性がある．さらにAlphaFold自身が提供する**pLDDT**や**PAE**といった信頼度をあらわすスコアについても，あわせて考慮する必要がある（第2章-3も参照）．

構造面からの妥当性については，まずタンパク質の全体的な形状があげられる．例えば，単体で機能する水溶性タンパク質であることがわかっていれば，単体で安定に存在する必要があるので，予測された構造がよく折りたたまったコンパクトな球状であることには妥当性がある．また，二次構造の含有量についての実験情報があれば，AlphaFoldが返してきた予測結果の構造分類（all-$\alpha$や$\alpha/\beta$など）と合致するかを確認できる．さらに，遠縁であってもホモログタンパク質について立体構造が実験的に決定されていれば，予測構造のフォールドが一致するかどうかを確認することには意味がある．

より子細に見ていくと，二次構造の配置や形成も重要な要素となる．$\alpha$-ヘリックスや$\beta$-シート・ストランドが極端に長い（例えば20～30残基以上）または短い（3～4残基以下），他の構造ドメインから空間的に離れた位置に独立して存在するなどの場合，その部分の予測には注意する必要がある．二次構造要素が集まることでつくられる，構造ドメインの疎水性コアの形成具合（パッキングの良し悪し）も，重要な検証要素となる．

また，複数の構造ドメインからなるタンパク質の場合，各ドメインの分離やドメイン間の相対的な位置についても，PAEなどのAlphaFoldが提供する残基の相対配置に対する信頼度スコアを見ながら既存の知見との矛盾がないかを確認したい．さらに，対象が膜タンパク質であれば，別に膜貫通部位予測などを行ってその結果との整合性，具体的には膜貫通領域の正確な位置や配向，膜との相互作用を考える必要もある．

さらに，長い（例えば10残基を超えるような）天然変性領域が存在するようなタンパク質の場合には，それらの領域の配置も注意深く評価する必要がある．前項で説明した通り，実験的に決定された構造には天然変性領域の情報は存在しないことが多い．しかしAlphaFoldのような予測構造にはそのような制限はないため，天然変性領域も可視化されて表示される（図3）．ただし，その空間配置はほぼランダムであり，好

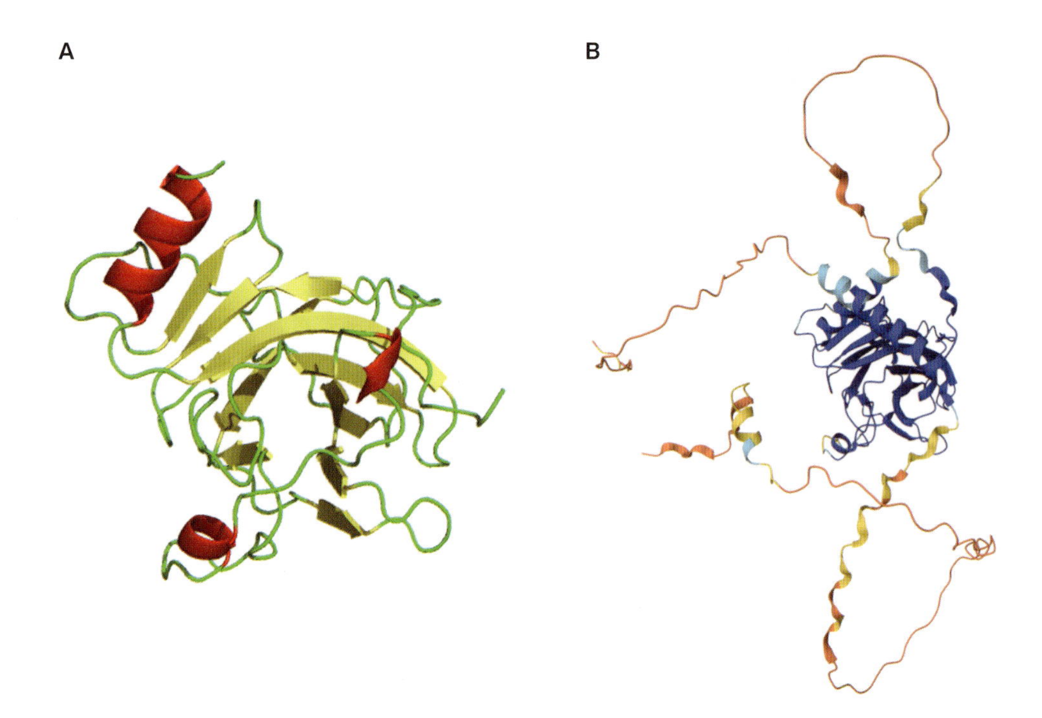


**図3 ヒトp53の立体構造**
**A）**実験で決定された構造の一例，**B）**AlphaFold Protein Structure Databaseにある予測構造．**A）**は二次構造に基づいた色付け，**B）**はAlphaFoldの残基ごとの信頼度スコア（pLDDT）に基づいた色付けになっている．**A）**の構造は**B）**の中央にある青い部分（高信頼度領域）に対応している．**B）**の予測構造は実験構造には存在しない天然変性領域を含んでおり，おおむね黄色やオレンジ色（低信頼度）の紐状の構造で表示されているのがわかる．

意的に解釈するなら自由に動き回っているポリペプチド鎖のある瞬間をとらえたものと言える．また，こうした領域はpLDDTスコアが低く出る傾向にあるが，これはその領域が定まった構造をもたないためであり，ある意味で天然変性領域の特性を反映していたものであるため，**スコアが低いから予測が信用できないというわけでは必ずしもない**[6]．また，部分的にでも実験による構造が得られている場合には，既知のmissing regionの位置などと比較することでも予測構造を検証できる．

機能面からの検討では，あるタンパク質の既知の構造・機能モチーフや相互作用部位などに対して，予測構造がそれらの知見と矛盾していないかを確認する．例えば，複合体の形成であればタンパク質間相互作用に関与する領域が露出し，さらに相互作用に適した残基が存在しているか，酵素であれば活性部位と目される残基群が空間的に近くに配置され構造モチーフをつくっているか，基質結合ポケットが形成されているかなどを評価する．ただし，AlphaFold Protein Structure Databaseが提供するようなAlphaFold2によるタンパク質単体の予測構造においては，こうした機能面に対する精度は必ずしも良いとは限らない．そのため可能であれば**AlphaFold-Multimer**で複合体として予測したり，**AlphaFold3**でリガンドを含めた予測を行うなど，機能に関連する分子をとり込んだ予測も行って比較検証する方が望ましいと考えられる（**第3章-1**も参照）．

## おわりに

本稿ではAlphaFoldの予測構造を読み解くための基

礎知識として，タンパク質の立体構造の理解やタンパク質構造の研究者と会話するうえで必要な用語や概念，およびその観点での予測構造の解釈のしかたについて，できるだけ実情に沿う形で簡潔に説明した．しかし，AlphaFoldは一見して正しそうに見える構造を出力することも多く，**アミノ酸の側鎖レベルまで子細に見なければわからないことも多い**．特に，AlphaFold3ではタンパク質以外の分子を扱えるようになったため，リガンドやイオンを多数入れた場合に予測構造内で原子同士がぶつかっている（クラッシュしている）ケースもあると報告されている．当然，こうした構造は正しいとは言えない．

ここまでで立体構造の詳細に興味をもった方は，ぜひ構造生物学の教科書[参考図書]を参照してもらいたい．また，β-ストランド間の水素結合やタンパク質のパッキングのよさなど，タンパク質の折りたたみの実際を体感してみたい場合には，タンパク質構造予測・タンパク質デザインで有名なDavid Bakerらが監修したFoldit（https://fold.it/）とよばれるタンパク質折りたたみゲームもあるので，ぜひ試してみてほしい．

## ◆ 文献


1）Bogan AA & Thorn KS：J Mol Biol, 280：1-9, doi:10.1006/jmbi.1998.1843（1998）
2）Babu MM：Biochem Soc Trans, 44：1185-1200, doi:10.1042/BST20160172（2016）
3）Darling AL, et al：Proteomics, 18：e1700193, doi:10.1002/pmic.201700193（2018）
4）DeForte S & Uversky VN：Protein Sci, 25：676-688, doi:10.1002/pro.2864（2016）
5）Lo Conte L, et al：Nucleic Acids Res, 28：257-259, doi:10.1093/nar/28.1.257（2000）
6）Alderson TR, et al：Proc Natl Acad Sci U S A, 120：e2304302120, doi:10.1073/pnas.2304302120（2023）


## ◆ 参考図書


- 「カラー図説　タンパク質の構造と機能――ゲノム時代のアプローチ」（Petsko GA & Ringe P），メディカル・サイエンス・インターナショナル，2005
- 「タンパク質の立体構造入門――基礎から構造バイオインフォマティクスへ」（藤　博幸／編），講談社，2010

第2章

# 立体構造データの入手と可視化・簡易計測

# 1 立体構造データの可視化と解析のためのツール

山守　優

タンパク質や核酸などの生体高分子の構造をコンピューター上で可視化することは，構造と機能の関係を理解するためのキーステップである．今日でも使われる代表的な可視化ツールの開発は，1990年代末からはじまり，現在ではVMD，UCSF ChimeraX，PyMOLなどのソフトウェアが広く定着してきている．原子と結合を球と棒で表す骨格モデルから，タンパク質のトポロジーを直感的に把握することのできるカートゥーンモデル，溶媒やリガンド分子との相互作用を表現できる分子表面モデルまで，多様な描画スタイルがどれも標準になっている．さらに，構造の揺らぎや分子動力学（MD）シミュレーションのトラジェクトリーデータを可視化することもできる．よく使われる構造可視化ツールは，原子間距離やコンタクトマップ，重ね合わせなどの解析ツールを兼ねており，簡単なスクリプトによって一度行った解析を自動化・拡張することもできる．本稿では代表的なツールのひとつVMDを中心に紹介する．

## はじめに

タンパク質や核酸などの生体高分子を可視化することは，分子の構造や特徴を直感的に理解し，分子の構造と性質の関係についての洞察を得るために重要なステップである．ここでいう可視化とは，X線結晶構造解析・核磁気共鳴・低温電子顕微鏡などの実験手法やモデリング・構造予測などによって得られた構造データ（主として原子の座標データ）をコンピューター上に二次元・三次元的に表示することを言う．その際に，操作に対してインタラクティブに表示を変化（回転・並進・構造同士の重ね合わせや特定の部分のハイライトなど）させることや，二次構造や水素結合などの構造的な特徴や空間に占める体積をわかりやすく示すような表示を行うことが要求される．

コンピューター上で生体高分子の三次元構造をインタラクティブに表示する試みは，構造生物学のかなり初期（1960年代中ば）に先駆的に行われており，結晶学の研究者によってリゾチームとミオグロビンの既知構造を回転しながら表示した例があるようだ[1]．1970年代から1980年代にかけて，コンピューターの発展に伴って主に結晶学の研究者によって電子密度マップをCRT（ブラウン管）ディスプレイ上にインタラクティブに表示するプログラムが開発された．1980年代後半から初期の汎用的な目的の生体高分子の構造可視化ツール〔MIDAS（1988），HYDRA（1986），GRAMPS/GRANNY（1981，1985）〕が開発された．わかりやすい模式的な描画のできるMolscript（1991）や操作性に優れたユーザーインターフェースを備えたWHAT IF（1993）やRasmol（1995）などの広く使われたソフトウェアも1990年代ごろになって登場した．

現在よく使用されるパッケージ〔**VMD**（1996），**PMV**（1999），**PyMOL**（2002），**YASARA**（2002），**UCSF Chimera**（2004）〕は，1990年代後半から2000年代に登場した．近年でもSSAO※1をとり入れたQuteMol（2007），ウイルスなどの巨大な数の原子を含む分子を効率よく画像処理することのできるMegaMol（2014）やUnity3Dを導入したcellVIEW（2014），タンパク質中の低分子が入り込む，あるいは通過する箇所をわかりやすく可視化する機能をもつCAVER Analyst（2014），UCSF Chimeraの後継であるUCSF ChimeraX（2021），分子動力学（MD）シミュレーションデータを手際よく処理することができるVIAMD（2023）やMolSieve（2023），ドッキング結果の可視化に優れた機能をもつInVADO（2024）など，新しい時代の要求やGPUなどの技術の発展に対応したソフトウェアが開発されている．また，2000年代にweb上で可視化を行うためのツールJmol（2006）が登場し，JSmol（2013），NGLviewer（2017），LiteMol（2017），MolSTAR（2021），iCn3D（2022），PDBImages（2023）などが続いている．今後の発展の可能性としては，BlendMol（2019）やMolecularNodes（2022）などのアドオンによる**Blender**※2での分子の美麗な三次元分子描画やVR技術・触覚デバイスとの融合が指摘されている[2)～4)]．

## 現代の代表的な構造可視化ツール

2000年前後に開発されたソフトウェアは，現在でも活発に開発が継続されているものも多く，生体高分子の可視化ツールは前述のように多くの選択肢がある〔より詳細なソフトウェアのリストとしては，文献2のTable 2，Table 3やRCSB PDB内の“Molecular Graphics Software”のリスト（https://www.rcsb.org/docs/additional-resources/molecular-graphics-software）がある〕．これらのなかには，特別の用途を意図したものもあり，例えば，結晶構造の可視化（VESTA）や電子密度マップの表示など第一原理計算や半経験的計算のための前処理・結果解析（MOLDEN，Winmostar，GaussView，Avogadro），結晶解析や電子顕微鏡による構造解析（Coot）のためによく使われるものがある．この項では，構造生物学に関係するなるべく広い用途で多く使用される汎用的なツールを中心に説明していく．

また，これらの可視化ツールは，単に1つもしくは複数の構造データ（座標データ）をわかりやすく可視化するだけでなく，基礎的な解析（構造の重ね合わせと配列アラインメント，二次構造の同定，原子間距離の計算，ラマチャンドランマップ※3の表示など）を行うための環境

※1 SSAO
screen space ambient occlusion．3Dコンピューティングにおいて，リアルな陰影を追加して立体感を出すための技術．

※2 Blender
オープンソースで開発されている3DCG制作・動画編集ソフトウェア．1998年から開発が開始され，最新版は4.1.1（2024年7月確認）．

※3 ラマチャンドランマップ
タンパク質の構造の表現の一種で，主鎖のペプチド結合の二面角$\phi$と$\psi$のとる角度をプロットした図．

を提供することに加えて，MDシミュレーションなどのさらに進んだ解析（詳しくは**第3章-3**参照）のためのインプットファイルを用意する機能，またはその結果である“構造の時間による揺らぎ”を可視化・解析する機能をもった統合的な研究環境を兼ね備えたものもある．このような機能を提供するソフトウェアとして現在広く使われていて定評があるものとして，**VMD**[5]，**UCSF ChimeraX**[6]，**PyMOL**[7]があげられる（この三種のソフトウェアが現在の代表的な分子構造可視化ツールであることは，複数のレビュー論文における扱いを見ても確かなように思える[2)8)]）．さらにこれら以外では，**YASARA**，**MegaMol**などがよく使われているようである．

### 1）構造可視化ツールの機能と性能

今，汎用的に使用される多様な分子構造可視化ツールから使用するツールを選択するにあたって基準となる項目として，

① 入手や導入が容易であること

② 描画に関する機能が豊富であること

③ 解析ツールを兼ねている，もしくは他の解析ツールをまとめて使うインターフェースとしての機能があること

④ 使い方が直感的であり，かつ一度行った作業の拡張や再利用が簡単であること

などがあげられるものと思う．

まず，①については，フリーであり，OSがWindows/Mac/Linuxを問わずに使用することが可能であり，すぐに動作するバイナリーが配布されていることが望ましい．また，そのうえでソースコードが公開されていることも望ましい．②については，使用できるスタイルの種類や美しさ，画像処理の性能が十分であり，タンパク質のカートゥーン表示（例：図1B），分子表面の表示（例：図1C）などよく使われる描画スタイルが選択可能なことはもちろんだが，論文やスライドに載せるのに相応しい高品質の画像を出力できることや，多くの構造データの形式（できればさらにソフトウェアごとに複数あるバイナリ形式のMDシミュレーションのトラジェクトリーデータにも）に対応していることも望ましい．③に関しては，構造の解析に関する機能，すなわち構造の重ね合わせや二面角，原子間距離，コンタクトの計算など定番の機能が標準で，もしくは容易に拡張できるしかたで備わっていることが望ましい．④に関しては，原子や分子の対象選択などに関する複雑な要求に対しても，（マウスや簡単なコマンドなどでの）直感的な操作で複雑な分子・原子への選択的な表示ができることが望ましいのはもちろん，一度行った作業を簡易的なスクリプトなどの形式で保存することができ，同様の作業を別の対象にも容易に再適用可能であることが望ましい．そのようなソフトウェアは，Pythonやtcl[※4]などのスクリプト言語で，ソフトウェアの可能な挙動を操作できるようになっているので，簡単な文法の把握で一定の手続きの分子構造可視化を自動化できる．

---

**※4　tclおよびtcl/tk**

tcl（tool command language，ティクル）は，アプリケーションに組込まれてよく使われる軽量プログラミング言語．tkはtclにGUIを提供するためのツールキット．VMDでは，version8.4.1が使われている．

### 2）描画スタイル

生体高分子を可視化するモデル（描画スタイル）に関しては，大きく1）**骨格モデル**，2）**カートゥーンモデル**，3）**分子表面モデル**の三種類が存在する（図1A〜D）[2)4)]．目的や対象に応じて異なった抽象度のモデルを選択することになる．骨格モデルは，原子および原子間の化学結合を線，球，円柱などを用いて表現し，生体高分子の構造の詳細を表現するのに適しているシンプルで最も古くからあるモデルである．化学結合のみを可視化したモデルには，結合を線で表す**line model**や円柱で表す**stick model**（**licorice model**）があり，原子を球で表すモデルには，**CPK/ball-and-stick model**などがある．球の大きさは，原子半径を反映したものを用いる．

カートゥーンモデルは，骨格モデルではほっきりと把握できないタンパク質の全体的な特徴をリボン状やチューブ状の構造を用いて表現する抽象度の高いモデルである．リボン（ヘリックス）と矢印（配列の方向を示すストランド）を用いた表現は，Richardsonによって最初に提唱され，Carsonによってコンピューター上で実現するためのアルゴリズムが開発された．リボンモデルなどの古典的なカートゥーンモデルは，二次構造（**第1章-3**も参照）をハイライトすることに優れている．その他に$C_{\alpha}$原子を（仮想的に）つないで，タンパク質の主鎖構造の全体を表示するのに適した**backbone model**や**trace model**がある．

分子表面モデルは，生体高分子が空間に占める体積や環境（溶媒やリガンド分子）との相互

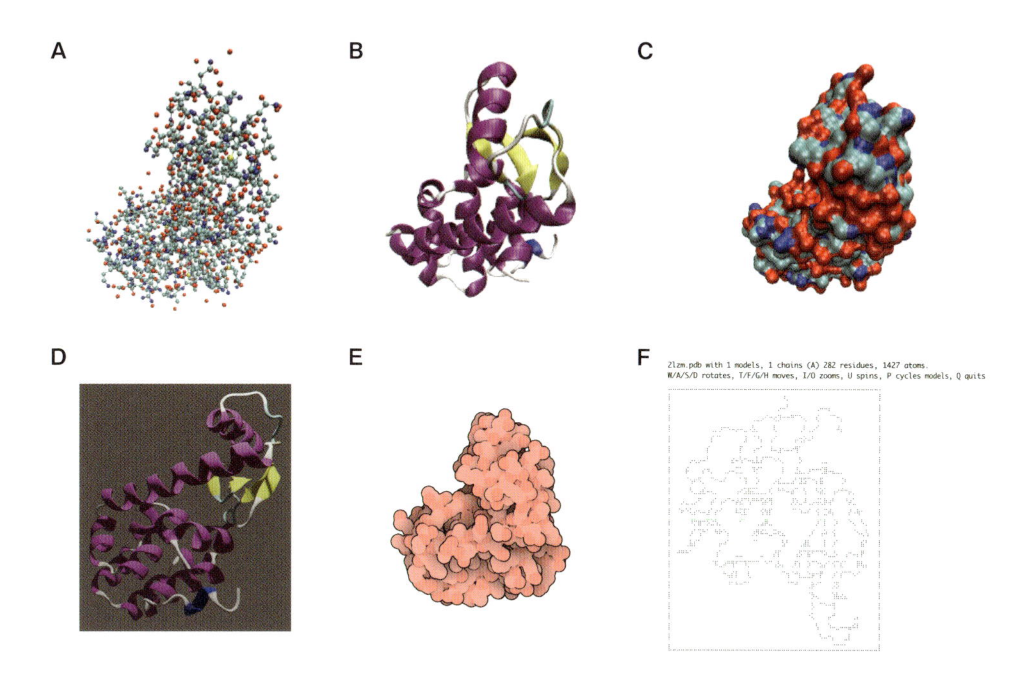


**図1　さまざまな描画スタイルでのタンパク質のイメージ**

T4 lysozyme（PDB ID：2lzm）の構造を，立体的に詳細なものから模式的なものまでさまざまなスタイルで表示したもの．**A）**骨格モデル（VMDの「CPK」），**B）**カートゥーンモデル（VMDの「NewCartoon」，彩色は二次構造に基づく），**C）**分子表面モデル（VMDの「Surf」），**D）**Blender/BlenderMolでカートゥーンモデルを表示したもの．**E）**PDB-101などでも使われる模式的なモデル（illustrate）．**F）**コマンドライン上にタンパク質を表示したもの（MMTerm）．

作用を表現するのに適している．最もシンプルな表面モデルは，**空間充填モデル**（**space-filling model/calotte model**）で，骨格モデルのball-and-stick modelで原子を表現する球に，原子半径に比例した半径を与えたモデルである．特に原子半径としてファンデルワールス（van der Waals）半径[※5]を用いた場合をファンデルワールス表面という．**溶媒接触表面**（**SAS**）は，分子のファンデルワールス表面を溶媒分子が転がる表面として定義され，溶媒が分子に対して侵入可能な領域を表示する．この際，簡単のため溶媒分子は球（プローブ球）として表現される．しかしSASは分子の体積を正確には反映していないという欠点があったため，**溶媒排除表面**（**SES**）が提案された．これは，溶媒分子（プローブ）の分子に対する接触点をつなげた表面として定義され，分子の体積をより正確に表し，分子と環境の相互作用をうまく把握することのできるモデルである．SESの計算には，VMDなどで実用化されているMSMSの他にQuickSESなどの高速な計算ツールも開発されている．**リガンド排除表面**（**LES**）は，SESを拡張したもので，リガンド分子を生体高分子のファンデルワールス表面に対して転がし，その際にプローブ球ではなくリガンド分子の各原子の半径に対応したモデルを転がすものである．これによって生体高分子にどれだけリガンド分子が侵入できるかなどを可視化することができる．

またこれらに加えて，教育的・直感的な理解のために，より大まかに構造的特徴を捉えた模式的（イラスト風）な描画スタイルが採用されることもある〔例えば，RCSB PDBの学習ポータルサイトPDB-101の「今月の分子」で使われる表示などが相当する．この表示はソフトウェア／webサーバーillustrateで再現できる（https://ccsb.scripps.edu/illustrate/）（図1E）〕．MMTerm（https://github.com/jgreener64/mmterm）はターミナル上にインタラクティブに構造を表示するユニークなソフトウェアである．リモートアクセスしているサーバー上の構造ファイルをサッと確認するときなどに便利である（図1F）．

## 3）揺らぎや不確かさの表現

発展的な分子構造可視化ツールへの要求としては，原子の位置の「不確かさ」を表現することがあげられる．つまり，生体高分子自身が揺らいでいること，あるいは実験や予測手法の限界などにより，構造を正確に決定しきれないことによる位置の不確かさを可視化する何らかの方法があることが望ましい．最もシンプルな方法としては，**ソーセージ表示**（**sausage view**）とよばれる表示法がある．これはチューブ状の曲面で分子を表現する方法で，チューブの太さ（径）で不確かさを表す方法である．また，分子表面モデルを用いて，**B-factor**（**温度因子**）に応じてチューブ状の表面の色を変化させることで表現する方法もある．

MDシミュレーションの結果である，時間に応じた構造の揺らぎを表現するために**aggregationアプローチ**という方法もよく使われる．これに類する方法のうち最もシンプルな例は，VMDのVolmap toolで使われている手法である．これは，異なった時間ステップにおける構造を重ね合わせて表現するもので，構造の揺らぎを空間に占める体積で表現する方法である．

また多くの現代的な可視化ツールは，MDシミュレーションのトラジェクトリーなどの同一分子の連続的な複数の構造を含んだデータ（詳しくは第3章-3）をアニメーションとして可視化する機能をもっている．

**※5　ファンデルワールス半径**

原子の大きさの定義のひとつ．隣接した同種の原子どうしにおいて，接触しているが結合していない原子間の最近接距離の1/2.

**表1　主要な分子構造可視化ツールの比較**

| ソフトウェア名 | スクリプト言語 | 開発者 | 最新版 | URL |
|---|---|---|---|---|
| VMD | tcl/Python | イリノイ大学 | 1.9.4（2022） | https://www.ks.uiuc.edu/Research/vmd/ |
| UCSF ChimeraX | Python | カリフォルニア大学サンフランシスコ校 | 1.8（2023） | https://www.cgl.ucsf.edu/chimerax/ |
| PyMOL | Python | Schrödinger社 | 3.03（2024） | https://pymol.org/2/ |

主要な分子構造可視化ツールであるVMD，UCSF ChimeraX，PyMOLの比較を行った．これらのソフトウェアは全て無料で使用できる（2024年8月時点）．文献8をもとに作成．

## 代表的な構造可視化ツールのまとめ

ここまでで述べたような要求を，VMD，UCSF ChimeraX，PyMOLは，だいたい同一水準で満たすことができる．簡単に三者の特徴をまとめると表1のようになる．これらは画像処理のライブラリとしてOpenGL※6を採用している．UCSF Chimeraは，最初期のソフトウェアであるMIDASに起源をもち，非商用の場合にはフリーで使用することができ，解析ツールを兼ねている．UCSF ChimeraXはUCSF Chimeraがさらに発展したものである．VMDは，もともとMDシミュレーションの結果の可視化のために開発され，プラグインによる拡張性に優れている．また，主要なスクリプト言語としては，tclを用いているが，Pythonで操作することもできる．PyMOLは，Pythonによって開発され，実験データのとり扱いに優れている[8]．以下ではVMDを用いた立体構造の可視化方法について詳しく解説する．

## VMDを用いたタンパク質立体構造データの可視化と解析

構造データの読み込み，描画スタイルの設定・色付け，特定の部位を選択して操作を行う方法，拡張機能やコマンドを用いた解析について説明する．画像を保存する方法やスクリプトによる作業自動化の方法も説明する．

### 準備

- □ VMD．最新版は2024年7月時点で，1.9.4（2022-04-27）．Linux，MacOS X，Windows用のインストーラがイリノイ大学のサイト※1から入手できる．
- □ PDBj（https://pdbj.org/）の構造（構造の検索は第2章-2を参照）．例では，PDB ID：1ubq，2lzmなどを使用．
- □ MDシミュレーションのトラジェクトリーデータ．例としては，MDverse※7（https://mdverse.streamlit.app/）からアクセスできる．

**※6　OpenGL**

二次元・三次元コンピューターグラフィックを描画するために広く使われているライブラリ．

**※7　MDverse**

Figshareなどの研究データ共有リポジトリに収納されたMDシミュレーションのトラジェクトリーデータを検索するためのサイト．実際に論文のための研究に使われたトラジェクトリーも検索できる．

□ VMDのスクリプト見本集（https://www.ks.uiuc.edu/Research/vmd/script_library/）
□ VMDのプラグイン集（https://www.ks.uiuc.edu/Research/vmd/plugins/）
□ Blender（2.8.3）．Linux，MacOS X，Window用のバイナリがある＊2．
□ BlenderMOL（1.3）の圧縮ファイルblendermol-13.zipをBlendMol（https://durrantlab.pitt.edu/blendmol/）からダウンロードしておく．

＊1　VMD Visual Moleular Dynamics（https://www.ks.uiuc.edu/Research/vmd/）から「Download（all versions）」に進み自分の環境に適したバージョンを選択．「Username」と「Password」によってログインする．初回はメールアドレスと簡単な属性を登録する．

＊2　Blenderの「Index of /release/」（https://download.blender.org/release/）からさまざまなバージョンをダウンロードできる．

# プロトコール

## 1. VMDの基本的な操作

### 1）構造の読み込み

❶ VMDを起動する（アイコンをダブルクリックするか，コマンドラインに「`VMD`」と入力する）と「OpenGL Display」「Main Window」「Console Window」が開く（図2A）．

❷ 手元にあるファイルをウィンドウから読み込む場合：
「Main Window」→「File」→「New Molecule」を選択すると「Molecular File Browser」が現れる（図2B）．「Browse…」を選択するとファイルブラウザが現れるので目的のファイル＊3を選択し，「Open」を押すかダブルクリックをする．「Molecular File Browser」の「Filename:」に選択したファイル名が現れたら「Load」をクリックする．

＊3　VMDはBabel※8によってさまざまな形式の分子構造ファイルに対応している．Babelは分子構造を表すファイル形式を相互に変換するプログラム（VMDではPDB以外のファイル形式をPDBに変換することにのみ使用）．VMDが使用するBabelの実行ファイルは，環境変数VMDBABELBINによって指定されている（もしくはカレントディレクトリから探す）．Babelが参照できない場合でもPDB，PSF，DCDの読み込みはできる．

❸ PDBから直接ファイルをダウンロードする場合：
インターネットにつながった環境で，「Molecular File Browser」の「Filename:」にPDB ID 4文字を打ち込み「Determine file type:」を「Web PDB Download」表記にする．「Load」をクリックするとダウンロードして読み込む．

❹ コマンドラインで読み込む場合：
「`VMD 2lzm.pdb`」「`VMD 1ubq`」のように打つと構造を読み込んで起動する．明示的にファイル形式を指定する場合は「`-filetype` *ファイル形式*」をつける．拡張子を省略しPDB IDを引数とした場合，PDBファイルと判断される．

※8　Babel
化学情報を表現するファイル形式（「MOL」「SDF」など）を相互に変換するソフトウェア．

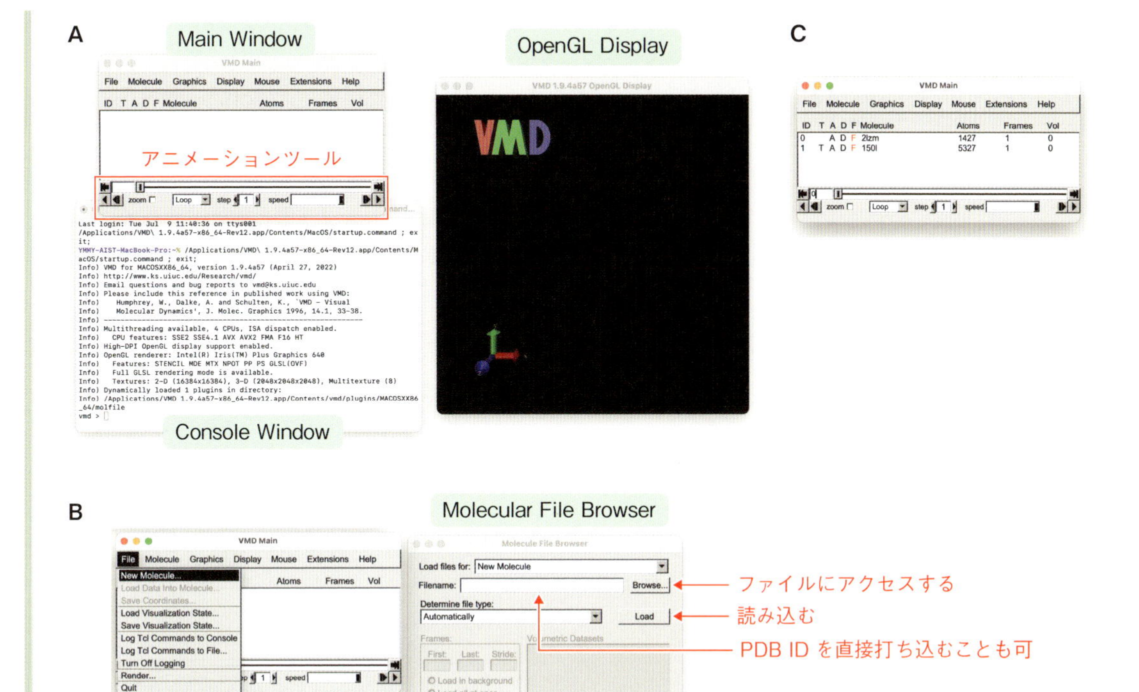


**図2　VMD起動画面とファイルブラウザ**

**A）** VMDを起動した際に現れる「Main Window」,「OpenGL Display」,「Console Window」. **B）**「Molecular File Browser」. **C）** 複数の構造ファイルを読み込んだときの「Main Window」の表示.

❺ いずれの場合も,「OpenGL Display」に読み込んだ分子の構造（デフォルトで「Lines」形式）が表示され,「Main Window」のリスト部分の一行に分子の情報が記述される（図2C）.

❻ 分子を削除する場合は,「Main Window」のリストから分子を選択し,「Main Window」→「Molecule」→「Delete Molecule」を選択する.

❼ 終了するときは,「Main Window」→「File」→「Quit」をクリック, もしくはコンソールで「quit」と打つ.

## 2）読み込んだ構造のマウスによる操作

❶ デフォルトではマウスの操作によって構造全体を回転することができる.

❷「Main Window」→「Mouse」を選ぶと「Rotate Mode」「Translate Mode」「Scale Mode」のチェックボックスが現れる.「Translate Mode」では構造全体の並進移動,「Scale Model」では構造のズームイン・アウトができる＊4.

＊4　マウスモードごとにカーソルが変化する.「Rotate Mode」では「 」,「Translate Mode」では「 」,「Scale Mode」では「 」.

❸「Main Window」→「Mouse」を選択し，「Center」のチェックボタンを選択する．「中心」としたい点でマウスをクリックするとカーソルが「+」になり，コンソールに選択した点のxyz座標が表示される．その状態で「Rotate Mode」でマウスを操作するとその点を中心に回転する．

❹「Main Window」→「Mouse」を選択し，「Label」→「Atom」のチェックボタンを選択する．カーソルが「+」になった状態で構造をクリックすると原子の残基名残基番号：原子タイプ（例：「GLU67：CB」）のラベルが出現する．ラベルは，「Main Window」→「Graphics」→「Labels…」から管理できる．

### 3）読み込んだ構造のtclコマンド・スクリプトによる操作

VMDの操作はtclによって制御できる．tclを使用する方法は3つある．「1ubq.pdbを読み込み，y軸周りに180度回転」という操作を例に説明する（tclの文法については後述）．

❶ 方法1：「Main Window」→「Extensions」→「Tk Console」を選択しtkコンソールを起動（図3）．以下のように打ち込むとカレントディレクトリから1ubp.pdbを読み込み，構造全体をy軸に沿って180度回転する（Tk Console内で「cd」や「ls」などのUnix/Linuxコマンドを使用できる）．

```
% mol new {1ubq.pdb}
% rotate y by 180
```

❷ 方法2：以下の内容のファイル「load_and_rotate.tcl」を用意する．

```
# load_and_rotate.tcl
mol new {1ubq.pdb}
rotate y by 180
```

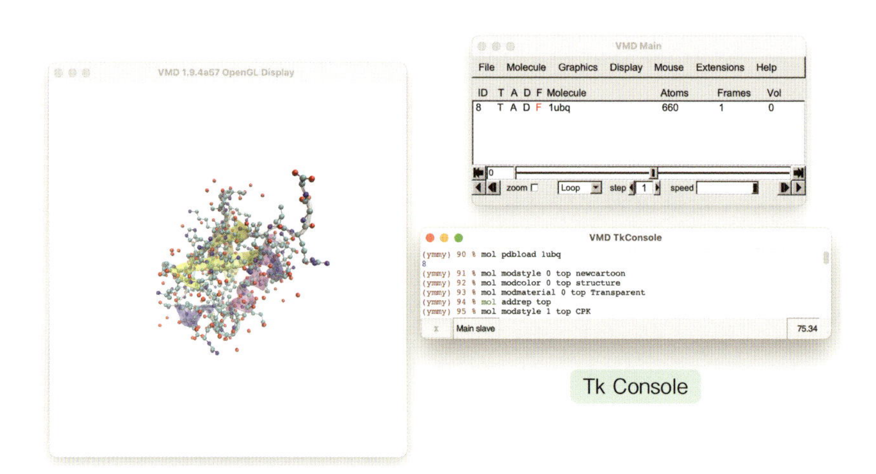


**図3　tclコマンドによる描画例**
ユビキチン（1ubq）をダウンロードし，「NewCartoon」表示と「CPK」表示を重ねたもの．

Tkコンソールで

```
% source load_and_rotate.tcl
```

と入力すると同じ操作ができる.

❸ 方法3：VMD起動時に「-e」を付けてスクリプトを実行する.

```
% VMD -e load_and_rotate.tcl
```

❹ マウスなどで行った操作をtclコマンドのログとして出力することもできる.「Main Window」→「FILE」→「Log Tcl Commands to Console」を選択すると，その時点から行った操作に対応するtclコマンドがコンソールに出力される.「Log Tcl Commands to File …」を選択するとファイル名の指定を要求され，同じ内容がファイル出力される．ログの出力を止めるには，「Turn Off Logging」をクリックする.

❺ 起動時に読み込むファイル（Linuxなどでは「.vmdrc」，Windowsでは「vmd.rc」）にコマンドを書き込むことでVMDの初期設定ができる．以下の「.vmdrc」によって，起動時の「軸」マークが消え*5背景が白色になる.

```
# .vmdrc
axes location off
color Display Background white
```

「.vmdrc」の設置場所は，カレントディレクトリ，ホームディレクトリ，環境変数VMDDIRが参照するディレクトリ．初期設定は「Main Window」→「Extensions」→「VMD Preferences」からも可能.

*5 「軸」の再出現は，「Main Window」→「Display」→「Axes」から軸位置（「LowerLeft」など）を選択.

## 4）描画スタイルの変更

❶ 分子描画の変更は「Main Window」→「Graphics」→「Representation…」を選択し「Graphical Representations」から行う（図4A）.「Selected Molecule」欄に現在対象としている分子が，その下のリストに現在対象としている分子のリプレゼンテーション（representation）の一覧が表示されている.「Selected Atoms」には，選択されている分子のリプレゼンテーションに対して選択されている原子を表すキーワード（「all」や「Protein」）が記述されている.「Draw style」タブを選択し，「Drawing Method」「Coloring Method」「Material」を調整して望ましい表現に近づけていく.

❷「Drawing Method」では描画スタイル（分子を表現するモデル）を選択する．各モデルにパラメーターが存在し，モデルを選択するとパラメーター調整パネルが現れる．例えば，「Lines」を選択した場合，「Thickness（線の幅）」を調整できる．骨格モデルとしては，「Lines」「Bonds」「CPK」「Licorice」などがある．カートゥーンモデルとしては，「NewCartoon」「Cartoon」などがある*6．分子表面モデルの表示には，「Surf」「MSMS」「QuickSurf」がある*7.

＊6　「NewCartoon」，「Cartoon」の大きな違いは，ヘリックスがリボンかシリンダーかである．

＊7　「Surf」は他手法より計算時間が遅い．「MSMS」は「Surf」よりも早く排除体積表面を計算することができる．「QuickSurf」は，格子点の近傍にある原子からガウス密度マップを計算し，その等値面を計算する．

**❸「Coloring Method」では着色パターン（色の塗り分け方）を変更できる．代表的な選択肢は，Name（原子名），Type（原子タイプ），ResName（残基名），ResType（残基タイプ），Chain（鎖名）など．ColorID（0～15のカラーインデックス）指定による着色もできる．また，色の割り当ての変更（確認）は，「Main Window」→「Graphics」→「Colors…」を選択し「Color Controls」から行う．例として「Color Definitions」タブにおいて原子名「O」に「red」が割り当てられていることが確認できる．また，背景や軸などの色も変更できる．背景色を白にしたい場合，「Color Definitions」から「Categories」に「Display」，「Name」に「Background」，「Colors」に「white」を選択する＊8．カラースケールの調整は，「Graphics」→「Colors…」を選択し「Color Controls」→「Color Scale」タブで行う．**

＊8　AlphaFold予測構造の表示には，「Coloring Method」に「Beta」を選択すると便利である．Betaは，b-factorの値（予測構造ではpLDDT）に応じたカラースケールを使用する．

**❹「Material」では質感を変更できる．代表的な選択肢は，Opaque，Transparentがある．「Material」の質感を決定するパラメーターの確認・変更は「Graphics」→「Mate-**

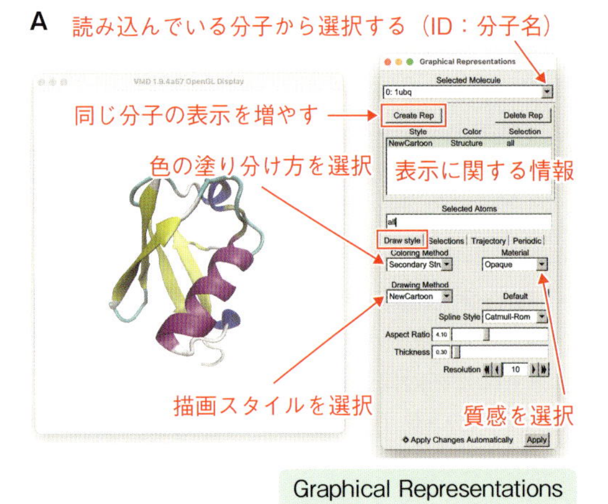

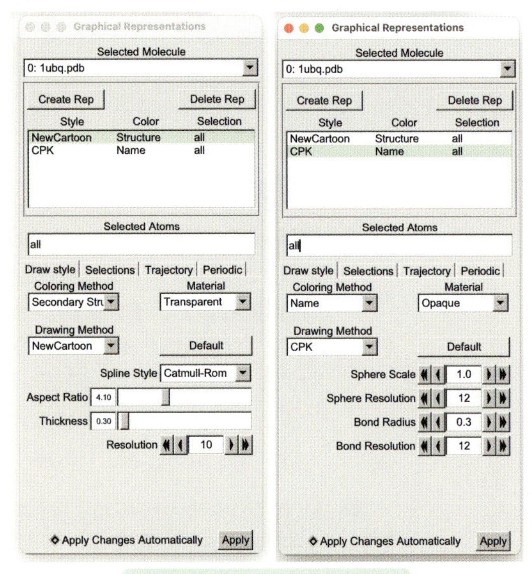


**図4　Graphical Representations**

**A）** VMDの「Graphical Representations」ウィンドウ．ユビキチン（1ubq）を「NewCartoon」表示し，二次構造による色付け（「Coloring Method」に「Structure」）をしている．**B）** 複数のリプレゼンテーションを使用した例．

rials…」を選択し「Materials」パネルで行う．既存のMaterialsのパラメーター（Ambient，Diffuse，Specular，Shininess，Opacity）の値が表示されているので，これらのパラメーターを調整することも，新規のMaterialの登録もできる．

❺ 1つの分子に対して，複数のリプレゼンテーションを使用することもできる．リプレゼンテーションごとに異なるスタイルを選択することで，複雑な表現が可能になる．図4Bは「Graphical Representations」で「Create Rep」から表示を2つにし，1つ目は「Style：NewCartoon」「Color：Secondary Structure」「Material：Transparent」を選択し，2つ目は「Style：CPK」「Color：Name」「Material：Opaque」を選択したリプレゼンテーション．「Delete Rep」は選択したリプレゼンテーションを削除できる．

## 5）配列ビューワーの表示

❶「Main Window」→「Extension」→「Analysis」→「Sequence Viewer」を選択すると「Sequence Viewer」が出現する．ビューワーには残基番号，残基名，鎖名，b-factor，二次構造*9を示したパネルが表示されている．「Zoom」を調整することで，パネルの縮尺を変化させることができる（図5）．

*9　二次構造の決定は，プログラムSTRIDE※9を用いている．プログラム上での表記はそれぞれT：Turn，E：Extended conformation，B：Isolated bridge，H：Alphahelix，G：3-10 helix，I：Pi-helix，C：Coilを表す．

❷ ビューワー上で，マウスで特定の残基を選択すると，残基番号，残基名，鎖名がハイライトされ，「OpenGL Display」で選択された残基が「Yellow Bonds」で強調される（「Graphical Representations」から変更可能）．別の残基を選択するとその残基が新たにハイライトされる．

❸ 複数残基の選択は，Shiftキーを押しながら行う．

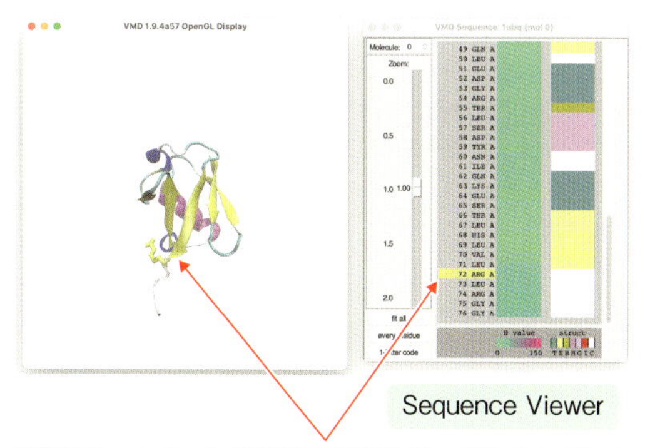


**図5　配列ビューワー**
ビューワーで選択した残基がハイライトされている．

※9　STRIDE
タンパク質の構造データに二次構造を割り当てるソフトウェア．Frishman & Argos（1995）．

## 2. VMDの発展的な操作

### 1）原子・残基などの対象選択

❶ ここまでは分子のすべての原子（「all」）を対象とした操作であった．ここで，対象選択を行う方法を説明する．この方法と複数の「リプレゼンテーション」を組合わせて複雑な分子描画を行うことができる．具体的には，「Graphical Representations」中の「Selected Atoms」のテキスト欄に選択文を書き込むことで行う．

❷「Selection」タブの補助機能を使って「Selected Atoms」の選択文を作成する方法：
「Selection」ダブを開くと選択可能なシングルワードのリストがある．これらは，値を伴わないキーワードである．例えば，分子の表示リストが1つのみで，「Selected Atoms」が「`all`」の時，「Reset」を押して「helix」をダブルクリックすると「Selected Atoms」のテキスト欄に「`helix`」と表示され，「Apply」をクリックすることで「OpenGL Display」の分子の表示がへリックスのみとなる．さらに「Keyword」および「Value」には値を伴うキーワードとそのとりうる値が列挙されている．例えば，「Reset」を押して「name」「CA」を続けてダブルクリックし「Apply」を押すと$C_\alpha$原子のみが表示される．また，「`and`」「`or`」「`not`」を組合わせて複雑な選択文を記述することもできる．

❸「Selected Atoms」の選択文を直接書き込む方法：
より自在に選択を行うことができる．選択文の基本は，「`keyword`」＋値（もしくは値の範囲）である[*10]．選択文は，「`and`」「`or`」「`not`」や「`()`」と組合わせて使うことができる．また，値を伴わないキーワードとして，`backbone`，`protein`などがある．値を伴わないキーワードの後に続けて文を書くとき，「`and`」を省略することができる．つまり「`protein name CA`」と「`protein and name CA`」は等しい．代表的なキーワード，値と文例は表2を参照．

＊10　例：「`name CA`（CAという名前の原子）」「`resname ALA GLY`（ALAかGLYという名前の残基）」「`mass 5 to 11.5`（5から11.5の範囲の質量の原子）」

表2　「Selected Atoms」のキーワード集

| キーワード | 値（もしくは値の範囲） | 例 | 意味 |
|---|---|---|---|
| all | − | all | すべての原子 |
| name | 原子名 | name CA | 原子名が「CA」の原子 |
| type | 原子タイプ | type CD | 原子タイプが「CD」の原子 |
| chain | chain ID | chain A | chain IDが「A」の鎖に属する原子 |
| protein | − | protein | タンパク質に属する原子 |
| backbone | − | backbone | 主鎖に属する原子 |
| sidechain | − | sidechain | 側鎖に属する原子 |
| resid | 残基ID | resid 11 | 残基IDが11の残基に属する原子 |
| resname | 残基名 | resname GLY | 残基名が「GLY」の残基に属する原子 |
| radius/mass/charge | 原子半径/質量/電荷 | mass < 14.0 | 質量<14.0 a.m.u.を満たす原子 |

「atomselect」のキーワード集．完全なリストについては，「VMD User's Guide（https://www.ks.uiuc.edu/Research/vmd/current/ug/node90.html）」などを参照．

❹ キーワード「within」は，「within *数値* of *選択文*」という構文で使用する．「選択文で選ばれた原子」から数値Å以内の原子を選択する（選択文に当てはまる原子も含む）[*11]．

＊11 例：「within 5 of name Zn」＝「Znという名前の原子から5Å以内の原子」

❺ キーワード「same」は「same *キーワード* as *選択文*」という構文．選択文とキーワードに当てはまるすべての原子を選択する[*12]．

＊12 例：「same residue as (chain A within 2 of chain B)」＝「鎖Bと2Å以内にある鎖Aの原子を含む残基（の原子）」

❻ 引用符（'）は，残基名などに空白が含まれるケースやキーワードと重複のある名前（例えば 'X' など）を指すときに使う．二重引用符（"）は，正規表現を意味する[*13]．

＊13 例：「name "C.*"」「name "(CA|CB)"」

❼ 配列を指示して構造を選択することもできる．例えば，「sequence AIRC」と入力すると該当の配列（「AIRC」）に一致する部分を選択する．正規表現を用いて「sequence "C..C"」のように表現することも可能で，このようにして特定の配列モチーフを選択することもできる．

### 2）複数ファイルの読み込み

❶ 単一の構造と同様，「Molecular File Browser」→「Browse」からファイルを選択し，順に複数のファイルを読み込む．2つ目以降を読み込むときに「Load files for:」に「New Molecule」を選択することに注意．「Load files for:」に既存の分子名を指定すると，追加フレームとして読み込まれる[*14]．分子を読み込むと，「Main Window」のリストに読み込んだ分子の情報ID，T，D，F，Molecule，Atoms，Framesなどが表示される[*15～*19]．

＊14 別のフレームとして読み込んでしまった分子の削除は，「Main Window」→「Delete Frames」で行う．

＊15 IDは0はじまりの分子のID．

＊16 Tはtop分子を意味し，現在その分子がスクリプティングの対象であることを表す（例えば，tkコンソールから「rotate y by 180」と打った場合，top分子が回転する）．top分子の変更にはその列の空欄をダブルクリックする．

＊17 Dは，その分子が表示されている（Displayed）かを表す．黒は表示，赤は非表示．ダブルクリックで変更できる．

＊18 Fは，分子の位置が変化不可（Fixed）かを表す．Fが黒のときはマウスの回転操作などに応じない．ダブルクリックで変更ができる．

＊19 Moleculeは読み込んだ分子の名称．デフォルトはファイル名だがテキスト部分をダブルクリックして変更可（図2C）．

❷ コマンドラインに「VMD -f 1 2lgz.pdb -f 2 1ubq.pdb」と入力しても複数ファイルを読み込むことができる．「-f」の後にファイル名を続けて記入すると同じ分子の別のフレームとしてみなす．「-f」の後に数字を指定すると別の分子とみなす．「-m」オプションを併用した場合は，すべて別々の分子としてみなす．

## 3. VMDによる立体構造の解析

### 1）MDシミュレーションのトラジェクトリーデータ（バイナリファイル）の読み込みと解析

❶ VMDはバイナリ形式のトラジェクトリーデータを読み込むことができ，主要なMDシミュレーションソフトウェアの形式（GromacsのXTC形式，AmberのNetcdf形式，NAMDのDCD形式）に対応している．バイナリファイルには座標データのみを含むため，最初にPDBなどの構造ファイルを読み込んで，原子種などの情報を取得した後に追加で読み込む．具体的には，「Molecular File Browser」で対応するPDBファイルを「Load files for: New Molecule」として読み込む．次に，バイナリファイルを「Load files for:」に先ほどのPDBファイルを指定して読み込む．

❷「Main Windows」のアニメーションツールの機能は以下の通り．「Frame Number」はフレームのインデックスを指定できる．「スライダー」はフレームを変化することができる．「再生ボタン」はアニメーションを再生する．アニメーションの挙動は，「Once」「Loop」「Rock」から選択することができ，フレーム移動スピードも調整できる（図2A）．

❸ アニメーションをスムーズに見せたいときは，「Graphical Representations」→「Trajectory」タブで「Trajectory Smoothing Window Size」の値を調整し，前後のフレームで構造を平均化する．

A

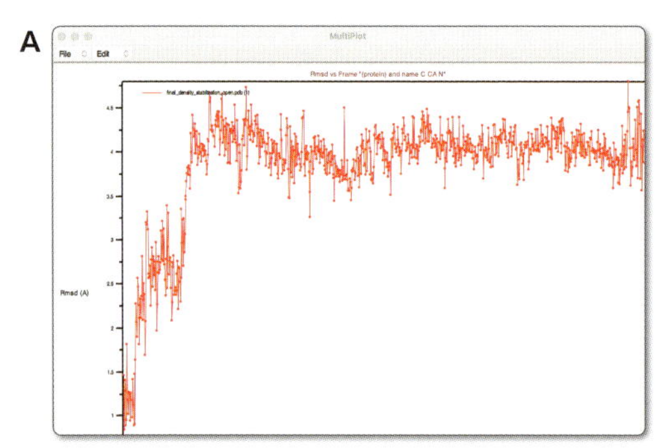


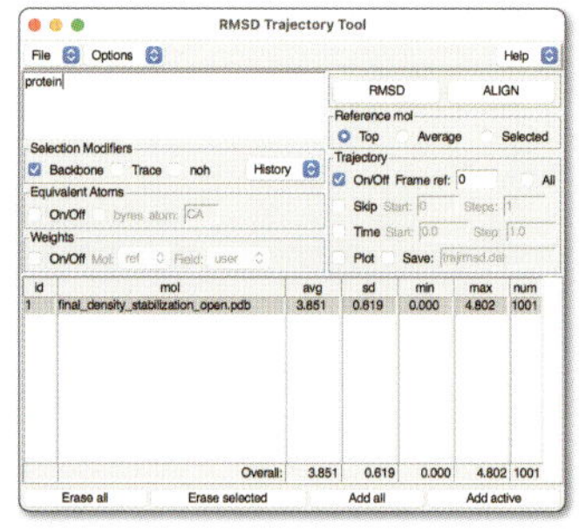


B

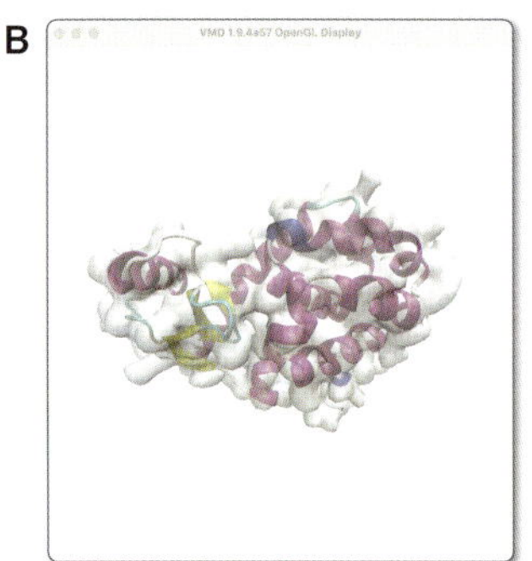

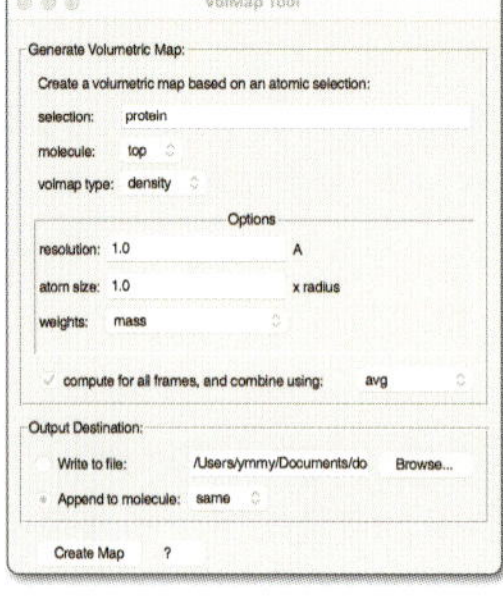


C

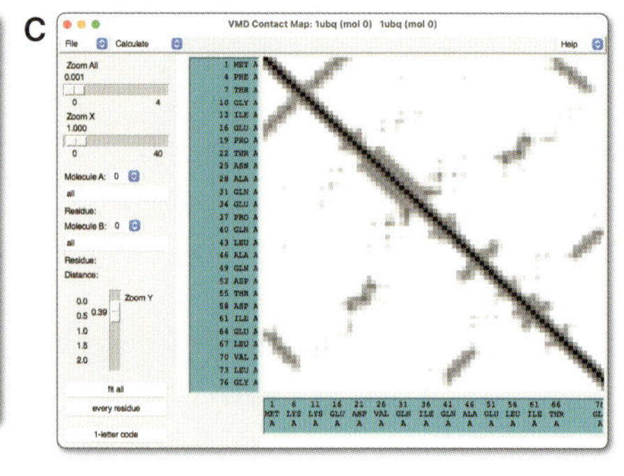


**図6　拡張機能による解析の例**
**A）** RMSD，**B）** 密度マップ，**C）** コンタクトマップ．いずれもT4 lysozymeを対象としている．

❹ 複数フレーム同時表示は，「Trajectory」タブで「Draw Multiple Frames」を使う．「0:9」は「フレーム0から9まで同時表示」．「0:10:100」は「フレーム0から100までを10フレームごとに同時表示」．

❺ 拡張機能「RMSD Trajectory Tool」でRMSDの計算ができる．「Main Window」→「Extensions」→「Analysis」から選択し，専用ウィンドウのリストにトラジェクトリーの情報が記述されているのを確認する．「Reference mol」に「Top」を選択し，「ALIGN」をクリックする（各フレームが先頭の構造に対して重ね合わせされる）．「RMSD」をクリック，「FILE」→「Plot data」をクリックすると時系列のグラフが表示される（図6A）．

❻ Volmap toolによってトラジェクトリーを密度マップの形で表示することもできる．「Analysis」→「Volmap Tool」を選択し専用ウィンドウが起動する．「molecule」に所定の対象（例えば「top」），「volmap type」に「density」を選択し，「compute for all frames, and combine using:」にチェックを入れ，「avg」を選択し，「Create Map」をクリックする．計算が終了すると，密度マップが表示される．「Graphical Representations」から密度マップの表示を変更できる（図6B）．

## 2）その他の拡張機能による解析

- 水素結合の可視化

「Graphical Representations」で「Create Rep」して，「Draw style」→「Hbonds」を選択すると，水素結合が破線表示される．パラメーターとして，「Distance Cutoff（デフォルト3.0Å）」，「Angle Cutoff（デフォルト20度）」が与えられている*20～*22．出力ファイル（ログファイル，フレームごとの水素結合数，水素結合の詳細データ）の設定をし，「Find hydrogen hbonds」をクリックする．計算が終了すると新しいウィンドウでフレームごとの水素結合数を表すグラフが出現する．

*20　特定の部分（例：主鎖のみ）の水素結合を調べたい場合は，「Selected Atoms」に「backbone」などと記述する．

*21　破線の色は水素結合のアクセプター原子に割り当てられている色．

*22　水素結合の詳細を出力したい場合やトラジェクトリーに対して水素結合数の変化を計算したい場合は，「Extensions」→「Analysis」→「Hydrogen bonds」を使う．「Hydrogen bonds」ウィンドウが起動し，「Molecule」に対象とする分子が選ばれていることを確認し，「Donor-Acceptor distance」「Angle Cutoff」の値を確認し，「Frames:」に「all」と入力する．詳細の出力が必要な場合は，「Calculate detailed info for:」で「All hbonds」を選ぶ．

- 塩橋（えんきょう）を調べる

「Extensions」→「Analysis」→「Salt Bridges」を選択し，「Salt Bridges」ウィンドウを起動する．インプットオプションとして「Molecule」（IDで指定），「Selection」（対象とする部分，例：「protein」），「Frames」（対象とするフレーム，例：「all」）を選択し，「Oxygen-nitrogen distance cut-off（デフォルト3.2）」，「Side-chain COM distance cut-off（デフォルトnone）」を入力．アウトプットオプションとしてログファイルの出力先を記入する．「Find salt bridges」をクリックし，「Status」が「done」になったら，コンソールもしくは指定したファイルに結果が出力される．

- ラマチャンドランマップの作成

「Extensions」→「Analysis」→「Ramachandran Plot」を選択し，「Ramachandran Plot」ウィンドウを起動する．オプションとして「Molecule」（IDで指定）と「Selection」（例「all」「resid 20」）を設定すると，「Ramachandran Plot」ウィンドウにマッピングされる．結果は，「Ramachandran Plot」ウィンドウの「File」から出力することができる．

- 分子間／分子内のコンタクトマップを作成する
「Extensions」→「Analysis」→「Contact Map」を選択し，「Contact Map」ウィンドウを起動する．コンタクトを計算する分子A，Bの指定と，対象とする部分の指定を行う（同じ分子どうしでも可）．「Molecule A」を分子IDによって選択し，選択文（例：「all」）を記入する．「Molecule B」についても同様に記述し，「Calculate」→「Calc. res-res Dists」を選択．「Contact Map」ウィンドウにコンタクトマップが描かれる．マップの塗り分けは，黒（残期間距離0），灰（残期間距離が0Åより大きく10Åより小さい），白（10Å以上）（図6C）．

### 3）tclコマンド・スクリプトによる解析

tclによる解析を説明する．

❶ まずtclの文法を簡単に説明する．
変数にデータを代入するには，コマンド「set」を使う（変数は宣言なしに使用できる）．

```
% set a 1  # 変数aに値1を代入
```

変数に代入されたデータを参照するには変数に「$」をつける．

```
% set b $a  # 変数aに代入されているデータを変数bに代入
```

データを出力するにはコマンド「put」を使う．

```
% put $b
1
```

コマンドの評価結果を参照するにはコマンドを「[ ]」（ブラケット）で囲む．
「expr」は四則演算を行うコマンド．

```
% set a [expr 1 + 2]  # 「1 + 2」という四則演算の評価結果を変数aに代入
% put $a
3
```

データ構造としては，「連想配列」と「リスト」がある．

```
% set residue(1) "ALA"  # 連想配列residueのキー1に値ALAを設定
% put $residue(1)
ALA
% set a { 1 2 3 4 }  # リストの例．変数aにリスト{1 2 3 4}を設定
```

制御構文としては，条件分岐「if」

```
% set i -1
% if { $i < 0} {
 set i 0
}  # i < 0の場合，新たに0を代入
```

くり返し「while」

```
% set i 0
% while {$i < 20} {  # i < 20の間，以下の処理を行う
 puts $i
 incr i 1  # 変数iの値を1増加
}
```

くり返し「for」

```
% for {set i 0} {$i < 20} {incr i 1} {
 puts $i
}  # 変数iを0で初期化し，i<20の間，iに1増加することをくり返す
```

がある．ユーザー定義関数（プロージャー）を以下のように定義できる．

```
% proc コマンド名 {引数リスト} {
 本体の操作
}
```

次に，VMD独自のコマンドとして「atomselect」「mol（molecule）」「molinfo」「measure」の使い方を覚えることでさまざまな解析を行うことができる．

❷「atomselect」は，読み込んでいる分子中の原子の情報にアクセスし操作するためのコマンド．「atomselect *分子ID 選択文*」という構文をとる．「*分子ID*」は各分子を指すID（数値の代わりに「top」を用いることも可）*23，「*選択文*」は，「Graphical Representation」の「Selected Atoms」と同じ選択文である．返り値は，それ自体がプロージャーになっていて，さまざまなキーワードをとって選択した原子にアクセスすることができる（「atomselection0」などの名前がつく）．以下は，1ubq.pdbをtopで読み込む場合の例．

```
% atomselect top "name CA"  # top分子のCAという名前の原子を選択
atomselection0
% atomselection0 num  # 選択した原子の数を表示
76
% atomselection0 get name  # 選択した原子の名前を表示
CA CA CA CA CA CA CA CA CA CA（後略）
% atomselection0 list  # 選択した原子のインデックスをリストとして表示
1 9 18 26 37 44 53 60 68 75 79 88 95（後略）
```

このように「atomselect」の返り値「atomselection」はさまざまなキーワードを引数にとって選択した原子情報の表示や，原子への操作を行うことができる.「num」は選択した原子数の表示,「get name」は選択した原子の原子名の表示,「list」は選択した原子のインデックスの表示である. これ以外に，回転並進行列（4x4 行列）を引数として，選択した原子を移動させる「move」などのキーワードがある.

＊23 「分子ID」は,「Main Window」のリスト欄に表示されている「ID」のことで「top」は,「T」が表示されている分子を指す.

❸「mol」もしくは「molecule」は，分子の読み込みや描画スタイルなどの変更，削除を行うためのコマンドである.「atomselect」同様,「分子ID」を引数の1つとする. また,「mol」コマンドによって分子のリプレゼンテーションを追加で生成することができる. おのおののリプレゼンテーションもID（リプレゼンテーションID）で参照される. 例えばカレントディレクトリに「1ubq.pdb」があったとして，以下のコマンドで読み込みを行うことができる.

```
% mol new 1ubq.pdb type pdb
```

分子の描画スタイルや色，質感を変更するためには，キーワードをとって以下のようにする.

```
# リプレゼンテーションID：0,　分子ID：0の分子について
# 描画スタイルを「newcartoon」に変更
% mol modstyle 0 0 newcartoon
# 塗り分けを「structure（二次構造ベース）」に設定
% mol modcolor 0 0 structure
# 質感を「Transperent（透明）」に変更
% mol modmaterial 0 0 Transperent
```

いずれも「mol *キーワード リプレゼンテーションID 分子ID キーワード*」という構文をとる.
分子ID：0の表示を追加するには，以下のように行う.

```
% mol addrep 0
```

❹「molinfo」は，読み込んでいる原子の情報を参照するコマンドである.「molinfo *分子ID* get *キーワード*」のような構文をとる.

```
% molinfo 0 get frame   # 分子ID：0のフレーム数を取得
100
```

❺「measure」は分子の構造データに関する解析を行うコマンドである.「measure」は「atomselect」コマンドの返り値（atomselection）と独自のキーワードを引数にとってさまざまな解析を行う. 例えば,

```
% measure avepos atomselection0
1.0 1.0 2.0
```

とすればatomselection0で選択された原子の平均座標が計算できる. measureのキーワード「fit」は，2つの同じ原子数の原子集団の最適な重ね合わせを行うための回転並進行列(4x4行列）を返す.

```
% measure fit atomselection0 atomselection2
{-0.535662055015564 -0.6105166673660278 -0.5833828449249268
112.30782318115234} {-0.7533897161483765 0.6575643420219421
0.0036139746662293 38.32631301879883} {0.38140538334846497
0.4414505362510681 -0.8121892213821411 6.588085174560547}
{0.0 0.0 0.0 1.0}
```

その他のmeasureのキーワードについては，「VMD User's Guide」[9] などを参照.

❻ その他のコマンドにはdraw, graphic, rotate, translate, scale, animate, display, axes, menu, exit, quitなどがある. 完全なリストは「VMD User's Guide」[9] などを参照.

❼ 最後に例として，「ユビキチン（PDB ID：1ubq）をPDBから読み込み，2つのリプレゼンテーションを発生させ，片方をニューカートゥーンで二次構造ベースの塗り分けをして透明な質感にし，もう一方をCPK表示で原子名に基づく塗り分けをする」という操作のコマンドを示す（図3).

```
% mol pdbload 1ubq
0
% mol modstyle 0 0 newcartoon
% mol modcolor 0 0 structure
% mol modmaterial 0 0 Transparent
% mol addrep 0
% mol modstyle 1 0 CPK
% mol modcolor 1 0 name
% mol modmaterial 1 2 Opaque
```

## 4. 結果の保存とBlenderでの開き方

### 1) 画像を保存する / アニメーションを保存する / 状態を保存する

❶「OpenGL Display」の表示を画像データに保存する方法を説明する. VMDでは複数のレンダリングの方法が使用できる.

- snapshot
  高画質が必要でないケースや，アニメーションなど一コマーコマの画質が要求されないケースでは，“snapshot” を用いる.「Main Window」→「FILE」→「Render…」を選択し，「FILE Render Control」を起動すると，「Render the current scene using」「File name」「Render Command」の3つのオプションが出現する. まず,「Render the current scene using」にデフォルトの「sanpshot（VMD OpenGL Window)」を選択する（「File name」「Render Command」にはデフォルトの値が現れる).「File name」に「Browse…」から出力先を選択し，ファイル名を記述し「Start Rendering」をクリックすると，現在のディスプレイ上の画像がファイルに出力される.

- Tachyon
  高画質の画像を得たい場合は「Render the current scene using」で「Tachyon」を選択する．「File name」「Render Command」ともに選択に応じたデフォルトの記述に変化する．出力先を決定し，「Start Rendering」をクリックするとレンダリングが開始される．この際に，「Render Command」に必要に応じてオプションの追加を行うことも可能．

❷ MDシミュレーションのトラジェクトリーデータを読み込んでいるとして，アニメーションを作成する方法を説明する．「Main Window」→「Extensions」→「Visualization」→「Movie Maker」を選択すると，「VMD Movie Generator」が起動する．「Render」に「Snapshot」を，「Movie Setting」に「Trajectory」を，「Format」に「Animation GIF」や「MPEG」を選択し，「Make Movie」をクリックする（必要に応じて，「Set working directory」や「Name of movie」を入力）．進行状況がコンソール上に現れ，終了すると動画ファイルが得られる．

❸ アニメーションの作成は，「VMD Movie Generator」を使用するよりも，tclスクリプトで一コマずつ画像出力して，ImageMagickなどの画像処理ソフトを使った方が簡単なことも多い．以下を「animation.tcl」に書き込む．

```
set num [molinfo top get numframes]  # 変数numにフレーム数を保存
for {set i 0} {$i < $num} {incr i 1} {  # 全フレームに以下の処理をする
 animate goto $i  # i番目のフレームを現在の表示に設定
 set filename snap.[format "%04d"].rgb  # 変数filenameにファイル名を保存
 render snapshot $filename  # 現在のフレームを画像として保存
}
```

tkコンソールで「% source animation.tcl」のように実行し，コマンドライン上でImageMagickのconvertコマンドを使って以下のようにアニメーションファイルにする．

```
% convert -delay 2 -loop 0 snap*.rgb movie.gif
```

❹ 作業中の状態を保存することも可能である．「Main Window」→「FILE」→「Save Visualization State…」を選択し，ファイル名（拡張子vmd）を入力し保存．拡張子vmdのファイルは，「Main Window」→「FILE」→「Load Visualization State…」から読み込むことができる[*24]．

＊24 VMD状態ファイルの実態は，tclスクリプトによって現在の状態を再現するスクリプトファイルであり，入力ファイルのパスも記述されているので，ファイルを移動すると対応できないことに注意．

## 2）BlenderによってVMDで作成した分子イメージを表示する

❶ Blenderで分子を表示する方法として，VMD状態ファイルを直接扱うことができるBlendMolを用いる方法を紹介する．Blender（version2.8.3）を起動し，「edit」→「preference」→「Add-ons」から「install」を選択する．ファイルブラウザが起動す

るのでダウンロード済みの「blendermol-1_3.zip」を選択し，「install Add-on」をクリックする．「preference」ウィンドウの「Add-ons」のなかから「import-Export: BlendMol 1.3-VMD/PDB」をチェックし，詳細を展開する．「VMD executable path」を記入する（例：「/Applications/VMD 1.9.4.app/Contents/Resources/VMD.app/Contents/MacOS/VMD」）．「preference」ウィンドウの左下の「≡」から「Save Preferences」をチェックする．

❷「FILE」→「import」→「import PDB/VMD/TCL」を選択し，VMD状態ファイルを開く（図1D）．

## 解析例

T4 lysozyme（open状態，PDB ID：2lzm）をPDBからダウンロードし，ニューカートゥーン表示にして，次に，closed状態の構造（PDB ID：150l）をダウンロードし，2lzmと重ね合わせる．

```
% mol pdbload 2lzm
% mol modstyle 0 0 newcartoon
% mol modcolor 0 0 colorID 1
% mol pdbload 150l
% mol modselect 0 1 "Chain A"
% mol modstyle 0 1 newcartoon
% mol modcolor 0 1 colorID 2
```

さらに

```
% set sel0 [atomselect 0 "name CA"]
% set sel1 [atomselect 1 "name CA and chain A"]
```

以上でsel0，sel1に2つの分子の$C_\alpha$原子の座標を代入した．

```
% set M [measure fit $sel0 $sel1]
```

以上で「measure fit」を用いて，分子ID：0（の$C_\alpha$原子の座標）を分子ID：1（の$C_\alpha$原子の座標）に重ね合わせるための回転並進行列をMに代入した．

```
% set prot [atomselect 0 "all"]
```

以上でprotに分子ID：0のすべての原子の座標を代入した．

```
% $prot move $M
```

以上で分子を重ね合わせることができた．

```
% render snapshot sanp.tga
```

以上で現在のOpenGL Display上の表示を出力できた（図7）．

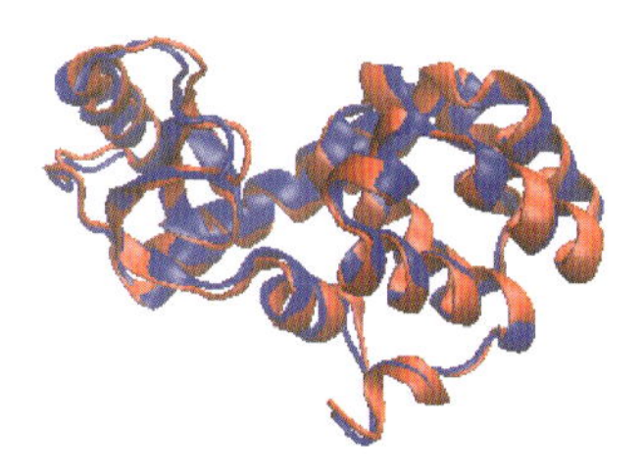

**図7　解析例のtclコマンドを実行した結果**
T4 lysozymeの2つの構造（2lzm，150l）を重ね合わせたもの．

## トラブル対応

### Q1 VMDのインストーラーが自分の使いたい環境に対して提供されていない．

**A.** VMDはソースコードからコンパイルすることもできるので，https://gist.github.com/fazzz/0c7b21a8db547b62c726cd63dc142880 などを参考にしていただきたい．

### Q2 MSMSによる分子表面が計算できない．

**A.** VMDではMSMSなどのプログラムを環境変数（VMDMSMSUSERFILE）で管理している．MSMSがインストールされていない，もしくは環境変数が設定されていない可能性がある．

### Q3 BlenderにBlendMolをアドオンとして導入し，VMDファイルやPDBファイルをインポートしようとしたが，エラーが出てできなかった．

**A.** BlendMolをアドオン登録後に，VMDの実行ファイルのフルパスを正しく入力できていないかもしれない．あるいは，最新版のBlenderをインストールしてしまっているのかもしれない．BlendMolのコードが古いバージョンに対応しているので，最新版を使うとエラーが出てしまう．2.8などを使うと動作する．Blenderで分子を扱う方法をサポートする方法は複数あり，BlenderにMolecularNodesプラグインを導入する方法も有用である．

## おわりに

現代の代表的な生体高分子構造可視化ツールの1つVMDについて基本的な使い方を解説した．VMDは，Babelを介して多くの構造ファイルの形式に適応しており，主要なMDシミュレーションソフトウェアのトラジェクトリーデータの形式にも対応している．対象選択の方法が発達していることや拡張機能が充実していることなどから，可視化・解析ツールとして使い勝手がいい．さらに簡単な文法のスクリプト言語tclによってすべての挙動を操作できるので，作業の自動化にも適している．また，行った操作をすべてtclコマンドの形でログとすることができるため，一度行った作業の拡張やくり返しも容易である．論文に使用するための高画質のレンダリングやBlenderとの連携も可能であることから今度も主要なツールの1つであり続けると予想できる．

◆ 文献


1） Francoeur E：Endeavour, 26：127-131, doi:10.1016/s0160-9327(02)01468-0（2002）
2） Li H & Wei X：Curr Issues Mol Biol, 46：1318-1334, doi:10.3390/cimb46020084（2024）
3） Olson AJ：J Mol Biol, 430：3997-4012, doi:10.1016/j.jmb.2018.07.009（2018）
4） Kozlíková B, et al：Compu Graph Forum, 36：178-204, doi:10.1111/cgf.13072（2016）
5） Humphrey W, et al：J Mol Graph, 14：27-28, 33-38, doi:10.1016/0263-7855(96)00018-5（1996）
6） Pettersen EF, et al：Protein Sci, 30：70-82, doi:10.1002/pro.3943（2021）
7） Delano WL：PyMOL: An Open-Source Molecular Graphics Tool. CCP4 Newsletter Pro Crystallogr, 40：11（2002）
8） Martinez X, et al：Biochem Soc Trans, 48：499-506, doi:10.1042/BST20190621（2020）
9） VMD User's Guide
https://www.ks.uiuc.edu/Research/vmd/current/ug/ug.html

# 各種立体構造データベースの種類と使い方

于 健，栗栖源嗣

タンパク質の立体構造は，タンパク質の生物学的機能を明らかにするために非常に重要な情報である．生物学研究者による半世紀以上のたゆまぬ努力により，多くのタンパク質の立体構造が解析されてきた．タンパク質構造解析のさまざまな実験手法の開発とコンピューターの計算能力の急速な向上により，多様なタンパク質データベースが構築され，多くのデータが蓄積されてきた．本稿では，蛋白質構造データバンク（Protein Data Bank：PDB）というデータベースを中心に，現在までに構築されているタンパク質立体構造データベースを紹介し，さらに，タンパク質の立体構造に関する情報の検索方法を，具体的な例を用いて説明する．

## はじめに

物体の立体構造がその機能を決定することはよくある．素材を特定の方法で配置するとき，例えば，無造作に置かれている木材を使って椅子をつくるとき，これらの木材（素材）には新しい機能を与えることができる．同じように，タンパク質の機能はその立体構造と深い関係があり，タンパク質の立体構造はそれらの生物学的機能を明らかにするため非常に重要な情報になる．

1957年にJohn Kendrew氏がはじめて筋肉のミオグロビンの原子構造を解明[1]して以来，その後数十年で構造生物学は急速に発展してきた．1970年代初頭は，まだ12種類のタンパク質の立体構造しか知られていなかったが，それらの立体構造には魅力的な情報，例えば，タンパク質表面の形，活性部位の予測，創薬のための静電ポテンシャル計算などが豊富に含まれていることが判明した．しかし，これらの立体構造の座標ファイルのデータサイズは非常に大きく，インターネットが普及する前の時代では，個々の研究者がこれらの巨大なファイルを世界中の構造生物学者と共有することは容易ではなかった．この問題を解決するために，1971年，ケンブリッジ結晶学データセンター（Cambridge Crystallographic Data Centre）とブルックヘブン国立研究所（Brookhaven National Laboratory）が共同でデータアーカイブ（保管庫）として**「蛋白質構造データバンク」Protein Data Bank（PDB）**を創設した[2]．

1998年，公募による選考プロセスを経て，Research Collaboratory for Structural Bioinformatics（RCSB）がPDB運営の主導権を握ることとなった．RCSBは，ラトガース大学のHelen Berman氏とJohn Westbrook氏，カリフォルニア大学サンディエゴ校（SDSC/UCSD）のサンディエゴスーパーコンピューターセンターのPeter Arzberger氏とPhilip Bourne氏，および米国立標準技術研究所（NIST）のGary Gilliland氏が率いるグループで構成された．

2003年，*Nature Structural Biology*誌でPDBアーカイブの国際管理に関する合意が発表され，PDBは正式な国際的地位を獲得した[3]．署名団体は，RCSB，欧州バイオインフォマティクス研究所（EBI），大阪大学蛋白質研究所（IPR）の3つの研究組織であり，これらの研究組織が世界規模のPDB（worldwide PDB：wwPDB，http://www.wwpdb.org/）を統括するための協力体制を構築した．これらのパートナーは，PDBの管理者として，グローバルなコミュニティが自由に利用できる高分子構造データの単一のアーカイブを維持することを目標に活動しており，今日までその役割を続けている．

## 日本蛋白質構造データバンク── Protein Data Bank Japan

### 1. PDBjの概要

PDBj（Protein Data Bank Japan，日本蛋白質構造データバンク，https://pdbj.org）（図1）は，2000年7月より大阪大学蛋白質研究所にて，アジア・オセアニア地域を主とした立体構造データの新規登録事業を開始した．2003年には米国のRCSB-PDB，欧州のPDBe-EBIと協力して**wwPDB**を設立し，そのメンバーの一員としてアジア・オセアニア地域の代表アーカイブとなった．現在，PDBjは主にアジア地域からの登録を担当している（図2）．なおアジア地域のPDBとしては，2022年にPDB China（PDBc）も新しいメンバーとしてwwPDBに加入している．

wwPDBメンバーと構造生物学の専門家で構成されるwwPDBAC（wwPDB諮問委員会）は毎年会議を開き，現状の問題と今後の方針について議論を行い，wwPDBはその助言を受けて

図1　PDBjのホームページ

運営されている．日米欧のデータの整合性を保つために，データは相互に交換され，毎週水曜日（日本時間9時）に同じデータが公開される．毎年10,000件以上の生体高分子が登録処理されており，2024年7月10日時点で公開されているPDBエントリーの数は22万件以上である（図3）．そのなかでPDBjはこれまでに5万件以上の登録処理を行っており，全登録の約4分の1を占めている（図4）．

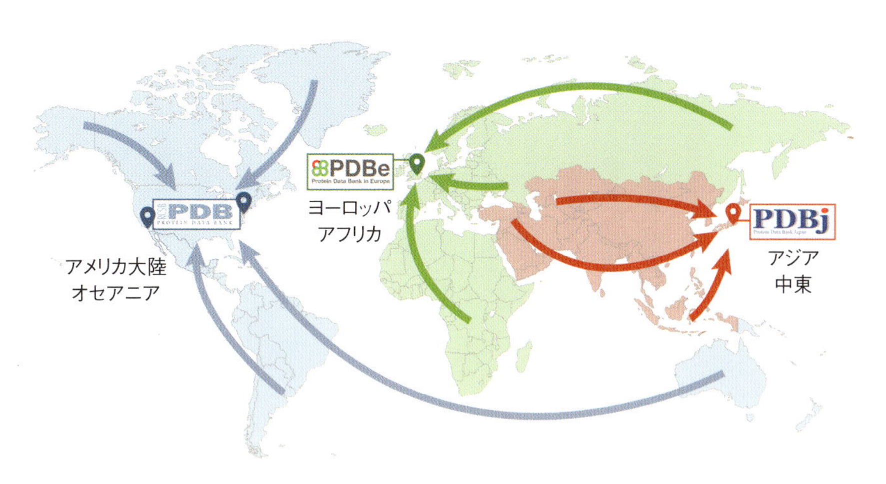


**図2　PDBの登録地域の分担**
PDBは国際共同プロジェクトであり，PDBjは主にアジアと中東地域からの登録を担当している．

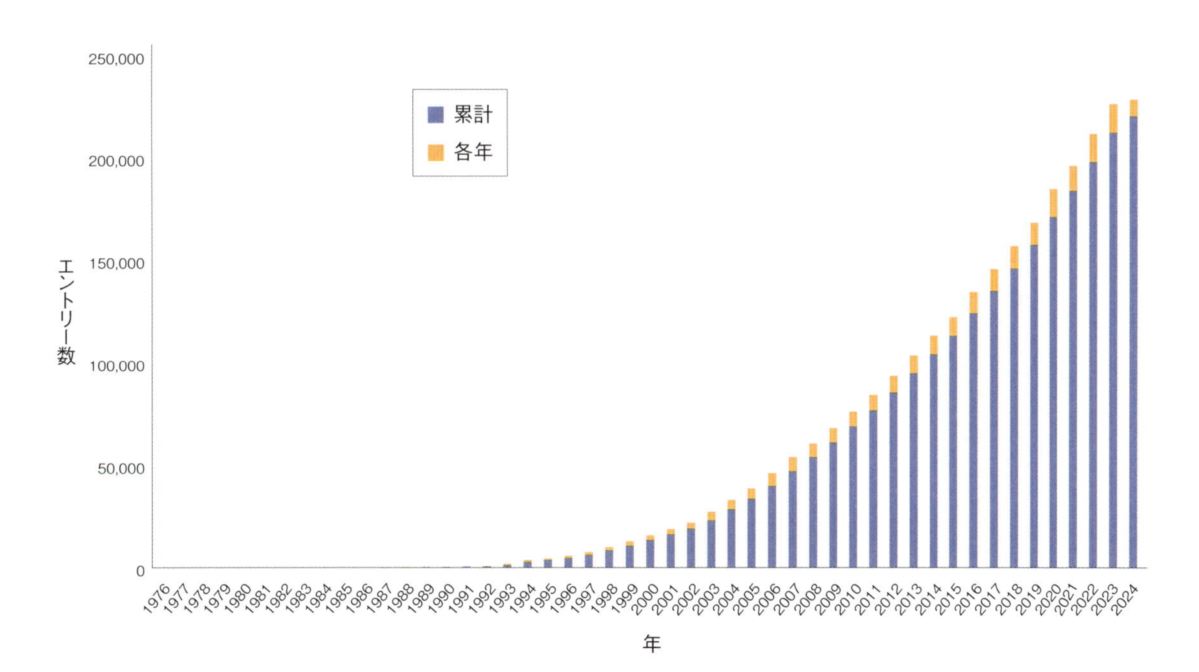


**図3　公開されたPDBエントリー数の推移**

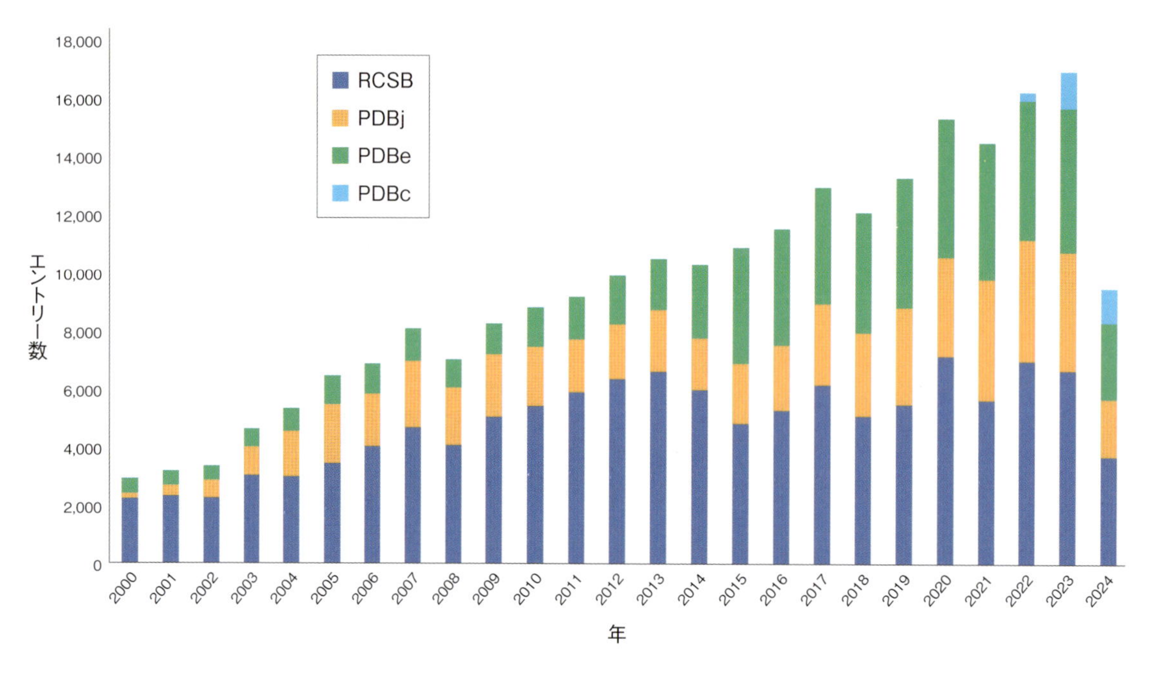


**図4　各サイトで処理したPDBエントリー数の推移**

PDBjは，登録時だけでなくその後も適宜データの見直しを行い，データ品質の維持管理に努めている．また，核磁気共鳴（nuclear magnetic resonance：NMR）や電子顕微鏡によるデータも加え，さまざまなツールやサービスも提供し，ウェブインターフェースはモバイル環境（Android・iOS）にも対応している．さらに，提供サービスの利活用促進や，ユーザーからのフィードバックをサービス改善につなげるため，利用者向け講習会などを時々開催している．これらの活動は，「JST-NBDC」（国立研究開発法人 科学技術振興機構 バイオサイエンスデータベースセンター）と，「大阪大学蛋白質研究所に措置された共同利用・共同研究拠点経費（文部科学省）」の支援を受けて運営されている．さらに，NBDCや関連する他のデータベースとともに，JBI（Japan alliance for Bioscience Information）を設立し，連携の強化を図っている．

## 2. PDBjに収載されているデータについて

**PDBjには，主に実験的手法によって決定された生体高分子の立体構造が収録されている**．これらの生体高分子には，タンパク質だけでなく，核酸（DNAやRNA），糖鎖，その他の生体高分子も含まれる．現在，PDBjに登録されているデータの97.9％はタンパク質またはタンパク質を含む複合体であり，核酸のみを含むデータは2％に過ぎない．PDBjに含まれる各立体構造は「**PDBエントリー**」とよばれ，重複しない4文字のコードが「**PDBアクセスコード**」（「**PDB ID**」ともよばれる）として各エントリーに割り振られる．最初の文字は必ず1から9までの数字で，残りの3文字はアルファベットまたは数字が使われる．例えば，1abcがその一例である．近年，PDBエントリーの登録数急増により4桁のPDB IDが徐々に飽和状態となり，8桁のPDB IDの使用が開始された．最初に「pdb」を追加し，例えば「1abc」のPDB IDは「pdb_00001abc」となり，このデータには最新の**座標データ格納形式「PDBx/mmCIF」**が適用される（詳細は後述）.

PDBjでは，各PDBエントリーについて，関連するさまざまな情報を取得できる．それぞれのエントリーのページには「概要」,「構造情報」,「実験情報」,「機能情報」,「相同蛋白質」,「履歴」,「ダウンロード」の7つのカテゴリがある．ここでは最初の5つについて紹介する.

①**「概要」**には，分子名称，分子の種類（タンパク質，核酸，などが分子名称から判別できる），機能のキーワード，化学式量合計（分子量），構造登録者，主引用文献，実験手法などが含まれる．また，分子立体構造の品質を評価するための「構造検証レポート」も確認することができる.

②**「構造情報」**では，エントリーを構成する分子（エンティティ）の情報（Entity ID，分子数，エンティティの一般名など）を見ることができる．エントリーに他の化合物（低分子など）が含まれる場合は，その化合物の分子名，化学式，分子量も示される．これらの分子の「データベース名（アクセス番号）」をクリックすると，UniProtやPfamなどの別ページにジャンプする．エントリーページの下部にはタンパク質の「配列ビューア」も表示される.

③**「実験情報」**では，立体構造を決定した際の実験手法とその詳細が表示される．現在，一般的に使用される実験手法は，X線や中性子などによる結晶構造解析，電子顕微鏡（EM），核磁気共鳴（NMR）の3つである．これら3つの手法により得られる三次元構造はPDB登録データの99.8％を占め，そのうちX線結晶構造解析は83.8％を占めている．しかし近年，クライオEM（低温電子顕微鏡法）のハードウェアや構造解析ソフトウェアの発展により，クライオEMを用いて解析されるタンパク質の立体構造数が急速に増加している．また，この「実験情報」ページには，関連する実験情報も記載されている．例えば，X線結晶構造解析を使用して決定された立体構造については，「結晶化条件」の項にその結晶化実験のpH値，実験温度や溶液条件などの情報が示されており，回折データ収集に関しては，データの追跡と認証を容易にするため，「実験手法」の項にソースタイプ（Source type），放射光施設名（Source details），ビームライン番号（Beamline），データ収集日（Collection date）などが示されている．また，X線結晶実験データの説明として，**空間群**（Spacegroup name）※1，**格子定数**（**単位格子**※2の角度と三辺の長さ），**分解能**※3などの結晶学的パラメーターも記載されている.

④**「機能情報」**では，そのタンパク質の「GO（遺伝子オントロジー）由来の情報」の一覧を見ることができる．GOとは，遺伝子やタンパク質の機能を体系的に整理し，共通の用語を用いて記述するためのフレームワークのことである．GO idはEBIの「Quick GO」へのリンクとなっており，リンク先ではそのタンパク質配列の機能説明，Ancestor Chartや

**※1 空間群**

数学，物理学，化学において，空間群とは通常，三次元の空間におけるくり返しパターンの対称群を指す.

**※2 単位格子**

unit cell．結晶構造の完全な対称性をもつ最小のくり返し単位として定義される.

**※3 構造決定における分解能**

観察可能な最小の特徴に対応する距離．2つのオブジェクトがこの距離よりも近い場合，それらは2つの別々のオブジェクトではなく，1つの結合したオブジェクトとして表示される.

Child Termsなどの情報を見ることができる.

⑤ **「相同蛋白質」**では,アミノ酸配列を使用した相同タンパク質の検索をすることができる.「Chains」項目の「Asym IDs」欄に表示されるChain IDをクリックして表示されるページには,すべての類似タンパク質(PDB ID)がリストされ,配列同一性(Sequence identity)と配列アラインメント(Alignment)の結果が表示される.

エントリーの詳細ページの画面右側にある**「ダウンロード」**項目(タブの「ダウンロード」ではなく)では,前述5種類の情報に加え,配列(Sequence),立体構造,検証レポートなどの分子関連データもダウンロードできる.さらに,PDBjは分子の三次元情報をすばやく閲覧できるオンライン三次元構造デモンストレーション機能も提供している.これまで立体構造の原子座標を保存するために使用されてきた「PDBファイルフォーマット」は,1972年,研究者間で特定のタンパク質の原子座標を交換できるように,人間が読めるファイルとして開発された[4) 5)].しかし,PDBファイルフォーマットには,例えば立体構造の大きさの限界やアノテーションの不完全さなど,さまざまな制限があるため,2014年から**「mmCIFファイルフォーマット」**[6)]に移行した.macromolecular crystallographic information file(mmCIF)は,PDBx/mmCIFともよばれ,国際結晶学連合(international union of crystallography:IUCr)とPDBによって開発された高分子構造データを表す標準テキストファイル形式である.現在,mmCIFはPDBで使用されるデフォルトの形式となっている.「PDBx/mmCIF 辞書関連情報」(https://mmcif.pdbj.org/)のサイトでは,mmCIFの現行の辞書の詳しい説明が提供されている.本稿のプロトコールでもファイルの詳細を解説する.

## 3. PDBjウェブサイトの構成

PDBjのトップページは,パソコンで閲覧すると左右3つの部分に分かれたレイアウトになっている(図1).

① **左側**の一番上には,現在PDBjデータベースに登録されている立体構造の数が表示されている.その下にはクリック可能な4つのアイコンボタンがあり,それぞれ,現在の登録データの統計値,PDBに関する最新情報,問い合わせフォーム,PDB入門サイトへのリンクとなっている.さらに下には,ホーム,データ登録(OneDep[7)])(PDB,EMDB,BMRBへの登録),ダウンロード,標準フォーマット,クイックリンク,検索サービスなど,PDBjのサービスに関する項目が続く.それぞれリンクをクリックすると,必要なツールのページにすばやく移動できる.

② **中央**には,PDBjの主要なサービスが表示される.「必要なサービスを探す」の項目では,探しているサービスに関連するキーワードを一覧から選択するか,検索ボックスにキーワードを入力することで検索ができる.「全サービスを表示」ボタンを押すと,全サービスの概要が表示される.また,チェックボックスで絞り込んだ結果をキーワード検索でさらに絞り込むこともできる.例えば,「PDB」「検索」「立体構造」にチェックを入れると6件のサービスが表示され,さらに「Mine」と入力すると2件に絞り込むことができる.

③ **右側**の一番上には,最新公開エントリー,その下には,「今月の分子」という表示がある.

「今月の分子」はRCSB PDBの生体高分子学習ポータルサイト「PDB-101」で提供されている「Molecule of the Month」を日本語に訳したものである．時事的なトピックにまつわる分子をPDBから選び，機能と立体構造に関して解説している．「今月の分子」の下には，PDBjに関連するデータベースとPDBjのパートナーのアイコンリンクが続く．

### 4. 代表的なオンラインサービス

① **PDBエントリー検索（PDBj Mine）**：PDBjが開発したPDBエントリーの検索サービス．利用法は後述．

② **Sequence Navigator**：PDBjエントリーに対するBLAST[8] 検索を行うサイト．PDB IDやアミノ酸配列を入力して検索することができる．結果を類似性の度合いによってクラスタリングする機能もある．また，PDB IDを入力した場合，各配列（アラインメント）に対して立体構造の重ね合わせを実行することができる．利用法は後述．

③ **化合物検索（Chemie search）**：PDBjエントリー中にみられるタンパク質や核酸以外の化合物に対して，さらに詳しく調べることができるサービス．利用法は後述．

④ **PDB format-PDBx/mmCIF変換サービス**：アップロードした分子立体構造データファイルを別の書式に変換するサービス．アップロードしたファイルのタイプは自動的に判定され，mmCIFファイルの場合はPDBファイルに，PDBファイルの場合はmmCIFファイルに変換される．

## PDB以外の関連のデータベース

タンパク質立体構造解析のためのさまざまな実験手法の発展とコンピューターの計算能力の急速な向上により，多様なタンパク質データベースが構築されている．本項ではそれらのデータベースについて紹介する．

### 1. AlphaFold Protein Structure Database

近年非常に注目を集める，AlphaFoldによって予測されたタンパク質立体構造を蓄積するデータベースは，**AlphaFold Protein Structure Database**（AlphaFold DB，https://alphafold.ebi.ac.uk/）とよばれる（第1章-2，第3章-4も参照）．2021年にGoogle DeepMind社とEMBLの欧州バイオインフォマティクス研究所（EMBL-EBI）が連携してAlphaFold DBを創設し[9]，AlphaFoldによって予測された立体構造データを科学コミュニティが自由に利用できるようにした．創設当初のタンパク質立体構造予測データ数は30万件であったが，最新のリリースでは2億件を超えており[10]，UniProt（タンパク質の代表的なデータベース）を幅広くカバーしている．ヒトに加え，基礎研究や医療応用に重要な47種の主要な生物のプロテオームもダウンロードできる．また，ダウンロードする**UniProt**（**Swiss-Prot**※4）のサブセットをカスタマイズすることもできる．

※4　Swiss-Prot

高い水準のアノテーションがつけられた信頼性の高いタンパク質データベース．UniProtコンソーシアムが提供する3つのデータベースのうち，UniProtKBに内包される．

AlphaFold DBの利用方法を簡単に紹介する．ホームページの検索バーで，タンパク質名（例：free fatty acid receptor 2），遺伝子名（例：At1g58602），UniProtアクセッション番号（例：Q5VSL9），または生物名（例：*E.coli*）に基づく検索ができる．検索結果のページには，検索したタンパク質の，UniProtから取得された基本情報と，AlphaFoldから取得された以下の3つの出力が表示される（pLDDTとPAEの詳細は第2章-3も参照）．

① **立体構造**（ビューアで表示され，シークエンスをクリックすると，該当箇所が拡大される）．
② **pLDDT**とよばれる残基ごとの信頼性を表す指標（予測された立体構造の残基に色を付けるために使用される）．モデルの信頼性はタンパク質の主鎖によって大きく異なることがあるため，立体構造的特徴を解釈する際には信頼性の推定値を参照することが重要である．信頼性の高い順に，青，水色，黄色，赤で示される．
③ **PAE**（predicted aligned error）とよばれるタンパク質のドメインパッキングと大規模トポロジーの信頼性を評価するための指標.

## 2. PDB-Dev，ModelArchive，BSMA

**PDB-Dev**（**PDB-Development**，https://pdb-dev.wwpdb.org/）は，統合/ハイブリッド（I/H）構造モデル（実験データと計算手法を組合せて利用すること）によって得られた立体構造のデータベースである[11]．米国立科学財団生物情報科学推進プログラム（NSF-ABI）と国立研究開発法人 日本医療研究開発機構 創薬等先端技術支援基盤プラットフォーム（AMED-BINDS）によって支援されている〔AMED-BINDSが日本語版ウェブサイト（開発中）を支援している〕．X線結晶構造解析やNMR法などの従来の立体構造決定方法を利用することだけでなく，クライオEM，X線小角散乱法※5，化学架橋法※6，質量分析法，その他のプロテオミクスやバイオインフォマティクスツールなど，さまざまな相補的実験技術から得られた空間的制約を組合わせて，I/Hモデルを得る．これまでに190個の立体構造がリリースされ，2024年5月に公開されたAlphaFold3の複雑な構造に対する卓越した予測能力を考慮すると，PDB-Devには今後ますます多くの立体構造が発表されることが予想される．

**ModelArchive**（https://www.modelarchive.org/）は，実験データに基づかない立体構造モデル用のアーカイブであり，実験構造用のPDBアーカイブと，実験データと計算手法を統合した立体構造用のPDB-Devを補完する．2006年以降，PDBには，実験的に解析できた立体構造のみが登録を許可され，高分子構造の理論モデルはPDBアーカイブの一部ではなくなった．理論モデルをアーカイブするため，SIB（Swiss Institute of Bioinformatics，スイスバイオイン

---

**※5　X線小角散乱法**

SAXS（small-angle X-ray scattering），X線溶液散乱法．溶液中のタンパク質や他の生体高分子の構造解析に用いられる技術．この手法では，タンパク質溶液にX線を照射し，散乱されたX線の角度依存性の強度を測定することにより，タンパク質の全体的な形状，大きさ，構造の柔軟性などの情報を得ることが可能である．SAXSの主な利点は，溶液中のタンパク質を自然な状態に近い形で測定することができることである．これによって結晶化が難しいタンパク質や動的な相互作用をもつタンパク質の研究が可能になる．SAXSは，他の構造生物学的手法と補完的に使用されることが多く，タンパク質の全体的な形態や複合体の研究において重要な役割を果たしている．

**※6　化学架橋**

chemical crosslinking．生体分子間に共有結合を導入する手法．近年，タンパク質やDNAなどの生体高分子の研究に効果的なツールとして注目されている．膜レセプターの研究，タンパク質の付着，タンパク質-タンパク質複合体の形成，タンパク質-DNA複合体の形成など，さまざまな研究に応用されている．質量分析などの技術と組合わせることで，タンパク質の立体構造の決定だけでなく，タンパク質間相互作用の研究や活性部位の決定にも利用されている．

フォマティクス研究所）の支援で，ModelArchiveが開発された[12]．ModelArchiveでは，実験データに基づかないあらゆる種類の高分子立体構造を登録することができる．タンパク質，RNA，DNA，炭水化物からなる一本鎖や複合体，それらに結合した低分子も含まれる．

**BSMA-Arc**（**Biological Structure Model Archive**，https://bsma.pdbj.org/）はPDBjが開発した*in silico*構造生物学の分子構造アーカイブであり，計算で得られた生体高分子立体構造のデータベースである[13]．モデルの生成方法は，分子動力学，ドッキングシミュレーション，ホモロジー・モデリング法など，どんな手法でも構わない．2024年7月時点で，43件のエントリーがある．

### 3. 他の関連のデータベース

前述以外にも，タンパク質の立体構造に関するデータベースがある．これらのデータベースにはタンパク質の立体構造情報は直接含まれていないが，立体構造解明に必要な関連実験データや立体構造に関する情報が収載されている．例えば，**XRDa**（Xtal Raw Data Archive，https://xrda.pdbj.org/）はX線結晶回折の生データを，**BMRBj**（Biological Magnetic Resonance Data Bank Japan，https://bmrbj.pdbj.org/）[14]はNMR実験データを，**EMDB**（Electron Microscopy Data Bank，https://www.ebi.ac.uk/emdb/）[15]はクライオEMのボリューム（再構築された三次元データ）と高分子複合体および細胞内構造の代表的な断層像を，**EMPIAR-PDBj**（Electron Microscopy Public Image Archive PDBj，https://empiar.pdbj.org/）[16]はオリジナルの二次元電子顕微鏡画像を保存している．また，他のPDBjに関連するデータベースも多数存在し，PDBjのホームページから参照することができる．

## PDBjでのデータ検索プロトコール

本プロトコールでは，PDBjの検索サービスを使用して，ターゲットタンパク質を検索する方法を解説する．また，この分子に関する関連情報の取得方法も紹介する．さらに，PDBjのオンラインビューアを用いて分子の立体構造を観察する実例を紹介し，最後に，PDBjをより効率的に利用するための代表的なオンラインサービスも紹介する．

## 準備

- □ **ハードウェア**：インターネット接続が可能な端末1台．デスクトップ，ラップトップ，タブレット，スマートフォンのいずれでもよいが，デスクトップもしくはラップトップを推奨する．パソコンを使用する場合は，ミドルボタンのあるマウスを用意すること．
- □ **ソフトウェア**：Windows，Mac OS，またはLinux OSで利用可能．ブラウザは最新版のGoogle Chrome，Mozilla Firefox，Microsoft Edgeのいずれでもよい．
- □ **データ**：
  - 検索に使用するキーワード（分子名「**Cytochrome c-556**」，PDB ID「**8HN3**」）．
  - Cytochrome c-556可溶性ドメインのシークエンス：
    **MAEGKTIYEGGCNACHDAGMMGAPKPGDKAAWAPRIAKGEESVIKNTINGLNGMPPKGGNAALT DEQLTNAAKYLISISK**

この実習では，PDBエントリーID「8HN3」のエントリーを例として説明する．

## PDBj Mineでの検索

### 1. 分子名称もしくはエントリーIDでの検索

❶ トップページの中央上部にある検索ボックスに，先ほどの分子名「Cytochrome c-556」を入力し，**検索ボタン**🔍または**「Enter」**キーを押してPDBj Mineで検索すると，図5に示すような検索結果のページが表示される．ページの右側には，検索結果のまとめが表示され，全ヒット件数や検索クエリなどの情報が表示される＊1〜＊4．

＊1　検索結果は指定した順序（例えば，エントリー登録の古い順）で表示できる．
＊2　検索条件に該当するすべてのエントリーファイルを**「ファイルダウンロード」**を押して一括でダウンロードすることも可能．
＊3　例えば検索結果中の「8HN3」について詳細を見たい場合は，そのエントリーをクリックして「8HN3」の**「概要」ページ**に移動する（図6）．
＊4　4桁のエントリーID「8HN3」で検索する場合は，直接「8HN3」のページが表示される．

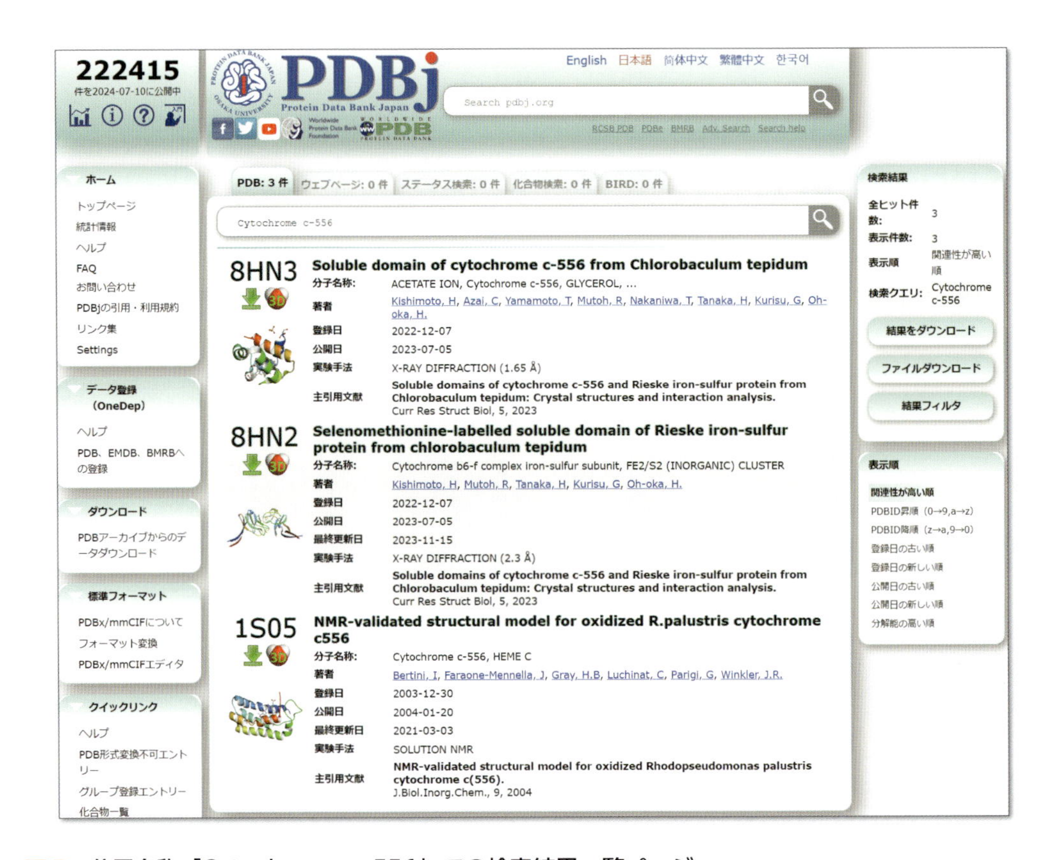


図5　分子名称「Cytochrome c-556」での検索結果一覧ページ

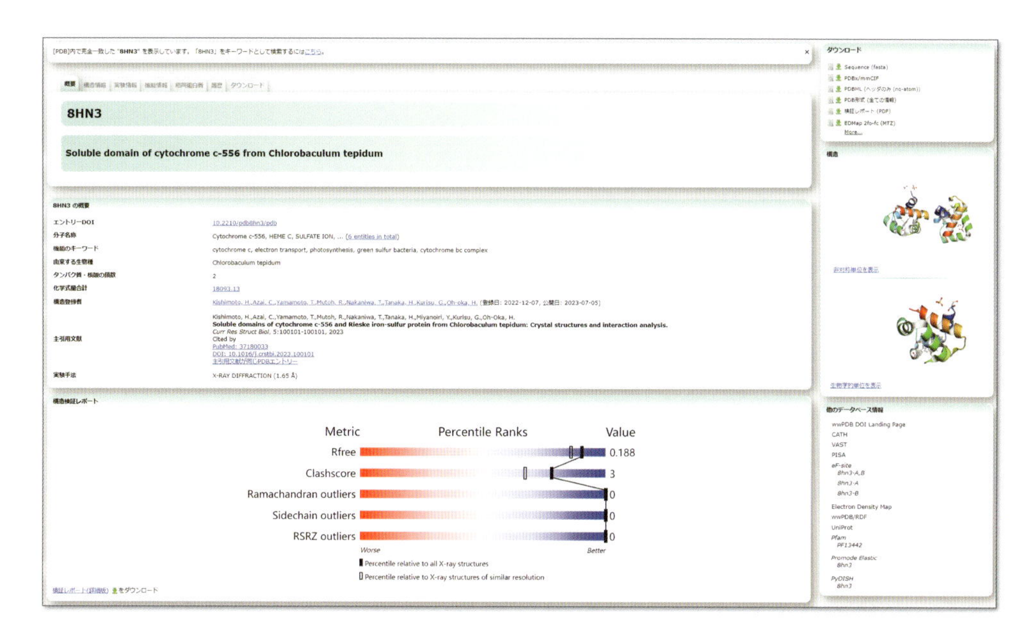


**図6　エントリー「8HN3」のページ**

❷ エントリー「8HN3」の**「概要」ページ**には，分子に関する基本情報が記載されている．**「分子名称」**欄にはこの立体構造に含まれるすべての分子の名前が表示され，「Cytochrome c-556」，「HEME C」，「SULFATE ION」など，全部で6つの分子が含まれることがわかる．また，**「構造登録者」**欄では任意の登録者名をクリックすると，その登録者が公開したすべてのエントリーがリストされる．**「主引用文献」**欄は論文へのリンクとなっているため，論文のウェブページにすぐに移動できる．「概要」ページの下部には，図6に示すように，**「構造検証レポート」**の図が表示される．このビューでは5つのパラメーターを使って立体構造の精度が示されている．パラメーターの位置が右側の青い端点に近いほど，立体構造の精度と信頼性が高いことを示している*5．

*5　さらに，立体構造に関するすべての検証情報を確認するために，詳細な立体構造検証レポートのPDFファイルを**「検証レポート（詳細版）」**のリンクからダウンロードすることも可能である．

❸ **構造情報ページ**では，「8HN3」に含まれているエンティティの情報以外に，配列ビューアが表示される．**「Display chain」**のオプションで表示したいチェーンを選択することができる．紫色の円柱はαヘリックス※7の領域を示し，緑色の球は結合した小分子「HEME C」と共有結合を形成する残基の位置を示している（図7）．

**※7　αヘリックス**

alpha helix．タンパク質の二次構造の共通モチーフの1つで，ばねに似た右巻きらせんの形をしている．詳しくは**第1章-3**参照．

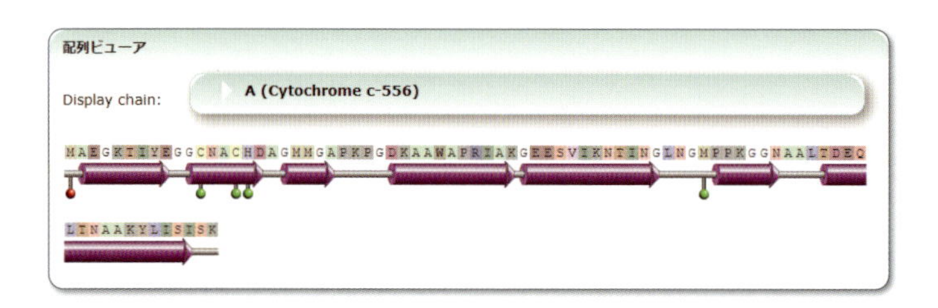


**図7　8HN3の配列ビューア**
チェーンAの二次構造を表示している．紫色の円柱はαヘリックスを表し，緑色の球は結合した小分子HEME Cと共有結合を形成する残基の位置を表す．

❹ **実験情報ページ**では，実験データの収集方法と処理の詳細情報が表示される．「8HN3」の結晶構造については，Spring-8[※8]にて，BL44XU[※9]のビームラインで，0.9 Åの波長の回折データを収集していることがわかる．結晶の空間群は$P6_422$であり，構造の分解能は1.65 Åである．

## 2. データのダウンロードと立体構造のmmCIFファイルフォーマット

❶ 8HN3の **「ダウンロード」のページ**では，図8に示すように，立体構造に関するさまざまなファイルをダウンロードできる．直接ファイル名をクリックすると，原子座標や分子情報などを含むmmCIF形式またはPDB形式のファイル，あるいはすべての原子間の結合長と角度に関する完全な情報を含むJSON形式のファイル，構造因子[※10]情報を含むentファイル（PDBフォーマット），および前述の構造検証レポートをダウンロードできる．

❷ ここで，立体構造の**mmCIFファイル**について紹介する．図8にある **「PDBx/mmCIF」**の行の **「画面表示」**をクリックすると，ブラウザでmmCIFを図9の左側のように表示できる．mmCIFのなかの情報は「*_category.item*」の形式でさまざまなカテゴリに分類されている[*6]．

> *6　例えば，**「_entry.id」**の **"entry"** はカテゴリ名であり，**"id"** はその項目（item）である．「_entry.id 8HN3」はentryカテゴリのid項目の値が「8HN3」であるということを意味する．

データの記述法には以下の2通りがある．

- **key-value：**一つのカテゴリに一つの値しかない場合（例：「_entry.id 8HN3」）
- **loop：**一つのカテゴリに複数の値がある場合（例：「_audit_author.name，_audit_author.pdbx_ordinal，_audit_author.identifier_ORCID」の直前に「loop」がある）

最後の **「#」**はそのカテゴリの記述の終わりを示す．mmCIFの主なカテゴリーグループは以下の通り．

---

**※8　SPring-8**
super photon ring-8GeVの略．兵庫県佐用郡佐用町にある放射光施設で，播磨科学公園都市の主要施設．理化学研究所と日本原子力研究所が共同で開発し，理化学研究所が所有・管理し，高輝度光科学研究センターの委託を受けて運営されている．

**※9　BL44XU**
タンパク質複合体，タンパク質・核酸複合体，ウイルスといった生体超分子複合体の高精度なX線回折データを測定するためにデザインされたビームライン．大阪大学蛋白質研究所が管理している．

**※10　構造因子**
structure factor．1つの単位格子（unit cell，結晶くり返し単位）のすべての電子密度分布の散乱の振幅と位相の結果を表す．

リソース

| ファイル形式 | | ファイル名（ファイルサイズ） | |
|---|---|---|---|
| PDBx/mmCIF | | 8hn3.cif.gz (47.16 KB)<br>8hn3.cif | 画面表示 |
| PDBx/mmJSON | 全ての情報 | 8hn3.json.gz (34.23 KB)<br>8hn3.json | 画面表示 (Tree) |
| | ヘッダのみ | 8hn3-noatom.json.gz (11.05 KB)<br>8hn3-noatom.json | 画面表示 (Header) |
| | 付加情報のみ | 8hn3-plus.json.gz (533.00 B)<br>8hn3-plus.json | 画面表示 |
| PDBML | 全ての情報 | 8hn3.xml.gz (59.51 KB)<br>8hn3.xml | 画面表示 |
| | ヘッダのみ | 8hn3-noatom.xml.gz (15.96 KB)<br>8hn3-noatom.xml | 画面表示 |
| | 座標情報のみ | 8hn3-extatom.xml.gz (32.33 KB)<br>8hn3-extatom.xml | 画面表示 |
| PDB | | pdb8hn3.ent.gz (35.68 KB)<br>pdb8hn3.ent | 画面表示 |
| RDF | | 8hn3.rdf.gz (32.58 KB)<br>8hn3.rdf | Visualize |
| 構造因子 | | r8hn3sf.ent.gz (831.83 KB)<br>r8hn3sf.ent | 画面表示 |
| 生物学的単位 (mmCIF形式) | | 8hn3-assembly1.cif.gz (21.45 KB)<br>8hn3-assembly1.cif (A)<br>*author defined assembly, 1 molecule(s) (monomeric) | 画面表示 |
| | | 8hn3-assembly2.cif.gz (21.09 KB)<br>8hn3-assembly2.cif (B)<br>*author defined assembly, 1 molecule(s) (monomeric) | 画面表示 |
| 生物学的単位 (PDB形式) | | 8hn3.pdb1.gz (15.74 KB)<br>8hn3.pdb1 (A)<br>*author defined assembly, 1 molecule(s) (monomeric) | 画面表示 |
| | | 8hn3.pdb2.gz (15.55 KB)<br>8hn3.pdb2 (B)<br>*author defined assembly, 1 molecule(s) (monomeric) | 画面表示 |
| 検証レポート | PDF | 8hn3_validation.pdf.gz (1.11 MB)<br>8hn3_validation.pdf | 画面表示 |
| | PDF-full | 8hn3_full_validation.pdf.gz (1.12 MB)<br>8hn3_full_validation.pdf | 画面表示 |
| | mmCIF | 8hn3_validation.cif.gz (16.29 KB)<br>8hn3_validation.cif | 画面表示 |
| | XML | 8hn3_validation.xml.gz (12.06 KB)<br>8hn3_validation.xml | 画面表示 |
| | PNG | 8hn3_multipercentile_validation.png.gz (154.76 KB)<br>8hn3_multipercentile_validation.png | 画面表示 |
| | SVG | 8hn3_multipercentile_validation.svg.gz (881.00 B)<br>8hn3_multipercentile_validation.svg | 画面表示 |
| EDMap | 2fo-fc (PDBx/mmCIF) | 8hn3_validation_2fo-fc_map_coef.cif.gz (310.63 KB)<br>8hn3_validation_2fo-fc_map_coef.cif | 画面表示 |
| | fo-fc (PDBx/mmCIF) | 8hn3_validation_fo-fc_map_coef.cif.gz (301.76 KB)<br>8hn3_validation_fo-fc_map_coef.cif | 画面表示 |
| | 2fo-fc (MTZ) | 8hn3_validation_2fo-fc_map_coef.mtz (767.39 KB) | Visualize |
| | fo-fc (MTZ) | 8hn3_validation_fo-fc_map_coef.mtz (767.39 KB) | Visualize |

図8　PDBエントリー8HN3のデータダウンロードページ

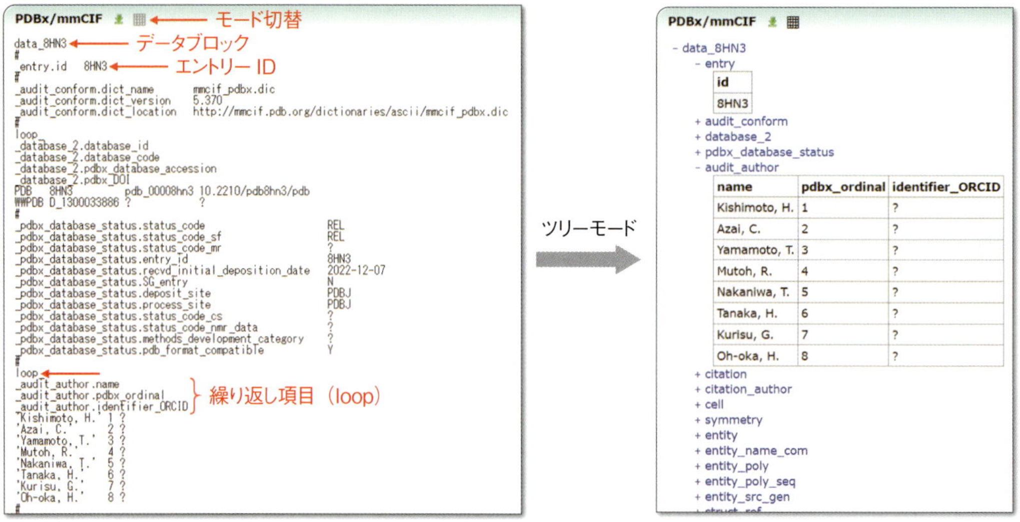

**図9　エントリー8HN3のmmCIFファイル**
モード切替ボタンで右のツリーモードに切り替えることができる.

1）**entity：**研究対象の化学的・生物学的情報
2）**citation：**文献情報
3）**pdbx_struct：**構造の特色（二次構造など）
4）**chem_comp：**化合物情報
5）**atom_sites：**各原子の情報（座標や名前）
6）**reflns：**回折実験のデータ
7）**exptl：**実験条件（結晶化など）
8）**symmetry：**対称性
9）**cell：**単位格子

すべてのカテゴリは前述の「PDBx/mmCIF辞書関連情報」（https://mmcif.pdbj.org/）で説明されている．mmCIFを使用することで，データのカラム（列）を任意に設定し，巨大な立体構造のデータを記録することができる．また，記述形式はkey-valueかloopのみであり，簡単に書き込みが可能である．

PDBから話題は逸れるが，**AlphaFold3**で予測された立体構造の出力もmmCIFファイルフォーマットである．8HN3の配列を使って，AlphaFold3（AlphaFold Server）にて立体構造を予測して，5つのモデルを得た．そのうち1つのモデルのmmCIFファイルを例として，出力mmCIFファイルの内容を一部説明する（図10）.

**1）原子種類のカテゴリ**
- **_atom_type.symbol：**C，N，O，Sの4種類の原子が含まれることを示す

**2）予測で使用したmmCIFのカテゴリ**
- **_audit_conform.dict_location：**mmCIFの辞書の詳しい説明URL
- **_audit_conform.dict_name：**辞書名称．mmcif_ma.dic
- **_audit_conform.dict_version：**辞書のバージョン．1.4.5

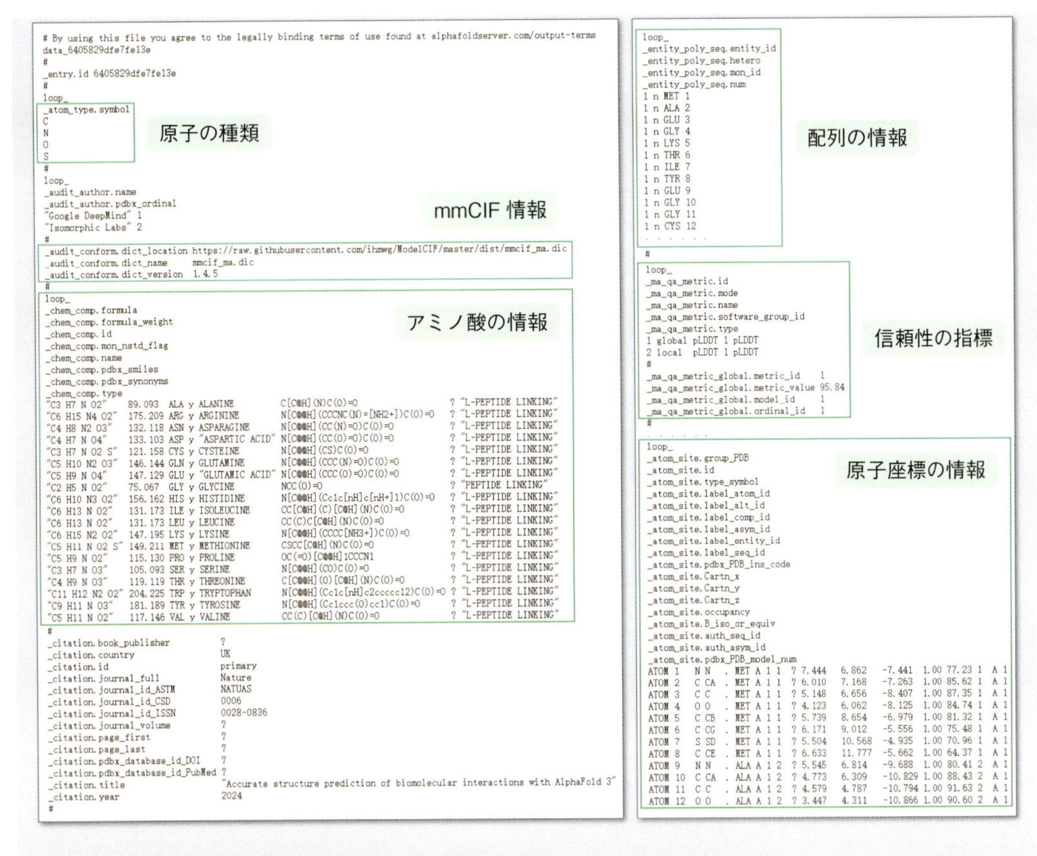


```
# By using this file you agree to the legally binding terms of use found at alphafoldserver.com/output-terms
data_6405829dfe7fe13e
#
_entry.id 6405829dfe7fe13e
#
loop_
_atom_type.symbol
C
N
O
S
#
loop_
_audit_author.name
_audit_author.pdbx_ordinal
"Google DeepMind" 1
"Isomorphic Labs" 2
#
_audit_conform.dict_location https://raw.githubusercontent.com/ihmwg/ModelCIF/master/dist/mmcif_ma.dic
_audit_conform.dict_name     mmcif_ma.dic
_audit_conform.dict_version  1.4.5
#
loop_
_chem_comp.formula
_chem_comp.formula_weight
_chem_comp.id
_chem_comp.mon_nstd_flag
_chem_comp.name
_chem_comp.pdbx_smiles
_chem_comp.pdbx_synonyms
_chem_comp.type
"C3 H7 N O2"     89.093  ALA y ALANINE          C[C@H](N)C(O)=O                    ? "L-PEPTIDE LINKING"
"C6 H15 N4 O2"   175.209 ARG y ARGININE         N[C@@H](CCCNC(N)=[NH2+])C(O)=O     ? "L-PEPTIDE LINKING"
"C4 H8 N2 O3"    132.118 ASN y ASPARAGINE       N[C@@H](CC(N)=O)C(O)=O             ? "L-PEPTIDE LINKING"
"C4 H7 N O4"     133.103 ASP y "ASPARTIC ACID"  N[C@@H](CC(O)=O)C(O)=O             ? "L-PEPTIDE LINKING"
"C3 H7 N O2 S"   121.158 CYS y CYSTEINE         N[C@@H](CS)C(O)=O                  ? "L-PEPTIDE LINKING"
"C5 H10 N2 O3"   146.144 GLN y GLUTAMINE        N[C@@H](CCC(N)=O)C(O)=O            ? "L-PEPTIDE LINKING"
"C5 H9 N O4"     147.129 GLU y "GLUTAMIC ACID"  N[C@@H](CCC(O)=O)C(O)=O            ? "L-PEPTIDE LINKING"
"C2 H5 N O2"     75.067  GLY y GLYCINE          NCC(O)=O                           ? "PEPTIDE LINKING"
"C6 H10 N3 O2"   156.162 HIS y HISTIDINE        N[C@@H](Cc1c[nH]c[nH+]1)C(O)=O     ? "L-PEPTIDE LINKING"
"C6 H13 N O2"    131.173 ILE y ISOLEUCINE       CC[C@H](C)[C@H](N)C(O)=O           ? "L-PEPTIDE LINKING"
"C6 H13 N O2"    131.173 LEU y LEUCINE          CC(C)C[C@H](N)C(O)=O               ? "L-PEPTIDE LINKING"
"C6 H15 N2 O2"   147.195 LYS y LYSINE           N[C@@H](CCCC[NH3+])C(O)=O          ? "L-PEPTIDE LINKING"
"C5 H11 N O2 S"  149.211 MET y METHIONINE       CSCC[C@H](N)C(O)=O                 ? "L-PEPTIDE LINKING"
"C5 H9 N O2"     115.130 PRO y PROLINE          OC(=O)[C@@H]1CCCN1                 ? "L-PEPTIDE LINKING"
"C3 H7 N O3"     105.093 SER y SERINE           N[C@@H](CO)C(O)=O                  ? "L-PEPTIDE LINKING"
"C4 H9 N O3"     119.119 THR y THREONINE        C[C@@H](O)[C@H](N)C(O)=O           ? "L-PEPTIDE LINKING"
"C11 H12 N2 O2"  204.225 TRP y TRYPTOPHAN       N[C@@H](Cc1c[nH]c2ccccc12)C(O)=O   ? "L-PEPTIDE LINKING"
"C9 H11 N O3"    181.189 TYR y TYROSINE         N[C@@H](Cc1ccc(O)cc1)C(O)=O        ? "L-PEPTIDE LINKING"
"C5 H11 N O2"    117.146 VAL y VALINE           CC(C)[C@H](N)C(O)=O                ? "L-PEPTIDE LINKING"
#
_citation.book_publisher            ?
_citation.country                   UK
_citation.id                        primary
_citation.journal_full              Nature
_citation.journal_id_ASTM           NATUAS
_citation.journal_id_CSD            0006
_citation.journal_id_ISSN           0028-0836
_citation.journal_volume            ?
_citation.page_first                ?
_citation.page_last                 ?
_citation.pdbx_database_id_DOI      ?
_citation.pdbx_database_id_PubMed   ?
_citation.title                     "Accurate structure prediction of biomolecular interactions with AlphaFold 3"
_citation.year                      2024
#
```

```
loop_
_entity_poly_seq.entity_id
_entity_poly_seq.hetero
_entity_poly_seq.mon_id
_entity_poly_seq.num
1 n MET 1
1 n ALA 2
1 n GLU 3
1 n GLY 4
1 n LYS 5
1 n THR 6
1 n ILE 7
1 n TYR 8
1 n GLU 9
1 n GLY 10
1 n GLY 11
1 n CYS 12
. . . . . . .
#
loop_
_ma_qa_metric.id
_ma_qa_metric.mode
_ma_qa_metric.name
_ma_qa_metric.software_group_id
_ma_qa_metric.type
1 global pLDDT 1 pLDDT
2 local  pLDDT 1 pLDDT
#
_ma_qa_metric_global.metric_id     1
_ma_qa_metric_global.metric_value 95.84
_ma_qa_metric_global.model_id      1
_ma_qa_metric_global.ordinal_id    1
#
. . . . . . .
loop_
_atom_site.group_PDB
_atom_site.id
_atom_site.type_symbol
_atom_site.label_atom_id
_atom_site.label_alt_id
_atom_site.label_comp_id
_atom_site.label_asym_id
_atom_site.label_entity_id
_atom_site.label_seq_id
_atom_site.pdbx_PDB_ins_code
_atom_site.Cartn_x
_atom_site.Cartn_y
_atom_site.Cartn_z
_atom_site.occupancy
_atom_site.B_iso_or_equiv
_atom_site.auth_seq_id
_atom_site.auth_asym_id
_atom_site.pdbx_PDB_model_num
ATOM 1  N N  . MET A 1 1 ? 7.444 6.862  -7.441  1.00 77.23 1 A 1
ATOM 2  C CA . MET A 1 1 ? 6.010 7.168  -7.263  1.00 85.62 1 A 1
ATOM 3  C C  . MET A 1 1 ? 5.148 6.656  -8.407  1.00 87.35 1 A 1
ATOM 4  O O  . MET A 1 1 ? 4.123 6.062  -8.125  1.00 84.74 1 A 1
ATOM 5  C CB . MET A 1 1 ? 5.739 8.654  -6.979  1.00 81.32 1 A 1
ATOM 6  C CG . MET A 1 1 ? 6.171 9.012  -5.556  1.00 75.48 1 A 1
ATOM 7  S SD . MET A 1 1 ? 5.504 10.568 -4.935  1.00 70.96 1 A 1
ATOM 8  C CE . MET A 1 1 ? 6.633 11.777 -5.662  1.00 64.37 1 A 1
ATOM 9  N N  . ALA A 1 2 ? 5.545 6.814  -9.688  1.00 80.41 2 A 1
ATOM 10 C CA . ALA A 1 2 ? 4.773 6.309  -10.829 1.00 88.43 2 A 1
ATOM 11 C C  . ALA A 1 2 ? 4.579 4.787  -10.794 1.00 91.63 2 A 1
ATOM 12 O O  . ALA A 1 2 ? 3.447 4.311  -10.866 1.00 90.60 2 A 1
```

図10　AlphaFold3で予測された8HN3のモデルのmmCIFファイル

**3）予測で使用したアミノ酸のカテゴリ**

- **_chem_comp.formula**：化学式
- **_chem_comp.formula_weight**：化学式分子量
- **_chem_comp.id**：アミノ酸の3桁のID
- **_chem_comp.mon_nstd_flag**：「標準」モノマーのフラッグ．“y”の場合はすべて「標準」アミノ酸であることを示す
- **_chem_comp.name**：アミノ酸のフルネーム
- **_chem_comp.pdbx_smiles**：アミノ酸のSMILES※11

**4）予測で使用した配列の情報のカテゴリ**

- **_entity_poly_seq.entity_id**：エンティティのID
- **_entity_poly_seq.hetero**：配列の異種性のフラッグ．“n”は異種性なしの意味である
- **_entity_poly_seq.mon_id**：アミノ酸の三桁のID
- **_entity_poly_seq.num**：配列中のアミノ酸の番号

---

※11　SMILES

simplified molecular-input line-entry system．短いASCII文字列（標準的な英数字と文字列）を用いて分子の化学構造を記述するための表記法．

**5）信頼性を表す指標のカテゴリ**

- **_ma_qa_metric.id：**指標のID．1は“global”，2は“local”である
- **_ma_qa_metric.mode：**信頼性の指標の計算モード．“global”は予測されたモデル全体で計算する
- **_ma_qa_metric.name：**指標の名称．pLDDTである
- **_ma_qa_metric.software_group_id：**指標を計算するために使用されるソフトウェアセットの識別子
- **_ma_qa_metric.type：**指標の種類．ここもpLDDTである
- **_ma_qa_metric_global.metric_id：**1は“global”に対応する
- **_ma_qa_metric_global.metric_value：**global pLDDTの値であり，この場合は95.84である
- **_ma_qa_metric_local.metric_value：**各アミノ酸残基の信頼性指標．図10には載せていないが，AlphaFold3やAlphaFold DBのmmCIFファイルに含まれるもう一つの重要なパラメーター．AlphaFoldデータベースのmmCIFファイルをダウンロードし，このパラメーターを確認してみてほしい

**6）予測されるモデルの原子座標のカテゴリ**

例えば，**_atom_site.Cartn_x**，**_atom_site.Cartn_y**，**_atom_site.Cartn_z**は原子のデカルト座標である．

## 3. 立体構造をオンラインで閲覧する

**「8HN3」の検索結果ページ**（図6）の右側には「構造」モジュールが表示される．このモジュールは**「非対称単位**[※12]**を表示」**と**「生物学的単位を表示」**の部分にわかれている．「非対称単位を表示」では，結晶単位格子の非対称単位に含まれる分子を示し，「生物学的単位[※13]を表示」では，タンパク質の生物学的機能に必要な最小分子数を示す．「8HN3」の場合，非対称単位内に2つのCytochrome c-556の可溶性ドメインがあり，生物学的機能をもつためには1つのみが必要であることがわかる．以下では，「生物学的単位を表示」の例として，**Molmil分子ビューア**[17]を使用し，「8HN3」のCytochrome c-556の立体構造をオンラインで閲覧する．

❶ まず，**「生物学的単位を表示」**またはCytochrome c-556の可溶性ドメインの構造サムネイルをクリックすると，図11のように，分子構造を示す新しいページが表示される．

❷ 図11のインターフェースでの，マウスの基本的な操作を以下に示す．

- マウスの左ボタンを押したままドラッグすることで立体構造を回転できる．
- マウスの右ボタンを押したままマウスを前後にドラッグすることで，立体構造のズーム

**※12　結晶学的な非対称単位**

asymmetric unit．結晶構造の最も小さな単位構造．結晶学的な対称操作を行うことにより完全な単位格子をつくることができる．結晶学による構造は，この構造単位で登録される．

**※13　生物学的単位**

biological unit．生物学的集合体（biological assembly）ともよばれる．分子が実際に機能すると示された，あるいはそうであると考えられている高分子集合体のことを指す．

図11　立体構造をみられるオンラインビューアのインターフェース

イン・ズームアウトができる.

- マウスのミドルボタンを押したままマウスを動かすことで，現在の視野角のまま立体構造を移動することができる.

❸ 図11の左上にあるメニューボタンをクリックすると，ビューアのメニューが開き，以下の機能が実行できる.

- **「Open」**立体構造ファイルを開く / **「Save」**保存する.
- **「Style IF」**のオプションでは，構造の表示スタイルを設定できる．例えば，「Cartoon」で分子の二次構造を表示でき，「Sticks（CPK）」で全部の原子と化学結合のモデルを表示できる（表示についての詳細は**第2章-1**参照）.
- **「Settings」**では，**「Quality」**で自分の端末の性能に合うように立体構造の表示品質を調整できる＊7.

＊7　さらにおもしろい設定として，3D赤青メガネがあれば，「Stereoscopy」を「Anaglyph」に設定することで3D映画を見るようにタンパク質の3D立体構造を観察することもできる.

- **「Enable full-screen」**オプションを使用して，ビューアを全画面での表示モードに設定することもできる.
- メニュー下部の**「Help」「Manual」「Paper」**では，このビューアに関する使用方法と論文を参照できる.

また，ビューア中央の**「Style menu」**の**「BU（Biological unit styling options）」**をクリックすると，「Unit selection」の項目で「非対称単位（Asymmetric unit）」を表示するか，「生物学的単位（Author_defined_assembly）」を表示するかを選択することもできる．Molmilの詳細な説明は「Molmil分子ビューア」（https://pdbj.org/help/molmil?lang=ja）に記載がある．

## Sequence Navigatorでの検索

❶ PDBjトップページ左側の**「検索サービス」**のモジュールにある**「Sequence-Navigator」**をクリックする，もしくはブラウザに直接「https://pdbj.org/seqNavi」と入力し，Sequence-Navigatorのページに移動する．

❷ ここでは「8HN3」を例にして，類似配列の検索方法を説明する．以下のどちらかの方法で配列を指定する．

- Modeで**「PDB entry」**を選択し，「PDB ID」の入力ボックスに「8HN3」を入力し，Asym IDの選択ボックスで「A」を選択する．
- Modeで**「Custom sequence」**を選択し，「Sequence」の入力ボックスに以下の配列情報を入力する．

**MAEGKTIYEGGCNACHDAGMMGAPKPGDKAAWAPRIAKGEESVIKNTINGLNGMPPKGGN AALTDEQLTNAAKYLISISK**

**「Clustering」**オプションは，複数の類似配列が存在し，似た配列をグループ化したい場合に有効である．Clusteringの初期設定は「No clustering（クラスタリングは行わない）」になっている．

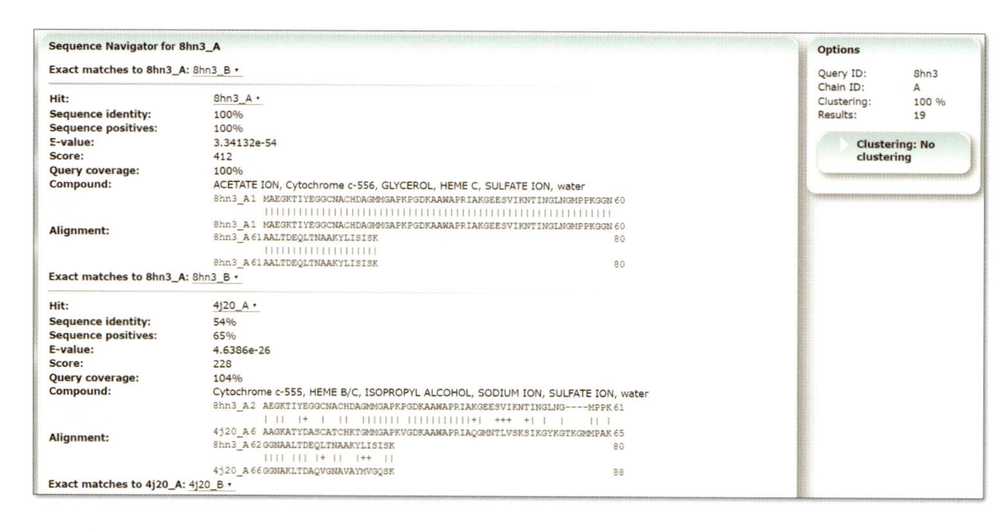


図12 「Sequence Navigator」を使用し，「8HN3」のシークエンスをクラスタリングなしで検索した出力結果の一部

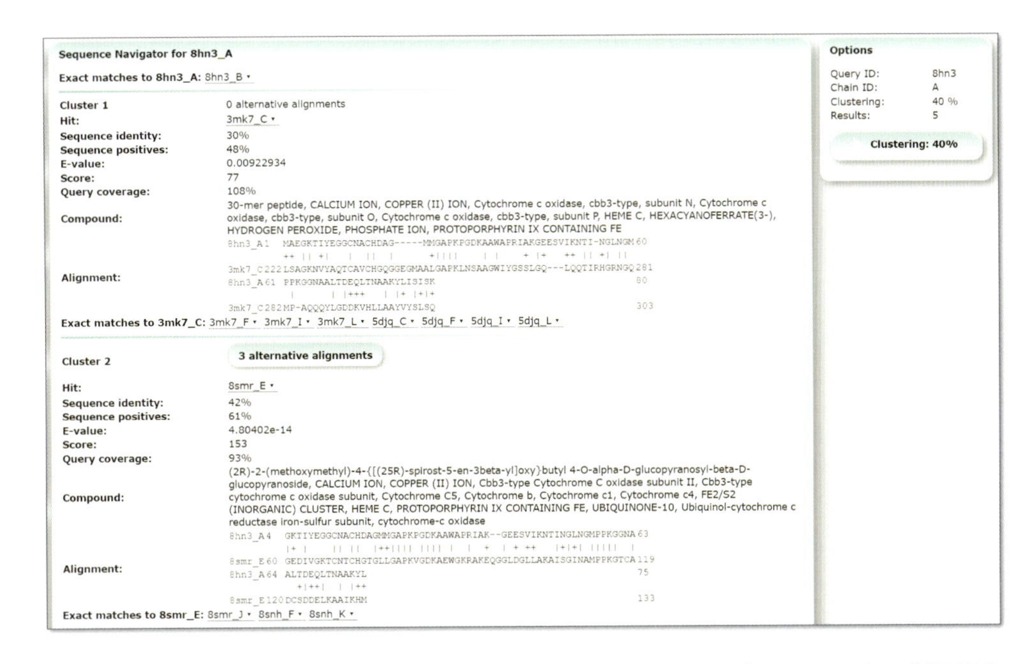


図13　「Sequence Navigator」を使用し，「8HN3」のシークエンスをクラスタリング40％の設定で検索した出力結果の一部

❸ 検索条件の設定が完了したら，**「Find homologues」**をクリックして検索を行う．オプションの設定が初期値のままで検索を行った場合，出力結果は図12のようになる＊8．

＊8　類似配列として，他の種類のCytochromeが表示される．さらに，出力された任意のエントリーのPDBエントリーIDを選択し，「Search homologues of …」を選択して再検索することもできる．

❹ 40％のクラスタリングを行うオプション設定で検索した場合，図13のような表示になる．5つのクラスタが生成され，各クラスタにはエントリーが1つずつ表示される＊9．

＊9　**「alternative alignments」**ボタンをクリックすると，そのクラスタに分類されたすべての配列を見ることができる．

## Chemieでの化合物検索

❶ PDBjトップページ左側の**「検索サービス」**のモジュールにある**「化合物検索（Chemie）」**をクリックする，もしくはブラウザに直接「https://pdbj.org/search/chemie-filter?lang=ja」と入力し，「Chemie」のページに移動する．

❷ 検索できる項目は以下の通りである．

- **簡易検索：**すべての化合物項目とメタデータの検索ができる．簡易検索のクエリ中でワイルドカード**「*」**を使用すると，部分的にテキストが一致する結果が得られる．

- **コード（comp_id）：**PDBの化合物ID.
- **分子名：**分子名で検索する場合は，ワイルドカード検索が自動的に行われる.
- **組成式**
- **SMILES：**SMILES項目を使用して検索を行うと，SMILES表現が化学的フィンガープリントに変換され，完全一致と部分一致に対する検索が行われる＊10.

＊10　全文検索を行う場合は“簡易検索”を使用し，クエリの先頭に“@smiles”を追加する.

- **InChI**※14**：**InChI表現は，常に全文検索の方法で検索が行われる.

❸「8HN3」に含まれている化合物「HEME C」を例に検索する．ページ上部のコード（comp_id）ボックスに「HEC」と入力し検索（show results）すると，検索結果に「HEC」の項目が表示される.

❹ HECのページはPDBエントリーとよく似たレイアウトで，PCなどの大きな画面で見ると，3つのタブにさらに詳細な情報が表示される（図14）.

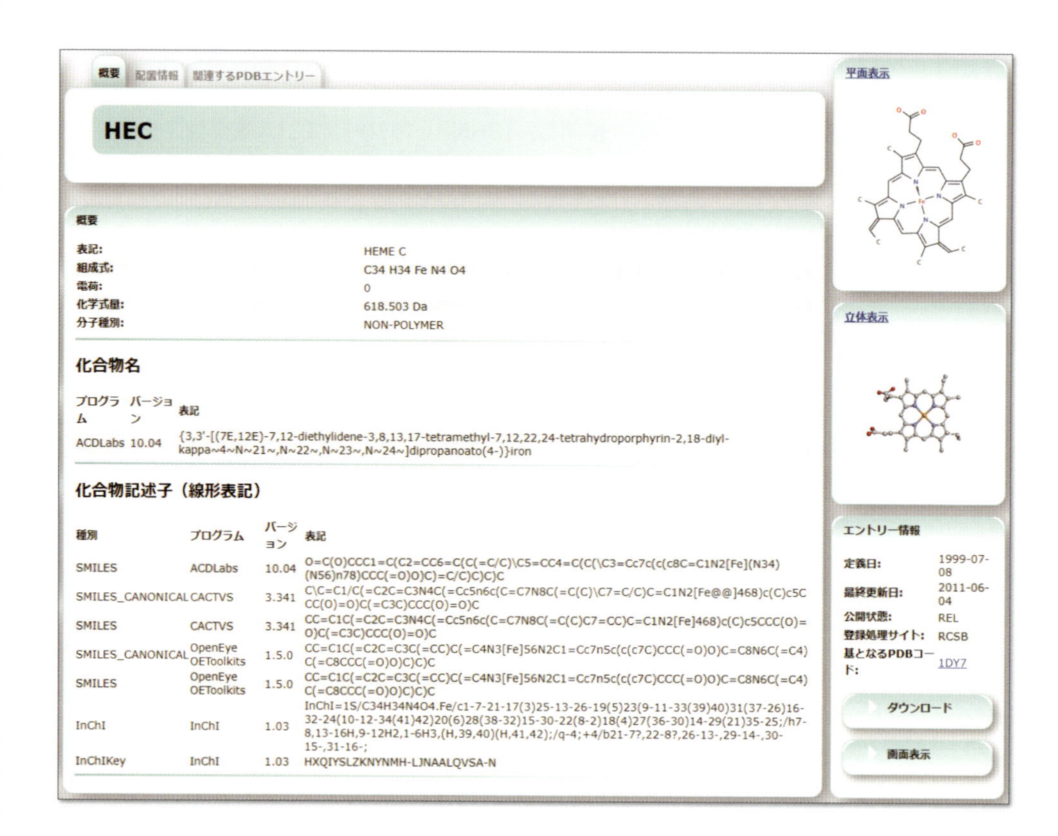


**図14　「Chemie」で「8HN3」に含まれる化合物「HEME C」を検索した画面**
HECの詳細ページが表示される.

※14　InChI
International Chemical Identifier．化学物質のテキスト識別子．分子情報をコード化する標準的な方法であり，データベースやウェブでの検索を容易にするように設計されている.

- **「概要」タブ：**化合物の概要が表示される.
- **「配置情報」タブ：**幾何学データ（結合長や結合角，ねじれ等）が表示される.
- **「関連するPDBエントリー」タブ：**検索した化合物を含む，すべてのPDBエントリーの一覧が表示される.

右側のメニューには，化合物分子の**「平面表示」**（SVGフォーマット）と，Molmilによる**「立体表示」**がある.「平面表示」という文字をクリックすると，二次元のSVGファイルをダウンロードでき，「立体表示」という文字をクリックすると，三次元の立体構造が別の大きいウィンドウで開く.化合物辞書の詳細は「wwPDBの化合物辞書のページ」（https://www.wwpdb.org/data/ccd）に記載がある.

# おわりに

PDBjは，タンパク質などの生体高分子の立体構造データの登録とアーカイブを担当する世界三大タンパク質データセンターの一つである.この稿では，PDBjのウェブサイト上で，タンパク質の分子名称とPDBエントリーIDを使用して検索する方法を中心に，エントリーページに含まれるさまざまな情報と，オンライン分子構造ビューアを使用して立体構造を表示する方法について詳しく説明した.また，Sequence NavigatorやChemieといった，いくつかのオンラインサービスも紹介した.誌面の都合上，すべての機能を紹介することはできなかったが，ご興味のある方はPDBjのウェブサイトをご覧いただき，不明点がある場合には，PDBjのスタッフに直接お問い合わせいただきたい（PDBj お問い合わせフォーム：https://pdbj.org/contact?lang=ja）.

## ◆ 文献

1）Kendrew JC, et al：Nature, 181：662-666, doi:10.1038/181662a0（1958）
2）Crystallography: Protein Data Bank. Nat New Biol, 233：223, doi:10.1038/newbio233223b0（1971）
3）Berman H, et al：Nat Struct Biol, 10：980, doi:10.1038/nsb1203-980（2003）
4）Legacy PDB File Format Guide – Version 3.30
https://www.wwpdb.org/documentation/file-format
5）PROTEIN DATABASE FILE RECORD FORMATS
https://cdn.rcsb.org/wwpdb/docs/documentation/file-format/PDB_format_1972.pdf
6）Westbrook JD & Bourne PE：Bioinformatics, 16：159-168, doi:10.1093/bioinformatics/16.2.159（2000）
7）Young JY, et al：Structure, 25：536-545, doi:10.1016/j.str.2017.01.004（2017）
8）Altschul SF, et al：J Mol Biol, 215：403-410, doi:10.1016/S0022-2836(05)80360-2（1990）
9）Varadi M, et al：Nucleic Acids Res, 50：D439-D444, doi:10.1093/nar/gkab1061（2022）
10）Varadi M, et al：Nucleic Acids Res, 52：D368-D375, doi:10.1093/nar/gkad1011（2024）
11）Burley SK, et al：Structure, 25：1317-1318, doi:10.1016/j.str.2017.08.001（2017）
12）Schwede T, et al：Structure, 17：151-159, doi:10.1016/j.str.2008.12.014（2009）
13）Bekker GJ, et al：Biophys Rev, 12：371-375, doi:10.1007/s12551-020-00632-5（2020）
14）Hoch JC, et al：Nucleic Acids Res, 51：D368-D376, doi:10.1093/nar/gkac1050（2023）
15）The wwPDB Consortium：Nucleic Acids Res, 52：D456-D465, doi:10.1093/nar/gkad1019（2024）
16）Patwardhan A, et al：Nat Struct Mol Biol, 19：1203-1207, doi:10.1038/nsmb.2426（2012）
17）Bekker GJ, et al：J Cheminform, 8：42, doi:10.1186/s13321-016-0155-1（2016）

# タンパク質の立体構造予測
## ColabFoldとAlphaFold2

森脇由隆

本稿ではColabFoldとAlphaFold2を用いて実際にアミノ酸配列を入力し，予測構造を得るために必要な手順を図とスクリプトの例を添えて紹介する．また，予測構造が得られたときに付随するいくつかの評価値，pLDDTやPAEなどの解釈のしかたについて，実際の例を紹介しながら解説を行う．さらに，最後にはタンパク質のコンフォメーション変化を予測する応用計算例も記した．これらの結果は「予測」であるものの，多くの場合において結晶構造と一致する．すなわち，これらの予測値と解釈，そして構造生物学の知識を学ぶことで，多くの研究を加速させることができる．

## はじめに

AlphaFold2[1]は日本時間の2021年7月15日に登場して以降，わずか3年間の間にその論文が14,000回以上（Web of Scienceによる）引用され，バイオインフォマティクスのツールとしては類縁配列検索ソフトウェアのBLAST[2)～6)]と並んで，もはやタンパク質について研究を行う者のほとんどが一度は使ったことがある予測ツールとして知られている．この成功を後押ししている一つの大きな要因として，これを誰でも使える形にした“**ColabFold**”がAlphaFold2のわずか5日後である7月20日に登場したことがあげられる．このColabFoldとAlphaFold2の関係性について，筆者は多くの実験研究者の方から質問を受けることがあったが，それについて解説するにはまずColabFoldが利用している**Jupyter Notebook**と**Google Colaboratory**について解説する必要がある．

前者のJupyter Notebookは2014年に始動したProject Jupyterという非営利団体によって開発が続けられているWebアプリケーションである．Jupyter Notebookは，「オープンソースソフトウェアの開発を通じて，すべてのプログラミング言語にわたってインタラクティブなデータサイエンスと科学計算をサポートすること」を運営理念としており，プログラミングの初学者でも使い慣れたWebブラウザ上でPythonやRなどのプログラミング言語を動作させる計算環境を提供している．また，Notebookの作成者はPythonなどのプログラミングコードや説明を埋め込んで配布できるだけでなく，ユーザー側でその値を変更して任意の順番でコードを再実行することができる自由がある．後者のGoogle Colaboratoryは，本来個人で構築するには高価なGPU付きの計算環境を（一定の範囲内で）Webブラウザ上にて無償で提供するGoogleのサービスである．

AlphaFold2の公開当時，これをインストールして使いこなせる知識と計算環境を揃えている者は非常に限られていた．これを実行するには高価なLinux機を使える環境にあるうえで，コマンドライン操作に習熟している必要があったからである．ColabFoldの立ち上げメンバーであるMirditaとSteinegger，Ovchinnikovはその問題に対処すべく，Google Colaboratory上で動作するAlphaFold2のJupyter Notebookを制作し，これを一般公開した．さらに，MirditaとSteineggerは，彼らが以前作成してメンテナンスしていた類縁配列検索ソフトウェア“MMSeqs2”[7) 8)]のための高価なWebサーバーをAlphaFold2の動作のために転用したことで，計算上最も時間のかかる処理である類縁配列検索を20～30倍に短縮することに貢献した．OvchinnikovはNotebook制作の知識とAlphaFold2のプログラムコードの改良によって，GPUを用いたタンパク質構造予測処理部分の高速化と高機能化を実現した．また，筆者がX（前Twitter）にて報告した，2つ以上のタンパク質の配列の間に長いグリシンリンカーを挟むだけで，AlphaFold2が複合体予測を行うという手法の改良版の実装も行った．以上の経緯から，多くの研究者がColabFoldを通じてAlphaFold2の構造予測機能を利用できることとなった．バイオインフォマティクスツールの開発者が自身の研究成果をウェットの研究者に使ってもらうためにJupyter Notebook形式で配布するサービスはこれ以前にも存在していたが，ColabFoldの例はそのなかで最も広く利用されることになったものであると言える．

こうしてColabFoldは多くの実験研究者の研究目的に用いられるようになったが，今度はそのなかで行われたAlphaFold2の高速化と高機能化の部分を有効利用したいという思いがドライの研究者には芽生えた．そこで筆者はこれを改めて高価なLinux機のうえでコマンドラインから動作するように再調整した“**LocalColabFold**”を2021年9月3日に公開した．その後，筆者はColabFoldの制作チームに招待をいただいたことで，これらのコードの統合が進み，それらの成果を*Nature Methods*誌で発表した[9)]とともに，現在もそれらの動作サポートを続けている．結果として，ColabFoldとLocalColabFoldはウェット・ドライ両方の研究者に広く使われるツールとなった．

（Local）ColabFoldとAlphaFold2の違いを表1に示す．LocalColabFoldとColabFoldの機能は現在ほぼ同じになるよう統一されているため，以降断りがない限りは性能上同じものとして説明する．ColabFoldの大きな利点は，**計算が高速化されていること**，**AlphaFold2に比べてさまざまな機能が追加されていること**，**予測結果の解釈に重要となる評価指標の図が自動で出力されることなど**があげられる．一方で，ColabFoldの高速化は，Steineggerの現所属である韓国のソウル大学の情報基盤センターにある計算サーバーが**Multiple Sequence Alignment（MSA）**※1を代行して作成することに大きく依存しているため，アミノ酸配列情報を外部に出すことが禁じられている場合は利用を控えるべきである．ただし，2023年10月頃からは，ローカルPC上に配列とPDBデータベースを構築することができれば，インターネット接続がない状態でもLocalColabFoldを利用できる追加実装が筆者たちによって行われた．この実行の

※1　Multiple Sequence Alignment（MSA）

あるDNA/RNAの塩基配列またはタンパク質のアミノ酸配列に対して，BLASTなどのソフトウェアによって配列データベースから検出された類縁配列を，配列間で対応する部分が並ぶように整列させたもの．AF2ではタンパク質のアミノ酸配列に対して，MirditaとSteineggerが開発を進めるHHblits（ColabFoldについてはその後発ソフトウェアのMMSeqs2）を用いて配列の検出・整列を行っている．AF2とColabFoldはその整列された配列から立体構造の推論のうえで重要な情報を取得している．

**表1　ColabFoldとAlphaFold2の利点・欠点**

| ソフトウェア | 利点 | 欠点 |
|---|---|---|
| ColabFold（Webブラウザ版） | ● 無料かつ使用開始のための準備がほぼ不要<br>● 20～30倍以上の高速化<br>● AlphaFold2とほぼ同じ精度で予測<br>● 独自のMSAファイルをインプットとして入力可能<br>● 予測結果の評価指標を自動的に図示 | ● 入力とするアミノ酸配列を外部サーバーに送信する処理が含まれるため，この情報漏洩について考慮する必要がある<br>● 1回につき90分以上操作しないと初期化される．また1日における使用回数上限が存在する※1 |
| LocalColabFold | ● 前述の利点に加え，Web版の使用回数制限がなくなる<br>● Webの無償版よりもさらに高速<br>● 大量かつ複合体構造予測に最適 | ● 30～60万円のGPU付き計算機を購入し，初期セットアップを行う必要がある<br>● 入力とするアミノ酸配列を外部サーバーに送信する処理が含まれるため，この情報漏洩について考慮する必要がある※2 |
| AlphaFold2 | ● インストールが完了すれば，以降は情報漏洩や使用回数上限を気にせずに使用可能 | ● インストールにはPCとソフトウェア管理の知識が必要 |

※1　有料版のGoogle Colab Pro/Pro＋であれば制限が緩和される．
※2　配列データベースをPC内に別途構築できていれば完全にインターネット接続なしで動作することも可能だが，設定が難しい．

ためには2 TB程度のSSDストレージと1 TBのRAMをもつ専用の計算機が事実上必要となるが，このインストール方法については筆者のWeb記事「Qiita：LocalColabFoldを完全ローカル環境で動作させる」（https://qiita.com/Ag_smith/items/bfcf94e701f1e6a2aa90）を参照していただきたい．

これらの違いを踏まえたうえで，本稿では（Local）ColabFoldとAlphaFold2の使い方を図とともに紹介しながら，それらの違いや注意点を紹介する．

## 1　WebブラウザからのColabFoldの利用方法

構造予測をはじめる前に，予測したいタンパク質が天然タンパク質で単量体の場合は，まず世界最大のタンパク質データベースであるUniProt（https://www.uniprot.org/）で，その予測対象がすでにデータベース上に登録されていないかを調べておく．UniProtは2022年7月末にAlphaFold Protein Structure Database[10]と連携し，2億以上の天然タンパク質についてのAlphaFold2による予測構造を提示する（結晶構造が得られている場合はそれも含む）ようになったため，そこから予測構造をダウンロードできる場合がほとんどである．もしアミノ酸配列しか手元に持っていない場合は，その配列をProtein BLAST（https://blast.ncbi.nlm.nih.gov/Blast.cgi）で検索して得られたNCBI Accession IDをUniProtのWebサイト上で検索すると目的のタンパク質の情報を探し当てることができるだろう．もし目当てのタンパク質がなかった場合，または複合体予測をしたい場合には，AlphaFold2/ColabFoldによる立体構造予測の出番である．

### 準備

ColabFoldをWebブラウザから利用するためには，Googleのアカウントを作成しておく必要がある．まだもっていない方はGoogleアカウントヘルプ（https://support.google.com/accounts/

**図1　ColabFoldの画面（2024年7月1日現在）**
赤枠で囲まれた箇所には，Google Colabで自動的に割り当てられたGPUの種類が表示されている（図ではT4）．青枠はランタイムメニューを表している．アミノ酸配列と設定をすべて入力した後，この「すべてのセルを実行」をクリックすることで構造予測が実行される．

answer/27441?hl=ja）を参考に作成していただきたい．その後，**ColabFold**（https://colab.research.google.com/github/sokrypton/ColabFold/blob/main/AlphaFold2.ipynb，または“Google colabfold”でGoogle検索するとヒットする）にアクセスすると図1のような画面が現れる．

ここで，図1の赤枠で示されているT4などの文字は，Google Colabで割り当てられていたGPUの種類を表す．**一回の構造予測で計算できるアミノ酸の上限数はこのGPUの種類によって決まることに留意していただきたい**．無料で使える場合はvideo random access memory（VRAM）が16 GBのT4 Tesla（T4と表記）が割り当てられることが多く，予測可能なアミノ酸数はおよそ1,500残基である（複合体予測の場合は各ポリペプチド鎖の合計値となる）．これを超えて予測を試みた場合は途中で計算エラーとなる．有料版のGoogle Colab ProまたはPro＋の場合はVRAMが40 GBのA100のGPUが割り当てられることがあり，その場合はおよそ3,300残基まで予測可能となる．市販のGPUであるRTX3090やRTX4090はVRAMが24 GBであり，およそ2,000残基まで予測可能である．

## 立体構造予測を実行する

**❶ ColabFoldで構造予測を行うとき，まずはアミノ酸配列を“query_sequence”の欄に入力する**[*1 *2]**.**

＊1　アミノ酸配列は一文字表記で入力する．
＊2　改行やスペースは自動的に除外される．

**❷ 配列を入力したら，“jobname”にそのタンパク質の名前を入力しておく．この入力内容が後に出力される構造ファイル名の接頭辞になる．**

❸ **“num_relax” は，予測構造についてもっともらしい構造の順にいくつ構造最適化（relax）処理をかけるかを指定するオプションであり，`0`，`1`，`5` のなかからいずれか1つを選択する**[＊3＊4]**.**

＊3　デフォルトでは`0`となっているが，筆者は`1`または`5`を指定することをおすすめする．`1`は予測された5つの構造のうち，ColabFoldがもっともらしいと判断した最もよい予測構造についてのみ構造最適化を実行し，`5`は5つすべての予測構造に対して構造最適化を実行する．ただし，各予測構造の最適化には時間がかかるため，アミノ酸の数が1,000以上の場合は90分の時間制限に引っかからないために`1`に設定しておいた方がよいかもしれない．

＊4　単量体の予測の場合は構造最適化を行わずとも十分に精度の高い予測構造が得られることが多いが，複合体予測の場合は時々タンパク質界面の予測がうまくいっていない場合がある．このとき，relaxを行うことで少し自然な構造に最適化されることがある．

❹ **“template_mode” はデフォルトで none に設定されているが，`pdb100` を選択しておくとよい．このオプションは，入力した配列の結果に近いタンパク質の結晶構造がPDBに存在している場合，自動的にそれを検索して鋳型（テンプレート）として考慮してくれる**[＊5～＊7]**.**

＊5　もし`none`に設定していた場合でも，予測したいアミノ酸配列に対する類縁タンパク質がUniProtにおよそ100種類以上存在している場合は，十分量のMSAを取得することができるため，鋳型の有無が予測結果に大きく影響を与えることはないとされるが，基本的には鋳型を利用することで生じるデメリットはとても小さい．むしろ，このオプションを設定しておくことで，その予測対象のタンパク質についての構造決定済みの類縁タンパク質のPDB IDが自動的に得られ，その論文から基質の情報や反応機構についての知見が得られることも多いので，メリットが大きいとされる．

＊6　もし，未発表の結晶構造データをもっている場合や，他のモデリングソフトウェアで得られた予測構造がある場合，または`pdb100`で自動的に取得される類縁構造リストではなく自身の望ましい類縁構造だけに範囲を絞りたい場合は，このオプションで`custom`という値を選択し，それらのみをテンプレート構造として利用させることも可能である．この場合，構造予測を実行したときにここにアップロード欄が現れ，そこに手持ちの構造ファイルをアップロードさせることで，それらのみをテンプレートとして考慮するようになる．

＊7　このとき，指定した構造ファイルの情報はその一度のColabFoldの処理の中でのみ用いられる．特にLocalColabFoldを使っている場合は未発表の構造データであっても外部に送信されることはないので安心して使っていただいてよい．

残りのオプションについては，基本的に値を変更する必要がないことが多いが，それぞれの意味を紹介する．

- **num_models：**予測するモデルの個数を指定する．1から5の整数値を指定することができ，デフォルトは5である．もしWeb版で急いでいる場合は3にしてもよいだろう．
- **max_recycles：**Evoformer[※2]とStructure Module[※3]の処理をくり返すことで精度を高める“recycle”処理を行う回数を指定する．AlphaFold2とColabFoldのデフォルト値は3

※2　Evoformer

AlphaFold2とColabFoldにおいて，検出されたMSAとテンプレートの立体構造情報をもとにタンパク質の立体構造を予想するための処理ブロック．主にタンパク質の主鎖構造の概形を正確に予想する役割をもつ．

※3　Structure Module

Evoformerで得られた主鎖構造の概形の情報をもとに，立体構造を生成するための処理ブロック．ここで生成された立体構造をまたEvoformerに戻し参考情報として与えるサイクル処理を“recycling”とよんでいる．

で，基本的には大きい整数値を指定することでよりよい予測結果を得ることができるが，その分計算時間は長くなるため，多くの場合，3で十分である*8 *9．

*8　ただし予測したいタンパク質によっては3では不十分な場合もあり，AlphaFold2の論文では4回以上行うことでよりよい構造予測結果が得られた例が紹介されている．

*9　天然に類縁タンパク質が存在しない人工タンパク質ではまた12や48を指定することではじめてもっともらしい構造を形成することがある（PDB ID：6X9Zの例など）．

Web版ではautoに設定することもでき，その場合は複合体予測の場合に20，単量体は3となる．次で紹介するtolを利用すると，リサイクル数を大きい値を設定しても予測結果が改善しない場合に自動的に打ち切ることができる．

- **tol（tolerance）または--recycle-early-stop-tolerance：**前のリサイクルでの予測構造と比較して新たな予測構造のα炭素間のRMSD（Å）がこのtolの値より小さかった場合，以降のリサイクルは停止する．Web版のデフォルトではautoとなっており，複合体予測時は0.5 Åで，単量体予測時は0 Å（実質的に機能しない）となっている*10．

*10　Local版ではデフォルトでは機能しない設定となっているが，値を設定することができる．

- **max_msa：**構造サンプリングを行いたいときの設定値．この値は32:64など，コロン記号で2つの整数値が区切られているが，前者は得られたMSAに対するクラスタ中心の数の設定値（AlphaFold2の論文[1]のSuppl 1.4を参照）で，上の例では通常は最大512のところを32と設定する．後者についてはクラスタ中心から近縁以外の配列を追加で加える数で，上の例では通常は最大5120のところを64としている．これはdel Alamoの論文[15]をColabFoldに再実装したもので，これによってタンパク質の大きな構造変化をサンプリングできる可能性が示されている．詳細は後述する（「**ColabFoldを利用した構造サンプリング法**」参照）．
- **num_seeds：**MSAのクラスタ中心をどの類縁配列にするかを決定する乱数値を，何回取得するかを決定する*11～*13．

*11　仕様上，web版では0はじまりで，この設定値分だけ0から値を増やすことに相当する（例えばnum_seedsが4ならば，random-seedを0，1，2，3としてそれぞれ計算する）．デフォルトは1．

*12　Local版では何番始まりかを--random-seedで指定することができる．

*13　この値を増やした分だけ構造予測がくり返され，max_msaで小さい値を設定していれば，組合わせることで結果的に構造サンプリングを行うことができる．

詳しくは筆者のWeb記事「Qiita：ColabFold のローカル版 “LocalColabFold” を使ったタンパク質の構造サンプリング」(https://qiita.com/Ag_smith/items/fca48002fbdcb15145c0)が参考になるだろう．

- **use_dropout：**故意に一部のディープラーニングネットワークを無効化することでランダムな予測結果を得るためのオプション．

# 2 LocalColabFoldの利用方法

## 準備

LocalColabFoldを各個人のPC（実質的にLinuxまたはWindows OSに限られる）で利用するためには，GPUが搭載されていることが事実上要求される．GPUはVRAMの値が大きいほど構造予測の最大残基数が増えるので，現在はNVIDIA社製のGeForce RTX 3090またはRTX 4090（VRAM 24GB）が市販品のなかでは最も構造予測に適している．また，1台の計算機に複数台のGPUを搭載することは可能だが，AlphaFold2，LocalColabFoldはともに複数台のGPUを組合わせて1つの計算を行わせることができない仕様となっている．Windows 10，11を利用している場合，Windows Subsystem for Linux 2（WSL2）を用いてUbuntu（※LinuxのOSの1つ）環境を構築し，そのなかで動作させることを想定している．この構築についてはWeb上にMicrosoft公式Webサイトの記事などが多く存在するので，ここではその説明を省略する．

Linuxの場合，LocalColabFoldのインストールは以下のコマンド「`bash install_colabbatch_linux.sh`」で行う．問題がなければ5分程度で終了する[*14]．

[*14] プロンプトに表示される「`/home/moriwaki`」の部分はユーザー名に応じて変化するため，各自のLinux上での表記にしたがって，正しく解釈してほしい．以下同様である．

```
% bash install_colabbatch_linux.sh
wget is /usr/bin/wget
PREFIX=/home/moriwaki/Desktop/localcolabfold/conda
Unpacking payload ...
Extracting _libgcc_mutex-0.1-conda_forge.tar.bz2
…
…
-----------------------------------------
Installation of ColabFold finished.
Add /home/moriwaki/Desktop/localcolabfold/colabfold-conda/bin to ⮐
your environment variable PATH to run 'colabfold_batch'.
i.e. for Bash:
 export PATH="/home/moriwaki/Desktop/localcolabfold/colabfold- ⮐
conda/bin:$PATH"
For more details, please run 'colabfold_batch --help'.
```

最後に，LocalColabFoldコマンドを利用するために，PATHを追加しておくと便利である．

```
% export PATH="/home/moriwaki/Desktop/localcolabfold/colabfold- ⮐
conda/bin:$PATH"
```

このコマンドは，お使いのシェルのrcファイル（bashの場合は「～/.bashrc」，zshの場合は「～/.zshrc」）に追記しておくと，ターミナルが開かれたときに自動で設定が読み込まれるので活用していただきたい*15.

*15　この例における「/home/moriwaki」やPATHは各ユーザーの計算環境によって変わるため，表示された内容に従うこと.

インストール後，ターミナルを立ち上げ直し，colabfold_batchコマンドが使えることを確認する.

```
# あらかじめrcファイルに上記のexport PATHの一行を追記しておく.
% which colabfold_batch
/home/moriwaki/Desktop/localcolabfold/colabfold-conda/bin
% colabfold_batch -h
usage: colabfold_batch [-h]
…
```

使い方（usage）を記したヘルプメッセージが表示されればインストールは成功している.

## 利用方法

構造予測に必要な引数は，予測したいファイル「input」と出力ディレクトリ「outputdir」の2つである．残りはオプションとして間に挟む形で用いる．以下に--amber，--templatesオプションを利用して予測するときの例を示す.

```
% colabfold_batch --amber --templates input outputdir
```

inputは，通常のFASTAフォーマットのファイルを指定できるだけでなく，名前とアミノ酸配列を，記号で分けたcsvファイルフォーマットも使用可能である．また，それらの配列ファイルが含まれるディレクトリを指定することも可能である.

FASTA形式（ファイル名が.fastaで終わるもの）の入力ファイル例を以下に示す*16.

*16　アミノ酸の入力行では，改行は無視される仕様のため，見やすさのために適宜改行を入れても良い.

```
# 単量体予測の場合
>sp|P61823
MALKSLVLLSLLVLVLLLVRVQPSLGKETAAAKFERQHMDSSTSAASSSNYCNQMMKSRN
LTKDRCKPVNTFVHESLADVQAVCSQKNVACKNGQTNCYQSYSTMSITDCRETGSSKYPN
CAYKTTQANKHIIVACEGNPYVPVHFDASV
```

CSV形式（ファイル名が.csvで終わるもの）の入力ファイル例を以下に示す.

```
id,sequence
5AWL_1,YYDPETGTWY
3G5O_A,MRILPISTIKGKLNEFVDAVSSTQDQITITKNGAPAAVLVGADEWESLQETLYWLAQP
GIRESIAEADADIASGRTYGEDEIRAEFGVPRRPH
```

以下に特に有用なオプションを示す．

- **--amber**：構造予測後にそれぞれの予測構造について構造最適化（relax）を実行する．構造最適化を行った構造にはファイル名に`relaxed`が付与される[*16]．

  ＊16 まれに，十分な精度で構造を予測できなかった場合，構造がもつれてしまっており，この構造最適化の計算処理が不可能となってエラーを起こすことがある（複合体予測時に起こりやすい）．その場合はこのオプションを外すとよいが，そもそも予測構造がもっともらしくないことが多い．

- **--num_relax**：5つの予測構造について，pLDDTやPAE値（本稿「**利用上の注意点**」で詳述）をもとにもっともらしい構造とされる順からいくつ構造最適化処理を行うかを指定する（`--num_relax 1`のような形）．`--amber`と組合わせて用いる．
- **--use-gpu-relax**：CPUではなくGPUを用いて構造最適化を行い，計算を早くする．`--amber`と組合わせて用いる[*17]．

  ＊17 多くの場合において有用だが，まれにGPUによる構造最適化がエラーになる場合があり，その場合はこのオプションを外すとよい．

- **--templates**：実験的に構造が決定されているPDBのなかから類縁（テンプレート）構造を自動的に検索し，予測時にそれを考慮する．AlphaFold2ではこの機能がデフォルトで用いられているが，ColabFoldではデフォルトで使用しない設定のため，使用したい場合はこのオプションを追加する[*18～*20]．

  ＊18 実用上は，予測したいアミノ酸配列の類縁配列が多く得られる場合，このテンプレート構造の効果はとても小さいため，使用してもしなくてもほぼ同じ結果が得られる．

  ＊19 しかし，類縁配列が少ない場合は，これをONにすることでもっともらしい構造を得られる可能性が大きく上昇する．

  ＊20 AlphaFold2プログラムの仕様上，5つ出力される予測構造のうちmodel 1，2のみがテンプレート構造の情報を利用し，3，4，5は利用しないため，`--templates`のON/OFFとmodel 3，4，5の予測結果はほぼ変化しない．

その他のオプションはWeb版のものを参照していただきたい．

## 3 AlphaFold2の利用方法

AlphaFoldは2024年6月現在version 2.3.2までが公開されている．2024年5月にAlphaFoldのversion 3の論文が公開された[11)]が，2024年9月時点ではコードはまだ公開されていない．ここではver. 2.3.2の利用方法について述べる．このインストール方法や計算機の必要要件については非常に長く難しい点が多いため本稿ではとり扱わない．代わりに，筆者のWeb記事「Qiita：AlphaFold（ver.2.3.2）インストール」（https://qiita.com/Ag_smith/items/7c76438906b3f665af38）を参照してほしい．また，東京科学大学（旧 東京工業大学），名古屋大学，分子科学研究所，国立遺伝学研究所などがそれぞれ運営するスーパーコンピューターシステムではすでにAlphaFold2が利用可能となっているため，こちらの利用も検討していただきたい．また，理化学研究所はスパコン「富岳」において，AlphaFold2の再実装版であるOpenFoldを高速化した“OpenFold for Fugaku”[12]を構築している（https://github.com/RIKEN-RCCS/OpenFold-for-Fugaku）．

### オプション一覧

- **--fasta_paths：**入力とするFASTA形式の配列ファイル[*21]．**動作に必須**．

  ＊21　`foo.fasta`ファイルに予測したいアミノ酸配列が書かれている場合，`--fasta_paths=foo.fasta`と指定する．

- **--output_dir：**予測構造の出力先のディレクトリ[*22]．**動作に必須**．

  ＊22　通常は`--output_dir=.`として現在のディレクトリを出力先に設定してもよい．

- **--model_preset：**構造予測するパラメーターセットの指定[*23]．

  ＊23　通常は，単量体のときは`monomer_ptm`，複合体のときは`multimer`を指定する．

- **--models_to_relax={all,best,none}：**5つの予測構造のうち，構造最適化を行う数の指定[*24]．`all`はすべてに対して，`best`はもっともらしいとされる構造1つに対して構造最適化を行う．noneだと構造最適化を行わない．

  ＊24　このオプションはver. 2.3.2で有効で，ver. 2.3.1以前は`--run_relax`というオプション名だった．

- **--max_template_date=2099-09-30：**予測構造の補助として用いるPDBからのテンプレート構造を指定した以前の日付に制限する場合に用いる[*25][*26]．

  ＊25　入力例の`2099-09-30`は2099年9月30日を意味し，ハイフン記号を挟んでこのような形で入力する．

  ＊26　主にテストに用いられ，意図して制限する用途はあまりないと思われる．

## 解析例

例として，UniProt ID：P07947（https://www.uniprot.org/uniprotkb/P07947）に登録されているhuman tyrosine-protein kinase Yesの構造を予測する．UniProtの該当ページの左メニューから“Sequence”をクリックすると，配列が示されている項目にジャンプすることができ，“copy sequence”をクリックすると，アミノ酸配列全体がコピーされた状態になる（図2）．

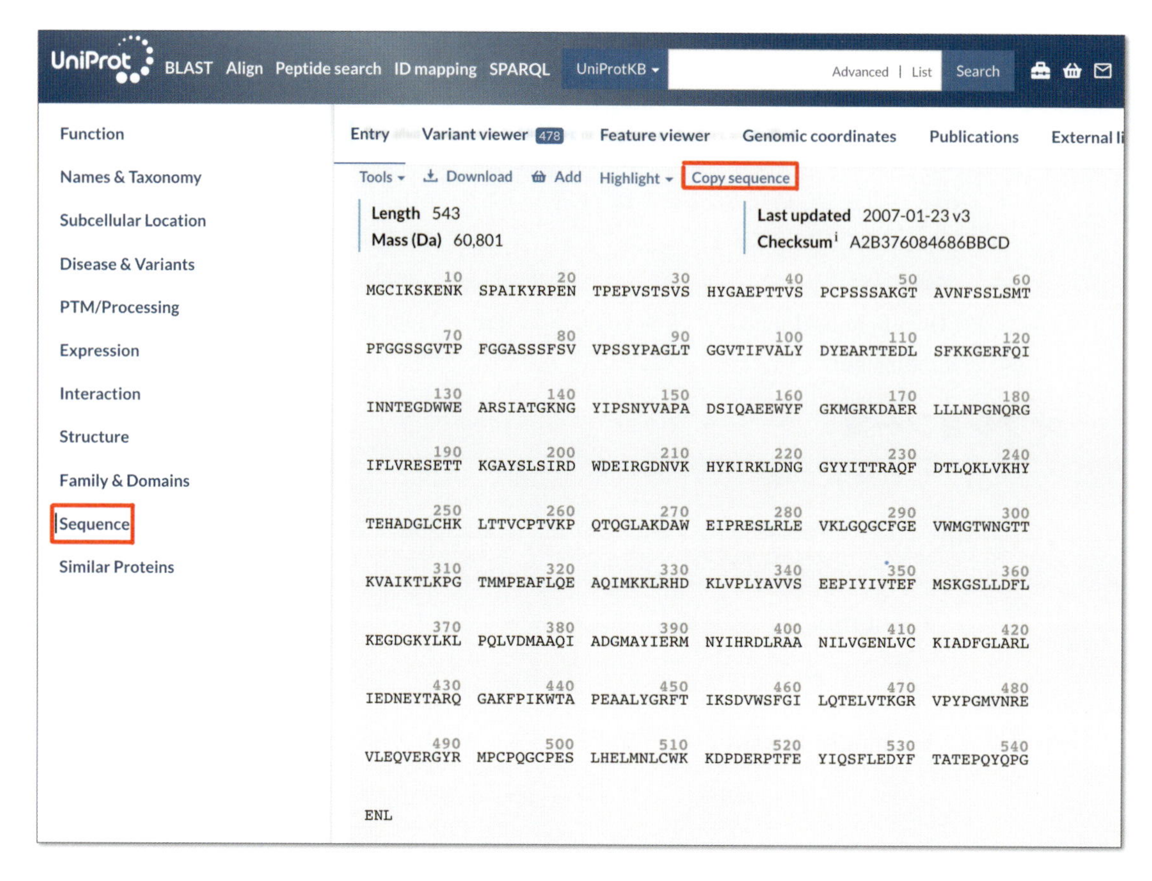


**図2　UniProt ID：P07947の画面（2024年7月1日現在）**

左側メニューにあるSequence（左側赤枠）をクリックすることでアミノ酸配列の項に移動することができる．Copy Sequence（右側赤枠）をクリックすることでパソコンのクリップボードにアミノ酸配列の文字列がコピーされた状態になるので，ColabFoldのquery_sequence欄にそのまま貼り付けるとよい．

これを用いて，Web版ColabFoldのquery sequenceに配列を入力する．

Web版ColabFoldのページで，query_sequenceの部分に先ほどのアミノ酸配列を入力し，jobnameを`P07947`（任意の文字列でよい），num_relaxを`1`に設定する．また，template_modeを`pdb100`として，類縁構造の情報を利用するようにする．この状態で「ランタイム」メニューから「すべてのセルを実行」を押し，予測を実行する（図3）．

実行ボタンを押すと，まずColabFoldの計算に必要な環境がGoogle Colabのなかにインストールされ，続いてクエリ配列（入力した配列）に対する類縁配列検索が行われる．先ほどの設定でtemplate_modeをpdb100に設定した場合，さらにテンプレート（類縁）構造も検索される．図4の例では，Sequence 0 found templates（sequence 0はquery_sequence欄に入力した最初のポリペプチド鎖のこと．複合体予測時は「：」記号で区切られたその後のポリペプチド鎖が「Sequence 1, 2, …」と表示される）のメッセージの後に「`'4k11_A', '7uy0_A', …`」と表示されている．これはPDBにおけるID：4K11のchain A，ID：7UY0のchain Aを表しており，PDB中に類縁構造が存在したことを表している．これらの類縁構造は少なくとも部分的に，

**図3　ColabFoldでhuman tyrosine-protein kinase Yesを構造予測する設定例**
赤線は予測するときに設定値の入力を推奨する箇所．query_sequenceには構造予測を行いたいタンパク質のアミノ酸配列を入力する．jobnameにはそのタンパク質についてわかりやすい名前をつけておく．

多くは全体的に，予測結果の構造と類似していることが多いため，第2章-1で紹介されたVMDなどのソフトウェアで後ほど構造を重ねてみて確かめよう．PDBにはリガンド分子が結合した状態で得られた構造もあるため，その類縁構造情報から予測対象のタンパク質のリガンド結合部位を簡単に推定することができる．

図4下には，Sequence coverageの図が描かれている．これは得られたMSAファイル（結果ファイル中のP07947_xxxxx.a3mファイルに相当）に含まれる配列を可視化したものである．縦軸は得られたMSAの本数を表しており，この場合は20,000弱の類縁配列が得られたことを表している．横軸はクエリ配列の各アミノ酸の位置を表している．図のなかで横方向に色付きの線が描かれていることがわかると思われるが，これは横線1本ずつが取得された類縁配列を表しており，白抜けしている箇所はその類縁配列がクエリ配列に対応する箇所をもたなかったことを表している．MSAファイルは近縁のものほど上から順に並んでいることが多いため，上にいくほど全長がクエリ配列と一致している類縁配列で，横方向全域にわたって青く表示されるが，下に行くほど部分一致する類縁配列が並び，sequence identityも低下する．横方向の黒の折れ線は，アミノ酸位置に対するギャップでないアミノ酸の数を表している．多くの場合，アミノ酸位置に対する類縁配列の数が十分存在すれば高い予測信頼度（pLDDT値）をもち，反対に少ない場合は信頼度が大きく低下する．

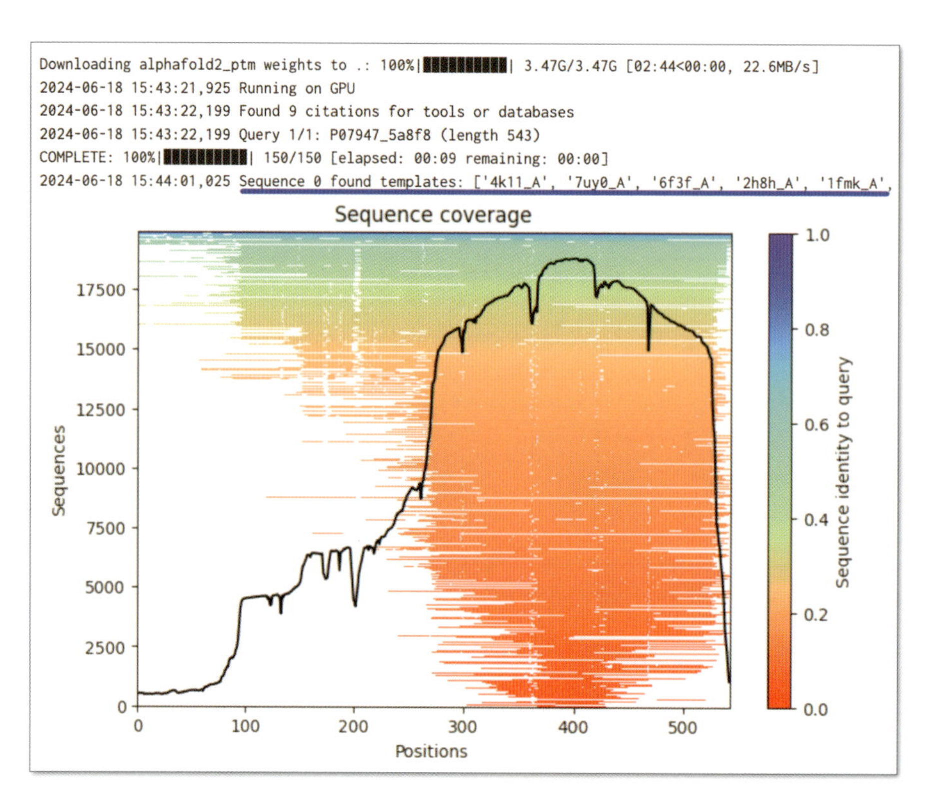


**図4　Human Tyrosine-protein kinase Yesの構造予測中に得られるMSAのSequence coverageとテンプレート情報**

図の見方は本文を参照．この例では20,000近くの類縁配列が得られ，特に残基位置270～530までは非常に多くの類縁配列が存在していることがわかる．残基位置100～270においても図の上部に5,000本近くのギャップでない領域があるため，構造予測に十分な類縁配列が得られている．青下線は予測配列に最も構造が近いと予想されるPDBに登録済みの構造が示されている．

予測が終わると，出力されたファイルがまとめて自動的にダウンロードされる．

## 利用上の注意点

ColabFoldとAlphaFold2はいずれもアミノ酸配列を与えるだけでその予測立体構造を得ることができる．しかし，**その結果の解釈には細心の注意を払う必要がある**．

まずは，予測の信頼性を評価するためのAlphaFold独自の4つの指標について説明する．

### 1．予測の信頼性についての評価

AlphaFold2は，CASPをはじめとした構造予測の分野で従来用いられていたいくつかの評価指標に対する予測値を算出してくれる．これらの評価指標は，本来は結晶構造という真の正解構造について計算するものであるため，一般に正解構造の存在しない予測構造についてその値を算出することはできない．しかし，AF2は，既知の構造をもつ一連のタンパク質に対してトレーニングすることで，予測構造とともにこれらの信頼度指標を予測することを学習した．これらの値は，「予測された（predicted）」を頭につけたp◯◯と名付けられている．以下にそれらの指標を示す．

- **pLDDT（predicted local distance difference test）**

  予測したいクエリ配列の各アミノ酸について，AlphaFold2はそのlDDT※4-$C_\alpha$スコア[13]を0（悪い）から100（よい）のスケールで予測する．lDDT-$C_\alpha$は正解構造（結晶構造）中のある残基のα炭素から一定半径（inclusion radius，通常15 Å）以内に存在しかつ自身の残基に含まない原子の集合に対してすべての原子間距離を計算し，この距離の集合および各値が予測構造中で保存されている割合を算出する指標である．このためlDDTは回転・並進不変であり，局所的な評価指標として用いることができる．pLDDTはこれを学習して割合を0から100で予測する．また，AF2では慣例的にそのpLDDT値の範囲に応じて表2のように評価する．

  AlphaFold Protein Structure DatabaseやColabFoldで表示される構造は，予測結果がこの値に応じて色分けされており，一目で信頼できる箇所とそうでない場所を判断できるようにしている．

- **PAE（predicted aligned error）**

  クエリ配列の各アミノ酸Xについて，他のアミノ酸Yに構造アラインメントされたときに，予測構造におけるXの未知の真の構造に対する予測変位を示す．値の範囲は0 Åから>31.75 Åで示され，0に近いほど予測信頼度が高いことを表す．ColabFoldでは青から赤にかけてのグラデーションで，AlphaFold Protein Structure Databaseでは緑から白にかけてのグラデーションで示されているが，どちらも意味は同じである．縦軸と横軸はそれぞれ残基数である．PAEは，各ドメインの配置が重要な多ドメイン/多チェーンタンパク質の予測を評価する際に特に有用となる．具体的には，1つのドメインに属するアミノ酸Xに対し，その構造ドメイン外にあるアミノ酸Yに対してよいスコアがつけられる場合，ドメイン間の位置関係の信頼度が高いことが示唆される．AlphaFold2を使用している場合，このPAEの値と図は自動的に出力されないが，予測構造とともに出力される「`features.pkl`」と「`result_model_{1,2,3,4,5}.pkl`」ファイルのなかにその値が内包されている．この結果の可視化についてはPythonスクリプトが必要となるため，筆者のWeb記事

**表2　pLDDTの値，予測信頼度（confidence）と慣例的な配色の関係**

| pLDDT | 座標の信頼度 | カラーコード |
|---|---|---|
| ≧90 | 非常に高い | #0053D6 |
| 70≦pLDDT<90 | 主鎖原子について高い | #65CBF3 |
| 50≦pLDDT<70 | やや低い．誤っている可能性を考慮する | #FFDB13 |
| <50 | ディスオーダー領域の可能性がある，または信用しなくてよい | #FF7D45 |

※4　lDDT

正解構造（結晶）に基づいて計算される局所精度の指標（local distance difference test）．頭文字のLは小文字で表す．

「Qiita：AlphaFold2のMSA，plDDT，Predicted Aligned Errorの図を出力するPythonスクリプト」（https://qiita.com/Ag_smith/items/5c88ffeb7a2b4eca9f71）を参照してもらいたい．

- **pTM（predicted template modeling score）**

  本来のtemplate modeling（TM）score[14]は，予測された各アミノ酸の位置と真の位置の距離を用いて表現され，0（悪い）から1（優れている）までの範囲で，予測された構造と真の構造が最適に重ね合わされたときの2つの類似度を示す．真の構造が不明なAlphaFold2の構造予測では，最適な重ね合わせを計算することが不可能なため，PAEの数値の行列（つまり，単一のアミノ酸に対する整列）で合計のエラーが最も少ない箇所に最適なアラインメントを置き換えることで，擬似的にTMスコアを予測している（詳細は，AlphaFold2の論文[1]のSuppl pp37～38を参照）．計算されたpTMスコアは，多くの場合表3のように解釈される．

- **ipTM（interface pTM）**

  複合体の予測時に，ColabFoldでのみ明示される．複合体に対して，AlphaFold-Multimerは修正されたpTMスコア，ipTMを予測し，インターフェースの予測精度を推定する．pTMと同様に，ipTMは0（悪い）から1（優れている）までの範囲で，ipTMスコアが0.8546より大きい場合，信頼性が高いと見なされる．AlphaFold-Multimerについては第3章-1参照．

予測された構造を解釈する際，ユーザーは予測構造の評価指標として上記の4つの値：pLDDT，PAE，pTM，ipTMの意味に留意する必要がある．pLDDTは局所的な指標であるため，複数の構造ドメインをもつマルチドメインタンパク質内の各構造ドメインの配置には敏感ではない．例えば，複数の構造ドメインをもつタンパク質の全長構造を予測したときに，高いpLDDTと低いpTMスコアが同時に得られた場合，それは個々の構造ドメインが正確に予測されていることを示唆しているが，それらの相対的な配置は正しくない可能性が十分ある．そのため，pLDDTをpTMと組合わせて考慮することが一般に推奨される．また，複合体構造を予測する場合，ColabFoldは0.2 × pTM + 0.8 × ipTMの値の順に独自に構造のもっともらしさをランク付けする．これはAlphaFold2には本来備わっていないランキングであることに留意されたい．

**表3　pTMスコアの値と対応する解釈**

| pTMスコア | 解釈 |
|---|---|
| ≧0.8 | 全長のトポロジー構造・主鎖に対して高い信頼性を示す |
| 0.5/0.7<pTM<0.8 | 構造ドメインが1つの場合は0.5以上，複数の場合は0.7以上の場合に，おおよそ信頼できるフォールドである |
| <0.2 | 真の構造に対して相関が全くないとみなされる．予測対象が全体的にディスオーダーしているタンパク質であるか，または十分量のMSA・テンプレート構造が得られていないために構造予測に失敗している |

## 2. 予測の例

AlphaFold Protein Structure Database（https://alphafold.ebi.ac.uk/entry/P55210）に登録されているタンパク質human caspase-7（UniProt ID：P55210）を例に紹介する．この予測構造のデータはこのページの"Download""PDB File"のボタンからダウンロード可能である．このページ（図5）においてタンパク質構造にマウスを載せるとpLDDT値がそれぞれ表示されるが，残基1～57と194～210においてpLDDTが低く（図のタンパク質構造中では赤または黄色），予測信頼度が低いことが示されている．それ以外の領域はおおむね水色・青となっており，信頼できる結果となっている．右側のPAEの図はちょうどpLDDT値とexpected position errorの値が反比例する形を示しており，局所的な精度を示すpLDDT値が高いところでは全体構造の位置関係からみても信頼できることが示されている．

もう1つ，今度はAlphaFold Protein Structure Database（https://alphafold.ebi.ac.uk/entry/Q91WG8）に登録されているタンパク質Mouse Bifunctional UDP-N-acetylglucosamine 2-epimerase/N-acetylmannosamine kinase（UniProt ID：Q91WG8）を紹介する（図6）．こちらはN，C末端の8残基と，残基番号389～404を除いて全体的にpLDDTが非常に高い値で予測されている．このことは，残基9～388と残基405～714までの構造ドメインは非常に信頼してよいとみなせるが，PAEの方の図を見ると，片方のドメインに含まれる残基から見た他方のドメインに含まれる残基のexpected position errorは非常に高い値となっている．このことは，両者の構造ドメインの位置関係を信用しない方がよいことを表している．具体的には，残基番号389～404が構造をとらない紐状になっているため，両ドメインは独立に自由に動きうることを表している．言い換えれば，各ドメイン内に属する残基と残基間の距離は信用できるが，異なるドメインに属する残基間の距離をこの予測構造をもとに信用してはならないということを意味する．

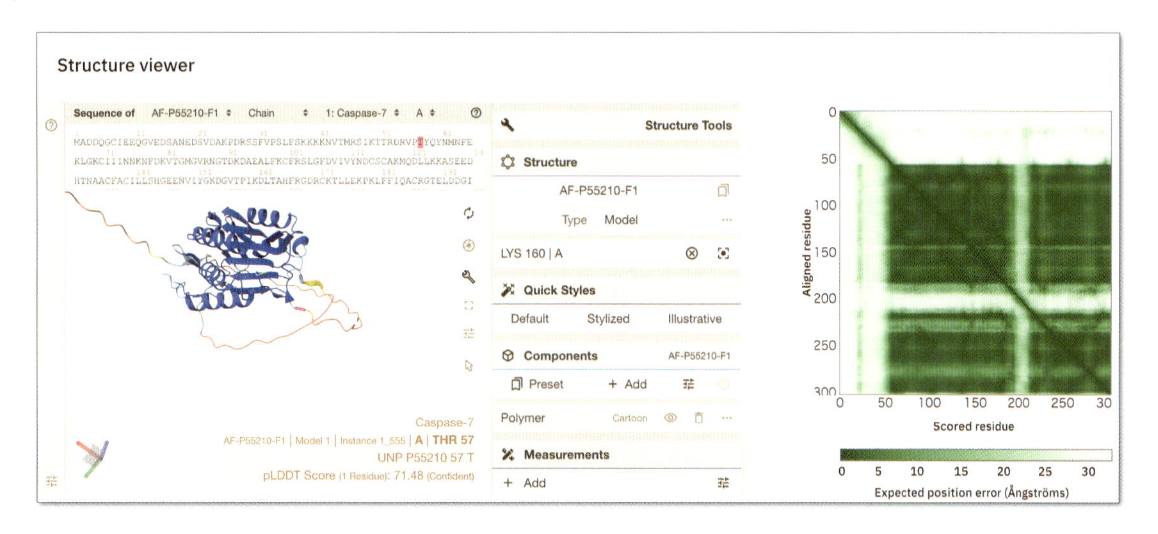


図5　AlphaFold structure databaseに登録されている予測構造Human caspase-7のページのスクリーンショット

左に予測構造のビューアー，右にPAEの図が示されている．

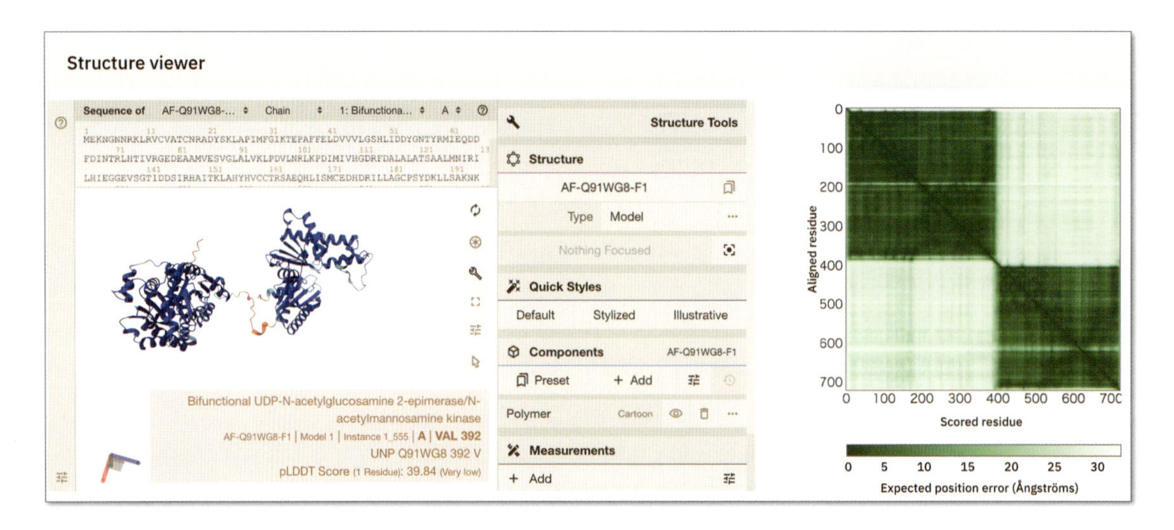


**図6　AlphaFold structure database に登録されている予測構造 Mouse Bifunctional UDP-N-acetylglucosamine 2-epimerase/N-acetylmannosamine kinase のページのスクリーンショット**

左に予測構造のビューアー，右にPAEの図が示されている.

## ColabFoldを利用した構造サンプリング法

AlphaFold2/ColabFoldの構造予測は，十分なMSAが得られている場合はどのモデルパラメーターにおいてもほぼ同じ予測構造が出力される．しかし，一部のタンパク質ではその機能のために大きなコンフォメーション変化を有するものも存在する．Gタンパク質共役受容体（GPCR）やトランスポーターなどの膜タンパク質やacyl-coenzyme A synthetaseなどがその例である．ここでは，ColabFoldに実装されている「`--max-msa`」と「`--random-seed`」を使うことで，これらの**主要なコンフォメーションを複数出力する方法**を紹介する．なお，タンパク質の構造サンプリング※5，あるいはより広い意味の構造状態探索については**第4章-1**も参照いただきたい．

例として，ヒトのalanine serine cysteine transporter 2（ASCT2）のinward-open，outward-openコンフォメーションを予測することを試みる．正解構造はそれぞれPDB IDの6RVXと7BCQに登録されており，それぞれ2019年8月と2021年9月に公開された情報であるため，AlphaFold2はこれらの構造自体を直接学習していないとされている．del AlamoらはAlphaFold2のプログラムコードに直接変更を加えて，構造予測時にMSAの本数をわざと少なくすることでこれらのコンフォメーションをサンプリングしたと報告している[15]（**第4章-1**も参照）．

**※5　構造サンプリング**

統計学や機械学習の文脈において，サンプリングとは，ある母集団や確率分布から標本を抽出する（生成する）操作のことをあらわす．これから発展して，ある条件下で構造を大きく変化させる一部のタンパク質の立体構造の状態を計算で抽出することを構造サンプリングとよぶ．特に，統計学の手法であるレプリカ交換法と分子動力学シミュレーションを組合わせたレプリカ交換分子動力学法が杉田・岡本らによって1999年に開発され，現在も世界的に多く用いられているが，これも構造サンプリングの一種である．

ColabFoldはこの機能をユーザーが指定しやすい形で再実装しており，これを簡単に再現することができる．ただし，以下の手順を実行するにあたっては時間がかかるため，有料のColab Proアカウントユーザーになって A100 GPUを利用できる状態になっておくか，LocalColabFoldで無制限に計算できる環境をもつことが推奨される．A100 GPUでは35分程度で計算が終了するが，無料ユーザーの割り当てられるT4 GPUでは7時間程度かかる．

Webブラウザ版においては，まずquery_sequenceに予測したいタンパク質のアミノ酸配列を入力した後，settings欄における“max_msa”を32:64に設定する．または“use_dropout”のチェックボックスを入れてdropoutさせることでも同様の効果が得られる（どちらか一方でよい）．これに加えて，“num_seeds”の値を16に設定し，異なる乱数値を16個使って構造が予測されるようにする．LocalColabFoldでは通常の予測コマンドに加えて「--max-msa 32:64 --use_dropout --num_seeds 16」を追加する．もし計算機が複数台ある場合は「--num_seeds 16」部分は「--random-seed 0」，「--random-seed 1」，…「--random-seed 15」として計算をさせることで並列的に計算を進めることができる．または，MSAの取得処理部分は共通なため，取得されたMSAファイルを共有して計算させるようにすればさらに効率的となる．以下にそのbashスクリプトの例を示す．これによって，設定した乱数の数×5の構造が予測される（前述の例では80個である）．

```
#!/bin/bash
INPUTFILE="rcsb_pdb_7BCQ.fasta"
OUTPUTDIR="ASCT2/32_64"

for RANDOMSEED in `seq 0 15`; do
 if test ${RANDOMSEED} -ne 0 ;then
 mkdir -p ${OUTPUTDIR}/${RANDOMSEED}
  # Copy the MSA file of iteration '0' to skip MSA computation by the webserver
 cp -rp ${OUTPUTDIR}/0/*_env ${OUTPUTDIR}/${RANDOMSEED}
 fi

 colabfold_batch \
 --random-seed ${RANDOMSEED} \
 --max-msa 32:64 \
 --use-dropout \
 ${INPUTFILE} \
 ${OUTPUTDIR}/${RANDOMSEED}
done
```

## おわりに

本稿ではAlphaFold2/ColabFoldの実行の方法と結果の解釈の方法を紹介した．2024年5月にはAlphaFold3も登場しているが，このバージョンにおいてもpLDDTやPAEといった予測スコアが用いられていた．今後，タンパク質とリガンドの複合体の高精度な予測が重要さを増すなかで，AlphaFoldが行った手法と予測スコアは業界のスタンダードとなることが予想される．それらをよく理解し，知識のアップデートが重要となるだろう．また，最後にColabFoldを用いた構造サンプリングの手法を紹介した．本稿では紹介しなかったが，これについてはさらに改良した後発のサンプリング手法が他にもいくつか提案されている．AlphaFold3の論文においても，これらの構造サンプリング手法の重要性を認識しているものの，未実装であることが述べられている．タンパク質の構造状態に応じたアゴニスト・アンタゴニストの設計はまだ難しいかもしれないが，着実にその手法開発の研究は進んでいくだろう．なお，2024年10月14日にColabFold制作チーム監修のプロトコール論文を発表したため[16]，より詳しい使い方についてはそちらもご参照いただきたい．

### ◆ 文献


1） Jumper J, et al：Nature, 596：583-589, doi:10.1038/s41586-021-03819-2（2021）
2） Altschul SF, et al：J Mol Biol, 215：403-410, doi:10.1016/S0022-2836(05)80360-2（1990）
3） Gish W & States DJ：Nat Genet, 3：266-272, doi:10.1038/ng0393-266（1993）
4） Madden TL, et al：Methods Enzymol, 266：131-141, doi:10.1016/s0076-6879(96)66011-x（1996）
5） Altschul SF, et al：Nucleic Acids Res, 25：3389-3402, doi:10.1093/nar/25.17.3389（1997）
6） Zhang Z, et al：J Comput Biol, 7：203-214, doi:10.1089/10665270050081478（2000）
7） Steinegger M & Söding J：Nat Biotechnol, 35：1026-1028, doi:10.1038/nbt.3988（2017）
8） Mirdita M, et al：Bioinformatics, 35：2856-2858, doi:10.1093/bioinformatics/bty1057（2019）
9） Mirdita M, et al：Nat Methods, 19：679-682, doi:10.1038/s41592-022-01488-1（2022）
10） Varadi M, et al：Nucleic Acids Res, 50：D439-D444, doi:10.1093/nar/gkab1061（2022）
11） Abramson J, et al：Nature, 630：493-500, doi:10.1038/s41586-024-07487-w（2024）
12） Oyama Y, et al：Accelerating AlphaFold2 Inference of Protein Three-Dimensional Structure on the Supercomputer Fugaku, pp1-9, doi:10.1145/3589013.3596674（2023）
13） Mariani V, et al：Bioinformatics, 29：2722-2728, doi:10.1093/bioinformatics/btt473（2013）
14） Zhang Y & Skolnick J：Proteins, 57：702-710, doi:10.1002/prot.20264（2004）
15） Del Alamo D, et al：eLife, 11：, doi:10.7554/eLife.75751（2022）
16） Kim G, et al：Nat Protoc, doi:10.1038/s41596-024-01060-5（2024）

# 第3章

# 立体構造による<br>タンパク質の機能推定

# タンパク質－タンパク質の相互作用予測
## AlphaFold-MultimerとAlphaFold3

森脇由隆

AlphaFold2は単量体だけでなく複合体も予測可能である．version 2.1からはタンパク質－タンパク質複合体予測の機能が公式に実装され，現在ver.2.3まで学習データがアップデートされ，予測精度が向上している．さらに，2024年5月に発表されたAlphaFold3ではDNA，RNAやイオン，有機小分子との相互作用の予測も可能になったと発表された．これらの機能は単量体の構造予測精度に比べればまだ発展途上の段階であると言えるが，正しい予測指標の理解と解釈のしかたを学ぶことで，予測構造を用いた実験計画の構築や分子設計が可能となることが期待される．

## はじめに

第2章-3で述べたCASP14におけるAlphaFold2のタンパク質の立体構造予測の圧倒的な精度の高さは，AIによる生命科学への革命を期待させる結果となった．一方で，タンパク質はそれ単体で機能を発揮することは少なく，往々にして自己多量体形成（ホモ複合体・ホモオリゴマー），他のタンパク質との複合体（ヘテロ複合体・ヘテロオリゴマー），補因子，有機小分子など，他の分子との相互作用によってさらに多くの機能を発揮することができることが知られている．**AlphaFold-Multimer**[1]はAlphaFold2のバージョンアップ版（ver.2.1以上から利用可能）であり，**立体構造予測をタンパク質の複合体にも拡張できるようにしたもの**である．Google DeepMind社はAlphaFold2の公開から約4カ月後の2021年11月3日に，複合体予測を可能にしたバージョンのAlphaFold2をver.2.1.0としてリリースした．現在はマイナーアップデートが続けられ，ver.2.3.2までが公開されている．2024年5月にはAlphaFoldのver.3[2]が発表され，同社の用意するウェブサーバー上でのみ使用可能となっているが，こちらにおいても複合体予測を行うことが可能である．

タンパク質の複合体予測においても，歴史的にはテンプレートを用いる手法とフリードッキング手法，またはそれらの複合手法[※1]が多く用いられてきた．2020年に開催されたCASP14コ

**※1　ドッキング手法**

あるタンパク質Aとタンパク質Bの複合体構造を予測したいとき，すでにそのAとBにそれぞれ対応する類縁タンパク質の複合体構造がPDBに登録されている場合，その複合体構造に当てはめたり，相互作用面を当てはめたりしながら複合体構造を類推する手法を「テンプレートドッキング法」とよぶ．一方で，PDBに類縁の複合体構造が存在していないがAとBの立体構造が解かれている，または予測が可能であるとき，それらの立体構造の三次元的な組合わせによって複合体構造を予測する手法を「フリードッキング法」とよぶ．

ンテストの複合体予測部門では，BaekとBakerのグループ，DapkunasとVenclovasのグループ，清田泰臣と竹田-志鷹真由子（北里大学薬学部）のグループによる予測がTOP3の成績を収めていた（https://predictioncenter.org/casp14/zscores_multimer.cgi）が，AlphaFold2（ver.2.0でリンカーを用いた複合体予測法）とAlphaFold-Multimer（ver.2.1以降）はそれらの成績よりもさらによい結果を示した．その秘訣は，各タンパク質のMSAを並べ，そのなかに潜む共進化情報をもとにタンパク質間相互作用を予測するというものである．この手法自体は以前から有用であることが知られていたが，AlphaFold2のよく訓練されたディープラーニングネットワークによってそれらの性能がさらによくなっていることも関係している（第1章-2も参照）．

AlphaFold ver.2.1から2.3まで，Google DeepMind社はそれぞれ複合体予測精度向上をめざして改良した学習済み重みパラメーターを提供している．現在のAlphaFold2やColabFoldはver.2.3の重みパラメーターを用いるようになっており，ユーザー側は特に意識せずに，現時点で最もよいとされる複合体予測を行うことができる．しかしながら，実際には現在のAlphaFold-Multimer・AlphaFold3をもってしてもタンパク質-タンパク質間相互作用の構造予測は，単量体の構造予測ほど完全ではないことを強調しておく必要がある．Ver.2.3時点のGoogle DeepMind社によるベンチマークによれば，2018年4月30日から2021年8月2日までの間にPDBにおいて登録された（AlphaFoldの単量体予測の学習に用いられていない）タンパク質構造データについて，各ポリペプチド鎖のアミノ酸組成の一致率が40％以下となるような4,446のタンパク質複合体について調査し，そのうちヘテロ複合体予測では70％のケースで界面（直接相互作用する領域）の予測に成功し，26％のケースでは高精度な複合体を予測したと報告している．ホモ複合体予測では72％のケースで界面の予測に成功，36％のケースで高精度な複合体予測を行えた．AlphaFold3においてはこれがさらに80％前後まで良化している．AlphaFold3は執筆時点（2024年9月）で予測の利用に際してさまざまな制限がついているものの，アカデミックな使用用途であればウェブサーバーに配列を入力するだけですぐに結果を得ることができる．また，タンパク質抗原と抗体間の複合体予測がver.2.3から大幅に良化していることが大きな進歩であると強調している（30％から65％）．

## 1 AlphaFold-Multimerにおける複合体予測の利用方法

AlphaFold2のver.2.1以上であれば複合体構造予測（AlphaFold-Multimer）を利用できる．ColabFoldにおいてもAlphaFold-Multimerはすでに標準で搭載されている．このためこれらの設定に関する説明は第2章-3のものを参照していただきたい．本稿では具体的なアミノ酸配列の入力方法を解説する．

### アミノ酸配列の入力方法

複合体予測についてはAlphaFold2とColabFoldで入力方法が異なっていることに注意する．AlphaFold2では以下のフォーマットでテキストファイルを用意し，そのなかに以下のような形で配列を入力する．

```
# ホモ六量体予測の場合
>1BJP
PIAQIHILEGRSDEQKETLIREVSEAISRSLDAPLTSVRVIITEMAKGHFGIGGELASKVRR
>1BJP
PIAQIHILEGRSDEQKETLIREVSEAISRSLDAPLTSVRVIITEMAKGHFGIGGELASKVRR
>1BJP
PIAQIHILEGRSDEQKETLIREVSEAISRSLDAPLTSVRVIITEMAKGHFGIGGELASKVRR
… （6回くり返し）
# ヘテロ二量体予測の場合
>RAS
MTEYKLVVVGAGGVGKSALTIQLIQNHFVDEYDPTIEDSYRKQVVIDGETCLLDILDTAGQEEY ⏎
SAMRDQYMRTGEGFLCVFAINNTKSFEDIHQYREQIKRVKDSDDVPMVLVGNKCDLAARTVESR ⏎
QAQDLARSYGIPYIETSAKTRQGVEDAFYTLVREIRQH
>RAF
PSKTSNTIRVFLPNKQRTVVNVRNGMSLHDCLMKALKVRGLQPECCAVFRLLHEHKGKKARLDW ⏎
NTDAASLIGEELQVDFL
```

>ではじまる行（ヘッダー行）は名前を示し，識別用に任意の文字を入力する．その次の行から次の>記号まではアミノ酸を1文字表記で入力する．**入力するタンパク質の順番は任意で，どのような順番にしても同じ結果が得られる**．

ColabFoldの入力用テキストファイルでは，1つの>ではじまる行について，異なるポリペプチド鎖を「:」記号で分けて入力する．ColabFoldのアミノ酸の入力行では，改行は無視される仕様のため，見やすさのために適宜改行を入れて良い．web版においてはアミノ酸配列部分をquery_sequence欄に入力し，jobnameにヘッダー行の内容を入力する．

```
# ホモ六量体予測の場合
>1BJP_6
PIAQIHILEGRSDEQKETLIREVSEAISRSLDAPLTSVRVIITEMAKGHFGIGGELASKVRR:
PIAQIHILEGRSDEQKETLIREVSEAISRSLDAPLTSVRVIITEMAKGHFGIGGELASKVRR:
PIAQIHILEGRSDEQKETLIREVSEAISRSLDAPLTSVRVIITEMAKGHFGIGGELASKVRR:
… （6回くり返し）
# ヘテロ二量体予測の場合
>RAS_RAF
MTEYKLVVVGAGGVGKSALTIQLIQNHFVDEYDPTIEDSYRKQVVIDGETCLLDILDTAGQEEY ⏎
SAMRDQYMRTGEGFLCVFAINNTKSFEDIHQYREQIKRVKDSDDVPMVLVGNKCDLAARTVESR ⏎
QAQDLARSYGIPYIETSAKTRQGVEDAFYTLVREIRQH:PSKTSNTIRVFLPNKQRTVVNVRNG ⏎
MSLHDCLMKALKVRGLQPECCAVFRLLHEHKGKKARLDWNTDAASLIGEELQVDFL
```

ColabFoldにおいて複数のヘッダー行を入力した場合は異なるタンパク質の構造予測が連続して行われるようになる．以上のテキストファイルを（任意の名前）`.fasta`という名前で保存し，構造予測のインプットファイルとして用いることになる．

# AlphaFold Serverにおける複合体予測の利用方法

2024年5月からAlphaFold Server（https://alphafoldserver.com/）を用いた複合体予測も可能となった．AlphaFold Serverは，AlphaFold3を使用するためのwebインターフェースである．

## 使用制限

商用利用も可能となっているAlphaFold2と異なり，AlphaFold3とAlphaFold Serverについては出力された予測構造の利用に制限が課せられている．以下に主要な規約を記す．詳細はAlphaFold Server Output Terms of Use（https://alphafoldserver.com/output-terms）を参照．

- 出力された予測構造は，科学論文の出版など非商用用途に限って利用を認める．出力された結果またはその派生物を他者に使用させてはならない．
- 営利組織を代行して，または営利活動に関連する調査は行ってはならない．
- 予測構造をGlideやAutoDockなどのタンパク質とリガンドまたはペプチドの結合または相互作用を自動的に予測するツールにかけてはならない．
- 予測構造を他の機械学習的な構造予測モデルのトレーニングに用いてはならない．
- 予測構造を用いて誤った情報，表現，または誤解を招く行為をしてはならない．また予測構造およびその派生物の起源を偽ってはならない．

## 準備と入力方法

AlphaFold Serverにアクセスのうえ，まず“**Continue with Google**”ボタンを押してGoogleアカウントでログインし，使用における同意事項に同意するとAlphaFold Serverを使えるようになる（図1）．

AlphaFold Serverにおいては，アミノ酸配列だけでなく塩基配列や一部のリガンドやイオンとの複合体を予測させることも可能となっている．ここではタンパク質複合体についての予測方法を紹介する（図2）．画面の“**Molecule type**”に**Protein**を指定し，続けて“**>Paste sequence or fasta**”の箇所に1文字表記のアミノ酸配列情報を入力する．複合体予測の場合は下の“**＋Add entity**”ボタンをクリックすると，追加のポリペプチド鎖を入力できるようになる．ホモ複合体の場合，“**Copies**”の数字を“**1**”から変更することで，その数だけ複合体予測を行うことができる（追加で**entity**に同じ配列を入力しても同じ結果が得られる）．

予測可能な構造の上限は5,000トークンまでとされているが，これはタンパク質・DNA・RNAを構成する単位であるアミノ酸や塩基について1トークン，リガンド分子やイオンについては1原子ごとに1トークンと計算されている．つまり，純粋なタンパク質複合体であれば約5,000アミノ酸残基までは計算可能ということである．予測にかかる時間はAlphaFold2やColabFoldに比べて圧倒的に速く，2,000アミノ酸残基程度の構造予測であっても，AlphaFold2が4～5時間，RTX3090を用いたLocalColabFoldが30～40分ほどかかるのに対し，AlphaFold Serverは

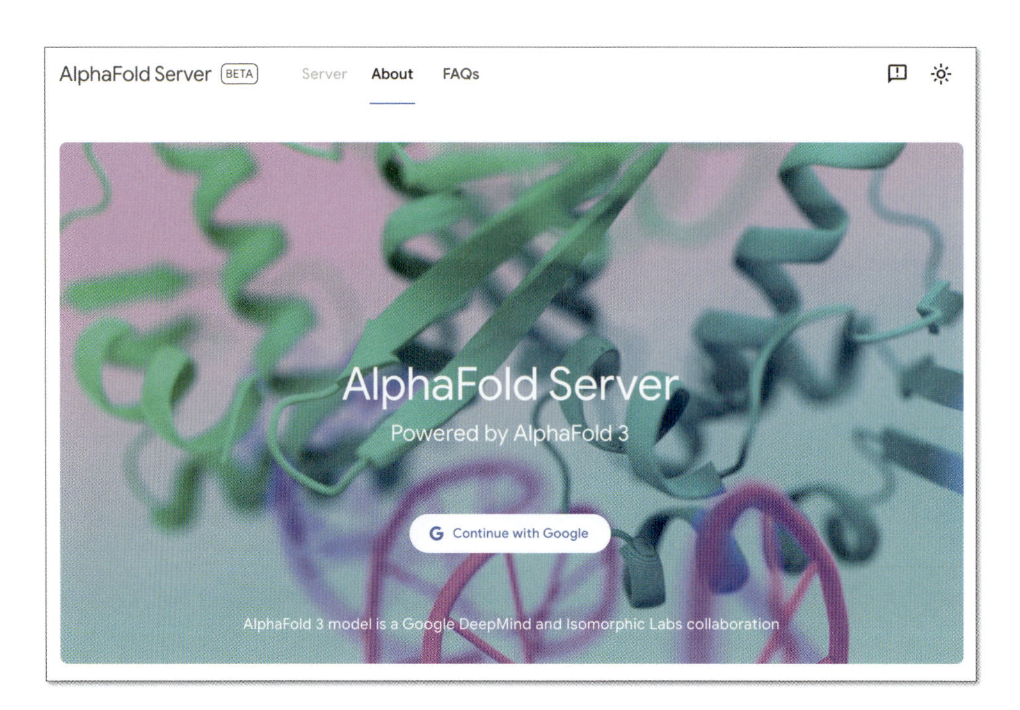


**図1　AlphaFold Serverの画面**
利用にはGoogleアカウントを取得し，“**Continue with Google**”ボタンを押して表示される利用規約に合意する必要がある．

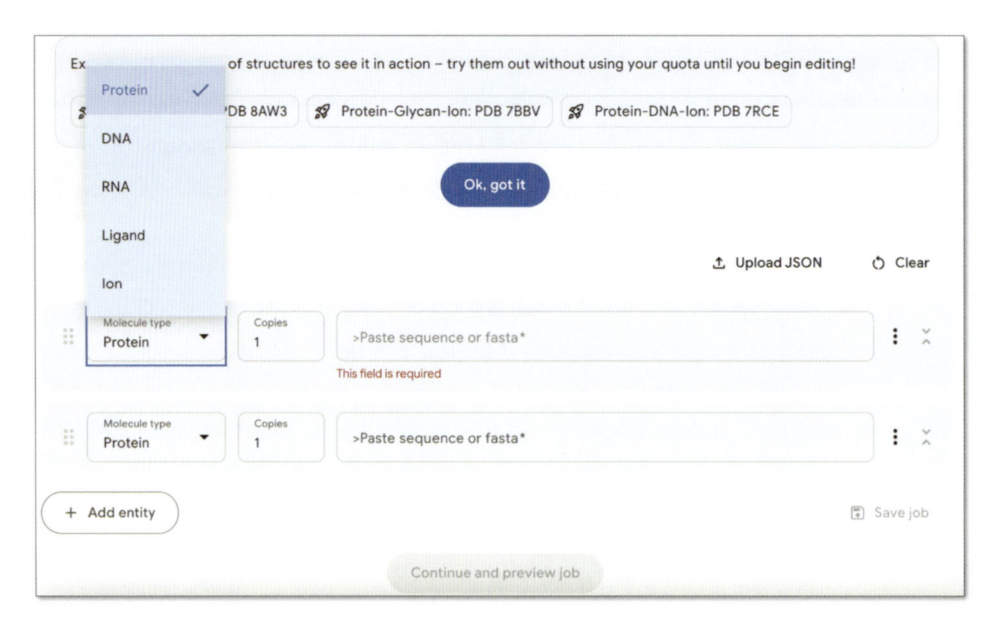


**図2　AlphaFold Serverでの予測入力画面（2024年7月1日時点）**
“**Molecule type**”の欄では，予測対象の分子の種類を**Protein**，**DNA**，**RNA**，**Ligand**，**Ion**から選択する．**Protein**，**DNA**，**RNA**の場合には“**> Paste sequence or fasta**”の欄に予測対象の分子の1文字表記を入力する．**Ligand**，**Ion**を選択した場合，現時点ではプルダウンメニューから指定された種類の分子・イオンのみが予測対象として選択できるようになる．“**Copies**”には，分子・イオンをいくつ予測に含めるかを指定する．

計算開始から5～10分程度で計算結果が得られる．先述の通り，精度もver.2時代から改善されているため，商用利用や大規模な複合体解析を行うつもりがない限り，こちらをまず使われた方がよいだろう．

## 解析例

例としてInterleukin-6（IL-6，202残基，UniProt ID：P05231）とInterleukin-6 receptor subunit alpha（IL-6Rα，CD126，gp80，468残基，UniProt ID：P08887）の複合体予測を

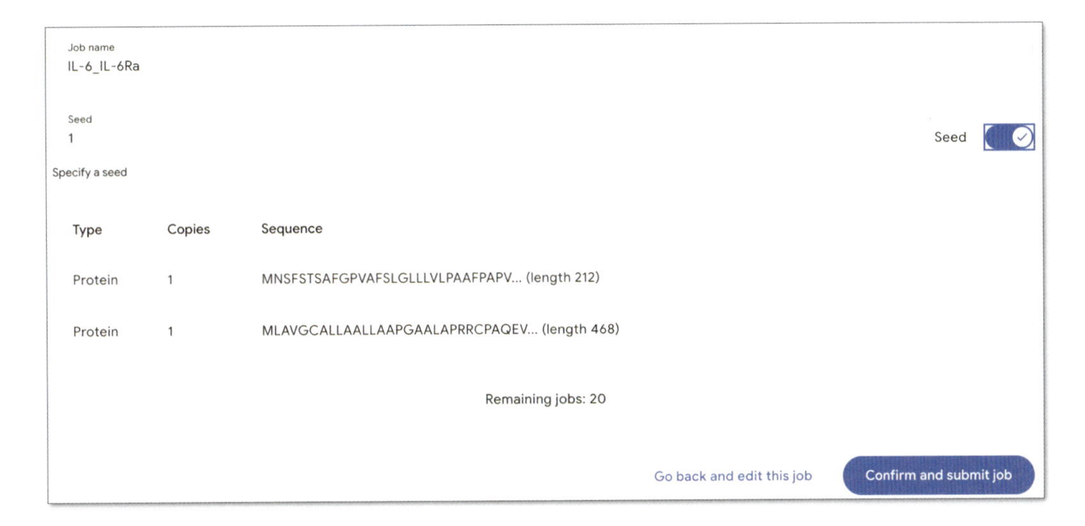


**図3　AlphaFold Serverで構造予測の入力確認画面**
画面右に存在する**Seed**についてのトグルスイッチをONに変更すると，左側の**Seed**に数値を入力できるようになる．ここには任意の0以上の整数値を入力する．

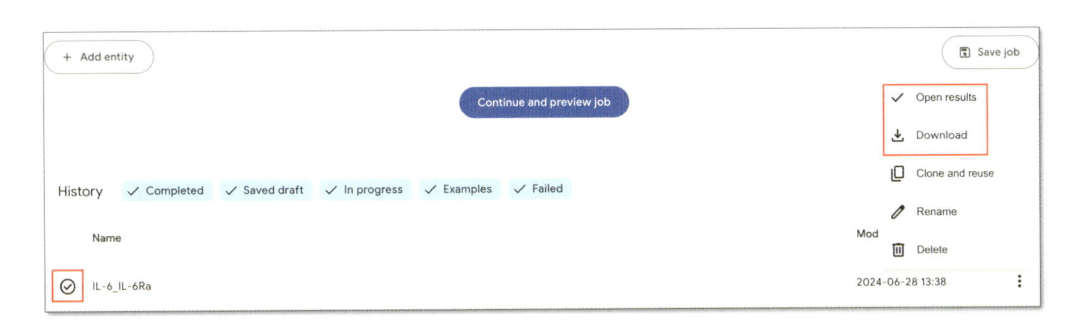


**図4　投入された計算について結果確認画面**
使用しているGoogleアカウントで過去に投入した計算結果の一覧が表示される．**Name**は計算投入時にユーザーが付けた名前である．Nameの左にあるマークがチェック状態であれば，計算が終了しており，右側のメニューボタンから結果を確認したり（**Open results**），結果をPCにダウンロードすることができる（**Download**）．

AlphaFold Serverで行ってみる．正解構造は2017年にPDB ID：5FUC[3]で報告されている．

2つのタンパク質のアミノ酸配列を入力して"**Continue and preview job**"ボタンを押すとジョブ実行前の確認画面が表示されるが，ここではSeed値（**第2章-3**参照）を指定することもできる（図3）．この値がデフォルトではランダムに設定されるが，値を指定すると，その値に対して同じ予測結果のセットが得られる．いくつかの複合体予測においては複数のseedを試してみて，そのなかで最も多かった複合体の結合様式をもっともらしい結果として採用するということも考えられる．この値を設定したら，"**Confirm and submit job**"ボタンを押して計算をサーバーに実行させる．

計算投入後，そのWeb画面下の方に過去に投入された計算の情報が表示される（図4）．前述の予測は実行からおよそ2分程度で結果が得られるだろう．"**Open results**"ボタンを押すと図5のような画面に遷移する．得られた予測複合体の構造ドメインを形成している箇所は正解構造とおおむね一致していた．ただし，この正解構造が発表された時期は2017年であり，AlphaFoldの学習データに含まれているために正解していると考えることができることに留意されたい．

## おわりに

単量体の予測のときと同様に，予測結果はpLDDT値とPAEの図をもとに予測結果を評価する．PAEの図がドメイン間の領域で全体的に値が高い場合は，予測結果を信用しないほうがよいだろう．反対に低い場合でも，正解構造から厳密には少し外れている可能性が十分ありえるため，残基レベルでの精度を信用しすぎることは禁物である．しかしながら，AlphaFold-Multimerは新規なタンパク質間相互作用ネットワークを発見することや[4]，天然変性タンパク質（intrinsically disordered protein：IDP）の一部が別のタンパク質と相互作用するときに決まった構造をとりうることを予測すること[5]に十分に有用であることが示されている．このようなAI主導のタンパク質間複合体の同定は，これまでタンパク質間相互作用の検出法として用いられてきた免疫沈降－質量分析法（immunoprecipitation-mass spectrometry：IP-MS）や酵母ツーハイブリッド法（yeast two-hybrid：Y2H）などによる事前スクリーニングとして大きく機能することが期待される．また，まだ本格的な評価は不可能であるものの，もしAlphaFold3のコードが公開されれば，抗原・抗体間相互作用の事前スクリーニングとしても機能しうるかもしれない．そのためには十分にAlphaFoldシリーズの評価値の意味を理解し，予測結果をもとに実験計画を立てるにあたって，タンパク質構造の知識をもっていることが求められるだろう．

A

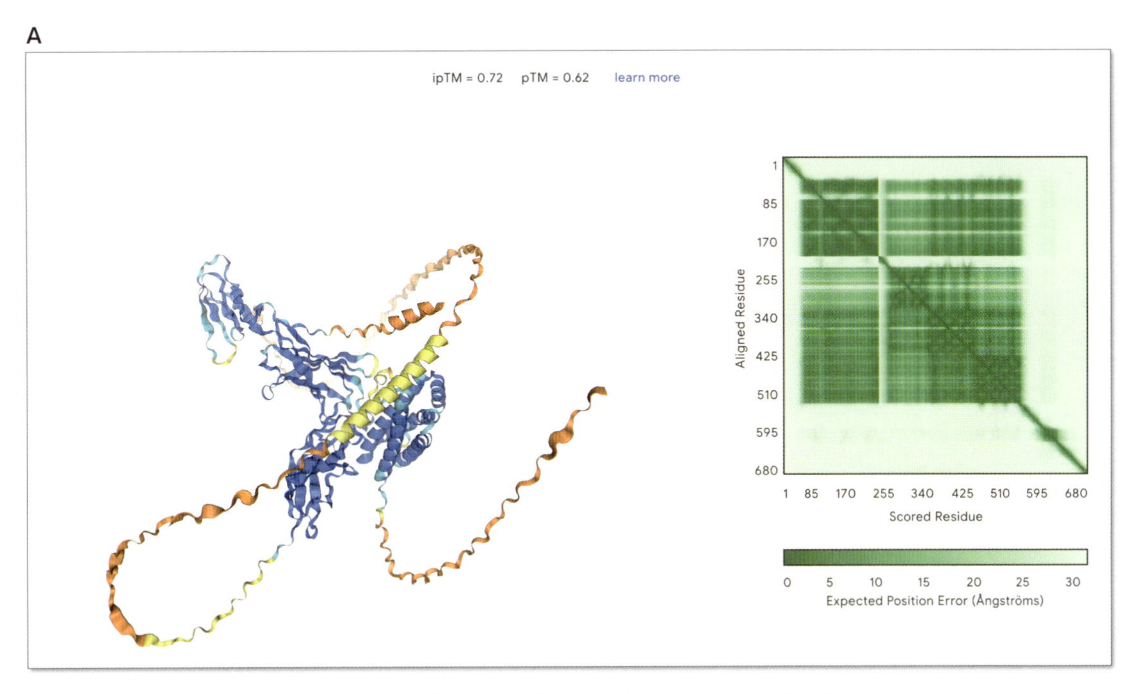


B

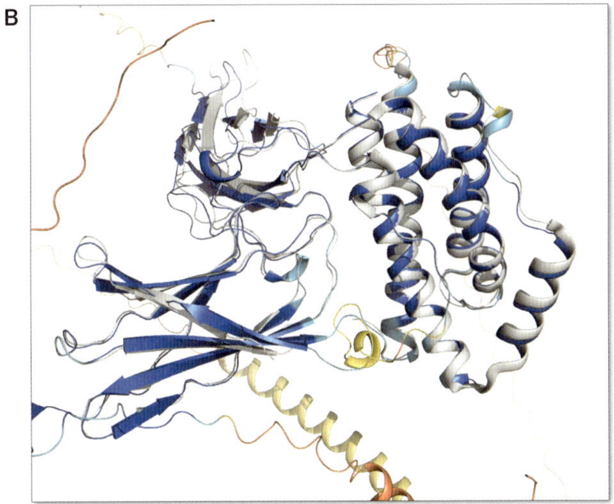

**図5　AlphaFold ServerでのIL-6・IL-6Rα複合体の構造予測（2024年7月1日現在）**

**A）** AlphaFold ServerでのIL-6・IL-6Rα複合体の構造予測結果．左には予測された複合体構造がpLDDT値で色付けされた図が，右側にはPAE図が示されている．**B）** 正解構造PyMOL（PDB ID：5FUC）との重ね合わせ図．正解構造は白色で示している．

### ◆ 文献


1） Evans R, et al：bioRxiv, doi:10.1101/2021.10.04.463034（2021）
2） Abramson J, et al：Nature, 630：493-500, doi:10.1038/s41586-024-07487-w（2024）
3） Adams R, et al：Sci Rep, 7：37716, doi:10.1038/srep37716（2017）
4） Yazaki J, et al：Biol Methods Protoc, 9：bpae039, doi:10.1093/biomethods/bpae039（2024）
5） Bret H, et al：Nat Commun, 15：597, doi:10.1038/s41467-023-44288-7（2024）

# 2 分子ドッキング法
## タンパク質–化合物複合体の構造予測

石谷隆一郎，力丸健太郎

近年AlphaFold等の新たな立体構造予測手法の登場により，構造バイオインフォマティクスが大きな進展を遂げてきた．この進展は，タンパク質–低分子化合物複合体の構造予測（分子ドッキング）の分野にも波及してきている．本稿では，AlphaFold3など最近のトピックにも触れつつ，従来から用いられてきた分子ドッキングの方法や深層学習を用いたドッキング手法について解説する．またプロトコールでは単に分子ドッキングを用いるだけではなく，より実践的なバーチャルスクリーニングの方法について解説する．

## はじめに

近年，生体高分子の立体構造データベースに登録されている既知構造の増加や，深層学習を利用した立体構造予測法の登場により，ますます立体構造に基づいた創薬（構造ベース創薬）が重要になってきている．構造ベース創薬の最終的な目的は，基質結合ポケットや相互作用の界面など，特定のタンパク質の表面構造に対して高い親和性で結合する化合物を探索・デザインする，というものである．このような化合物をデザインするためには，デザインした化合物が，実際どのように生体高分子と相互作用するか（相互作用メカニズム）を理解しつつ，化合物を改善する等のサイクルをくり返す必要がある．この相互作用メカニズムを明らかにするために，多くの手法が研究されてきている．例えば，実験的に生体高分子と化合物の結合した複合体構造を決定する手法として，結晶構造解析やクライオ電子顕微鏡などの実験的手法がよく用いられるが，これらウェットの実験は多くの時間とコストを要する．一方で，コンピューターを用いて複合体構造を予測する手法は，時間とコスト面で有力な手段となりうる．**分子ドッキング法**（分子ドッキングシミュレーション，分子ドッキング計算などともよばれる）は，そのような**生体高分子と化合物の結合した立体構造を予測する手法の一つ**である．1970年代から今日まで，分子ドッキングは，非常に多数のソフトウェアが開発され，生体高分子とそのリガンドの探索ツールとして医薬品開発などに応用されてきた．本稿では，生体高分子としてタンパク質をとり上げ，タンパク質と低分子化合物（以下リガンドとよぶ）が結合した立体構造を予測する方法として分子ドッキング法にフォーカスして解説する．

## 分子ドッキング法の問題設定

分子ドッキング法の問題設定は，タンパク質，リガンドともにそれぞれ個別に単独の立体構造がわかっている場合に，**両者がどのような複合体構造を形成するか予測する**，というものである．特に予測されたリガンドの構造を「**ポーズ**」とよぶことが多い．さらに，多くのドッキングソフトウェアでは，複合体構造だけではなく，タンパク質とリガンドの**結合親和性予測値**も出力される．

ところで，複合体構造を形成する際に，タンパク質，リガンドともに変形して結合する場合が多い．複合体の構造予測では，理想的にはこの「分子が変形しうる」という柔軟性をすべて考慮する必要があるが，実際，計算コストとの兼ね合いからそれは困難であった．そこで，部分的に変形を許すという問題設定で計算が行われる．そこでまず，変形を許す部分に応じて，問題設定を以下のように分類する（図1）．

- **A設定：タンパク質，リガンドともに剛体として扱うケース**（図1A）
- **B設定：タンパク質は剛体として扱い，リガンドのみ変形を許すケース**（図1B）
- **C設定：タンパク質（側鎖・主鎖構造含む）リガンドともに変形を許すケース**（図1C）

これ以外の設定も考えうるが，今まで提案されてきた手法はこの**A～C**の設定に分類できることが多い（リガンド結合サイト付近の側鎖のみ変形を許す設定も扱われることがあるが，計算量増加に見合った精度向上が得られず一般的ではないため，ここでは割愛した）．

一方で，問題設定の別の分類のしかたとして，化合物が結合するサイトが既知で，そのサイトに対する複合体構造を予測するケースと，結合するサイトが未知で，結合サイトと，複合体構造の両方を予測するケース（**ブラインド・ドッキング**ともよばれる）がありうる．もちろん後者の方が汎用性が高い方法であるが，創薬などの実用上は，すでに結合サイトがわかっているケースも多いため，前者の問題設定で扱われる場合が多い．

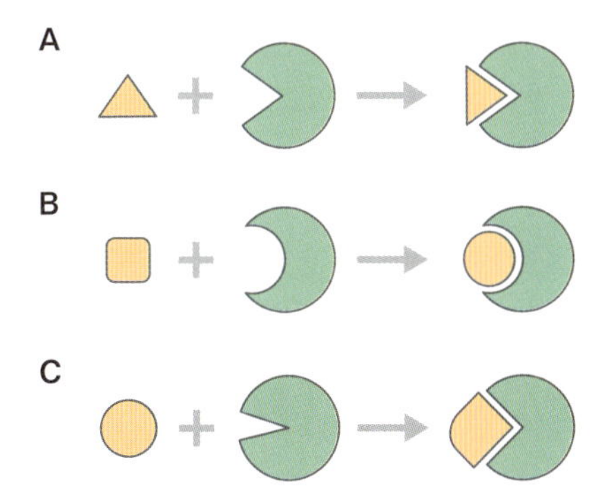


**図1　分子ドッキング法の問題設定**

A）タンパク質・リガンドともに剛体として扱うケース，B）リガンドのみ変形し，タンパク質は剛体として扱うケース（リガンド・フレキシブル・ドッキング），C）タンパク質・リガンドともに変形するケース．

## 手法の概要

### 1）歴史的経緯

次に，問題設定**A**～**C**それぞれについて手法を概説したい．初期のころは，計算機の性能の制限により，タンパク質，リガンドともに剛体として扱う**A**のケースがもっぱら扱われていたが，前世紀末から今世紀に入ると，計算資源の向上から，リガンドの柔軟性だけを考慮した**B**のケース（**リガンド・フレキシブル・ドッキング**）が扱われるようになってきた．この**B**のケースはかなり高速に行えるため，阻害剤の開発，特に膨大な化合物に対するバーチャルスクリーニングとリード化合物の最適化による創薬など，今日もさまざまな場面で利用されている．一方で，**C**の問題設定（タンパク質，リガンドともに完全にフレキシブルとして扱う）は前項で述べたように最も現実に即しているが，計算コストの増大を招くため，多数の化合物に対するスクリーニングなどを考慮すると，今日の計算リソースを用いたとしても現実的な計算時間で行うことが困難である．依然，コストを度外視すると，実験したほうが速いケースもありうる．本稿では**B**の問題設定を主に解説するが，近年，深層学習の発展とともに，**C**のケースも現実的な計算時間で扱える可能性が出てきている．

### 2）従来法

問題設定**B**（と**A**）のケースでは，ある複合体構造を形成したタンパク質とリガンドに対し，その良し悪しを評価できる**スコア関数**（ここではSと表記）というものを考える．スコア関数Sは，妥当な相互作用をするタンパク質，リガンドの配置（ポーズ）を与えた場合に，高いスコアを返すが，タンパク質にリガンドが重なってしまう，あるいは遠く離れて相互作用していない等，不適切な場合は，低いスコアを返すような関数が望ましい（ここでは，スコアが高い方がよいとした）．そして，このスコア関数が最大になるポーズを探索する最適化問題を解くわけである．問題設定**A**では，タンパク質とリガンドの相対配置（相対位置と向き）を探索すればよいため，今日のコンピューターを用いれば，全探索もさほど困難な問題ではない．一方**B**のケースでは，相対配置以外に，リガンド内の構造変化（自由度）も探索せねばならず，自由度の大きさにもよるが，短時間ですべての組合わせを評価し最適解を求めることは不可能に近い．そのため，**焼きなまし法**や**遺伝的アルゴリズム**など，効率的に近似的な最適解を求める手法が用いられる．

次に，リガンド構造の探索空間についてであるが，計算を効率化するため，さまざまな工夫が行われている．タンパク質とリガンドの相対位置の探索に関しては，通常，探索領域を既知化合物の結合サイト周辺に限定することで，計算効率を上げることが行われている．リガンド内の構造変化については，各原子のデカルト座標を用いるのではなく，ねじれ角のみを考える場合が多い（図2）．もしデカルト座標を用いると探索空間の自由度が増大し，最適解の探索が困難になるためである．共有結合距離や角度，ベンゼン環などの環構造など，常温で大きく変形することがないと仮定できる部分については剛体として扱い，環構造を形成しない共有結合のねじれ角のみを自由度として扱って探索を行う．このように，**B**のケースはリガンド・フレキシブルとよばれているにもかかわらず，実際は剛体として扱われる部分がある．特にマクロ

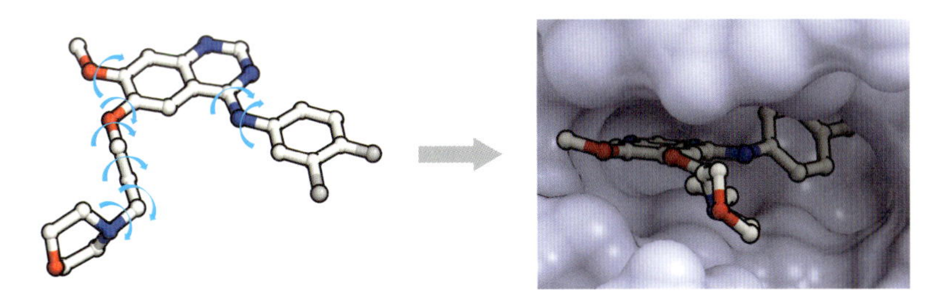

**図2 リガンド・フレキシブル・ドッキングで扱う自由度（変数）**
通常，リガンド分子全体の並進・回転の自由度に加え，回転可能な共有結合周りの二面角を変数として扱うことで，リガンドの変形をとり扱っている．リガンドフレキシブルドッキングでは，通常，リガンド分子全体の並進・回転の自由度に加え，回転可能な共有結合周りの二面角を変数としてとり扱うことで，右図のようなポケットに結合する配座を探索する．

サイクル※1を有する化合物や，糖やシクロヘキサン環のような非芳香環を有する化合物の扱いには注意を要する．

以上で概説した分子ドッキングの計算方法は，**AutoDock系のドッキングソフト**（**AutoDock**[1]，**AutoDock Vina**[2]，**Uni-Dock**[3] 等）で用いられているものであるが，これ以外のソフトウェアでも基本は類似している場合が多い．

## 3）スコア関数

次に分子ドッキング法で重要となってくるのが，スコア関数Sである．前述の配座探索がいくら完全に行えたとしても，このスコア関数Sが正確でなければ，得られるポーズは誤ったものとなってしまう．一方で，いくら正確であったとしても，計算に時間がかかるようであれば，現実的な時間で探索ができなくなってしまう．このように，スコア関数Sには常に計算精度と時間のトレードオフがつきものであり，今日まで，実にさまざまなスコア関数が提案されてきた．また，多くのソフトウェアでタンパク質とリガンドの結合親和性予測値が出力されると述べたが，このスコア関数値（あるいはそれに何らかの補正を行ったもの）が結合親和性予測値として出力されるケースが多い．

スコア関数は，大まかに，物理化学的な力場に基づくもの，統計に基づくもの，機械学習を用いたものなど，さまざまである．まず，**物理化学的な力場に基づくスコア関数**では，AMBER力場などMDシミュレーションで用いられる力場パラメーターを用いて，原子間相互作用を計算し，これに溶媒効果などをとり入れた関数を用いることで，スコア計算を行う．一方，**機械学習に基づいたスコア関数**では，PDBに登録されたタンパク質・化合物複合体の構造を学習データセットとして機械学習モデルを訓練し，そのモデルを用いてスコア計算を行う．また，**これらの複数の手法を組合わせたスコア関数**もよく使われている．例えば，AutoDock Vinaのスコア関数[4]では，水素結合や疎水性相互作用など一部に物理化学的なポテンシャルを考慮しつつ，全体のスコア値はこれらの各項の線形和として表したうえで，係数（重み）を線形回帰

**※1 マクロサイクル**
大員環化合物のもつ環構造のこと．おおむね10個以上の原子で構成される環をもつ有機化合物を大員環化合物とよび，その特異的な分子認識能力や高い選択性から創薬で注目されている．

分析により求めている．最近では，**深層学習に基づいたスコア関数**も多数提案されている[5]．タンパク質・リガンド構造をボクセル化し，三次元畳み込みニューラルネットワーク（3D-CNN）により予測を行うもの[6]，タンパク質とリガンドを，各原子をノードとしたグラフで表現し，グラフニューラルネットワーク（GNN）を用いて予測を行うもの（例：InteractionGraphNet[7]）などがあげられる．深層学習の推論は，ある程度高速に行えるようになってきてはいるが，物理化学や単純な機械学習に基づくスコア関数に比べて計算時間がかかるため，ドッキング計算における探索対象のスコア関数として用いるには，依然計算速度が遅い．深層学習スコア関数は，計算が高速にできるスコア関数を用いて探索を行い，得られたいくつかのポーズ候補を「再スコアづけ」（rescoring）するのに用いられるケースが多い．

### 4）深層学習ベースの方法

このように，従来の方法では，分子ドッキング問題をスコア関数の最適化として解いてきたが，見方を変えて，**機械学習（深層学習）を用いた予測問題**として考えることも可能である．すなわち，タンパク質の立体構造とリガンドの化学構造式（グラフ）が入力として与えられた場合，グラフのノード（原子）の三次元座標値（あるいは化合物の位置，向きとねじれ角値）を深層学習モデルで予測するわけである．深層学習による分子ドッキングは，ネットワークアーキテクチャ，特にGNNやTransformer※2の発展にともなって，さまざまな手法が発表されている．例えば，**KarmaDock**[8]はgraph transformer[9]やEGNN[10]等のネットワークを用いてリガンド原子の座標を予測し，力場ベースの方法で後処理することで，妥当な化学構造をもったリガンド構造の予測を得るというものである．

一方で，分子ドッキングを，**深層学習を用いた生成問題**としてとらえることも可能である．すなわち，タンパク質に結合したリガンドの構造が形成する確率分布を，既知複合体からなるデータセットを用いて学習させる．そしてドッキング時には，ターゲットのタンパク質構造とリガンドの化学構造で条件づけてサンプリングすることで結合ポーズを得るわけである．生成モデル※3に関しても近年目覚ましい発展がみられ，特に拡散モデル※3 [11]の登場により非常に高精細かつリアルな画像が生成可能になったことは記憶に新しい[12]．この拡散モデルを分子ドッキングに適用した手法としては**DiffDock**があげられる[13]．DiffDockでは，リガンドの配向とねじれ角を変数とした確率分布を拡散モデルで学習し，推論時には，各変数をサンプリングすることで，分子ドッキングを実現している．また，DiffDockではタンパク質構造として分子全体を入力とするため，結合サイトに関しては，ブラインド・ドッキングの問題を扱っていることになる．

このように，深層学習に基づく手法はスコア関数に依存しないわけであるが，その悪い面と

---

**※2　Transformer**

2017年に提案された深層学習モデルで，翻訳，要約，質問応答などの自然言語処理タスクだけでなく，画像処理などさまざまなタスクで高い精度を実現している．その特徴は，自己注意機構（self-attention mechanism）を用いて入力シークエンス全体の関係性を捉える点である．GPT，BERTなど多くの派生モデルを生み出し，現在のAI技術の基盤となっている．

**※3　生成モデル，拡散モデル**

生成モデルとは，データの生成過程を確率的にモデル化したもの．これにより，学習データから，新しいデータサンプルを生成することができる．拡散モデルは生成モデルの一種であり，データにノイズを徐々に加えていく「前方過程」とノイズを除去して元のデータを復元する「逆過程」を学習することで，ランダムノイズから高品質なサンプルを生成できる．

して，非現実的な構造（リガンドがタンパク質にめりこむ等）が出力されるケースや，立体化学的にあり得ない化合物の構造が出力されるケースが散見される．この問題に対処するため，PoseBusters[14] などのリガンド構造のバリデーションを行うソフトウェアも登場している．

## 5）タンパク質の構造変化も考慮できる手法

以上では主にタンパク質構造は剛体として扱う問題設定**B**について述べてきた．その一方で，タンパク質の構造変化も考慮する問題設定**C**に関しても，さまざまなとり組みが行われてきた．特に分子動力学シミュレーション（**第3章-3**も参照）を組合わせる方法[15] などが提案されているが，計算時間がかかるなど問題点もあった．

ところで，タンパク質の立体構造予測の分野では，AlphaFold2の登場など，深層学習を用いた手法の発展が著しい．この立体構造予測の手法がさらに発展し，タンパク質構造のみならず化合物との複合体構造も正確に予測できるようになれば，設定**C**の分子ドッキング問題が解けたことになる．2023年以降，このような化合物複合体の立体構造予測モデルが徐々に登場してきている．例えば，**RoseTTAFold All Atom（RFAA）**[16] は，タンパク質の立体構造予測モデルRoseTTAFoldの発展として，非タンパク質分子も扱えるように拡張されたものである．論文を見る限りではある程度性能が出ており，有用であると期待されたが，筆者らの認識では，化合物ライブラリーにあるような多様な化合物に対して性能が出ておらず，実用に供するには問題があるようである．

そしてさらに最近，AlphaFold2の発展として**AlphaFold3（AF3）**[17] が発表された．こちらも同様，立体構造予測モデルを化合物や核酸を含む非タンパク質分子も扱えるように拡張したものである．タンパク質–化合物複合体のみならず，タンパク質–ペプチド，タンパク質–核酸（RNA，DNA）複合体の構造が高精度で予測可能と報告されている．AF3の登場は大きなブレークスルーであると期待されるが，本稿執筆時点（2024年10月）ではコードやモデルが公開されておらず，ウェブサーバー（AlphaFold Server）から制限されたリガンドを選んで複合体の立体構造を予測することが可能となっている．RFAA同様に大規模な化合物ライブラリーの任意の化合物に対してどれほど性能が出るのかは未知数であるが，本稿が上梓されたころにはコードとモデルが公開されている可能性が高い．またさらに，2024年9月には中国のグループによりAF3の再実装である**HelixFold3**が公開された（https://github.com/PaddlePaddle/PaddleHelix/tree/dev/apps/protein_folding/helixfold3）．こちらは推論コードと学習済みモデルが公開されており，ローカルで動かすことが可能である．筆者らが試用した感触では（「Qiita：HelixFold3のインストール」https://qiita.com/Ag_smith/items/a24ca180cc971e926d89），速度は分子ドッキングと比べ遅いものの，精度は実用レベルに近いと感じており，AF3，HelixFold3や他のグループの再現実装を含め今後の展開が期待される．

## 発展と応用

### 1）ポケット探索

**手法の概要**で述べたように，従来法を用いた分子ドッキングでは，タンパク質構造上の探索領域を指定してドッキングを行う場合が多い．既知のリガンド結合サイトをターゲットとして分子ドッキングを行う場合は問題とならないが，リガンド結合サイトが未知の場合や，既知サイト以外のポケットを狙って化合物を探索したい場合には，問題となってくる．ブラインド・ドッキングの問題設定を扱える手法が使えればよいが，計算時間の問題から，後述のバーチャルスクリーニングに用いることは困難である．こういったニーズから，化合物が結合しうるサイトをタンパク質の立体構造から予測する**ポケット探索**の手法が開発されてきた[18]．

ポケット探索の手法としては，タンパク質表面の幾何学的形状に基づく手法や，機械学習を用いる手法，データベースに基づく手法などがあげられる．例えば，データベースに基づく手法としては，既知の基質結合サイトデータベースに対する類似性からポケット候補を予測するPoSSuM[19] などがあげられる．近年，機械学習を用いた手法，なかでも深層学習を用いた手法がさかんに提案されている．例えば，3D-CNNを用いる手法[20] や，グラフ畳み込みネットワーク（GCN）を用いる手法[21] などがある．これらの手法を用いて候補ポケットを一つ以上選び，それぞれについて分子ドッキングを行い，後述のバーチャルスクリーニングなどを行って候補化合物を探索することができる．

一方で，近年発達している深層学習を用いた手法（DiffDockやRFAA，AF3など）では，タンパク質構造上の探索領域指定が不要，すなわちブラインド・ドッキングが扱えるものが多い．そのため，将来，深層学習で従来法と同レベルあるいはそれ以上の精度と速度が得られるようになれば，このようなポケット探索と分子ドッキングの分業は不要になる可能性が高いだろう．

### 2）バーチャルスクリーニング

**バーチャルスクリーニング（VS）**は，合成方法が既知の（あるいは試薬メーカーにストックがある）化合物の一覧に対し，計算機内でターゲットタンパク質に対する親和性予測などを行い，候補化合物を選び出す手法である．古くからある手法ではあるが，近年の動向としては，億スケールの化合物ライブラリーからのVSを行い，活性化合物の取得に成功したという論文がいくつか報告されている．構造ベースVS（SBVS）は，この親和性予測に分子ドッキング法を用いる手法であり，代表的な応用例である．SBVSの概略を図3に示した．

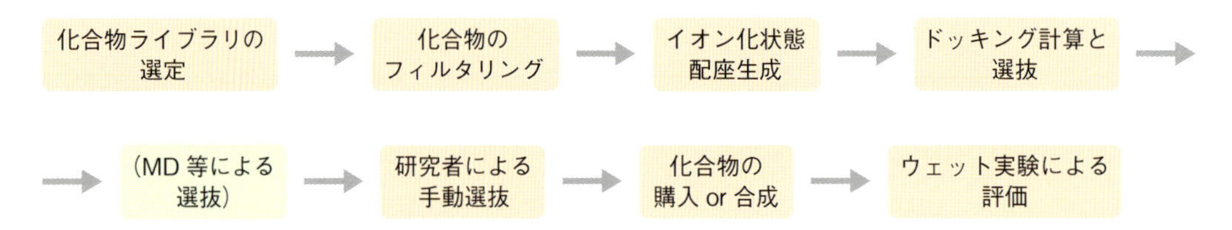


**図3　バーチャルスクリーニングの手順**
実施されないケースもあるステップは括弧で示した．

VSで用いられる化合物ライブラリーには，通常，化合物ID等とともにSMILESなどの化学構造式（と同等の）情報が記載されている．さまざまなサイズのライブラリーが公表されており，代表的なものとしてはZINC[22]やPubChem[23]があげられる．試薬会社が提供しているものとしてはEnamine社のEnamine REALやWuxi社のWuXi AppTec GalaXiなどがある．

まず前処理として，カウンターイオン除去，プロトン化状態割り当て（後述）などを行った後，無駄な計算を避けるために，あらかじめ候補となりえない化合物を除いておく．例えば，経口薬らしさを重視する場合は，LipinskiのRule of 5[24]や，これを数値的に評価するQED[25]などを用いて，候補を絞り込むことができる．また，一般的に問題となりうる部分構造を集めたPAINS[26]を用いて，不適切な化合物を除去することも行われる．ターゲットタンパク質に対する忌避構造などがわかっている場合も，この段階でフィルタリングしておくことが望ましい．

次に化合物に対して分子ドッキングの計算を行い，スコア値とポーズを計算する．大量のドッキング計算を行うわけであるが，計算自体は並列化可能であり，大量の計算資源を用いるほど速く計算を完了させることができる．最近はGPUを用いたドッキング計算が用いられることもある[3]．ドッキング計算後，スコア上位から化合物を選び，後続のステップの処理を行う．MDシミュレーションを行い，より高精度な結合親和性計算をはさむケースや，すぐに目視による最後のスクリーニングを行うケースもある．そして最終的には，化合物を購入（あるいは合成）し，ウェット実験での活性試験を行う流れとなる（図3）．

次に，図3のフローをいきなりライブラリーの全化合物に対して行うと失敗のリスクが大きい．計算のみで結果がすぐにわかる小さな系で予備検討を行うことで，予定のスクリーニング手順で期待通りの性能が得られるか評価しておいた方がよい．通常VSの性能は，高活性であることがわかっているアタリ分子と，低活性であることがわかっているハズレ分子（＝デコイ）を混ぜた小規模のライブラリーからスクリーニングを行い，どの程度アタリ分子を濃縮できるかで評価される．指標としては，**エンリッチメントファクター（EF）**が用いられることが多い．例えば，上位$x$%を選抜したときの$\mathrm{EF}_{x\%}$は，高活性化合物数（Hits）と化合物の総数（$N$）を用いて以下のように計算される．

$$\mathrm{EF}_{x\%} = \frac{\mathrm{Hits}_{x\%}}{N_{x\%}} \Big/ \frac{\mathrm{Hits}_{100\%}}{N_{100\%}}$$

$x$%としては，実際スクリーニングするライブラリーのサイズから，どの程度VSにより絞り込みたいかによって設定する．また，ROC曲線※4やそのAUC（ROC-AUC）※4なども よく用いられる．ここで，小規模データセットをどのように作成するかという問題が出てくる．既知の活性化合物群としては，ChEMBL等の公共データベースに登録されているものや，インハウスの取得済みデータを用いることが多い．一方，デコイ化合物群としては，活性化合物と物性などが類似していながらも，活性がない化合物を集める必要があるが，よいデコイを作成するの

※4　ROC曲線・ROC-AUC

ROC曲線は，Receiver Operating Characteristic（受信者操作特性）曲線の略．二値分類モデル（バーチャルスクリーニングの場合は活性化合物とそれ以外の分類と考える）の性能を評価するためのグラフであり，縦軸に真陽性率（TPR），横軸に偽陽性率（FPR）をとり，分類の閾値を変化させたときの両者の関係を示したもの．完璧な分類器のROC曲線は左上隅に急激に上昇し，ランダムな分類器は斜め45度の直線となる．ROC-AUCは，このROC曲線の下の面積（Area Under the Curve）を指す．0から1の値をとり，1に近いほど優れたモデルとされる．

も難しい問題である．ZINCなどからランダムにもってくる方法や，DUD-E[27] 等のベンチマーク用デコイセットからもってくる方法がよく用いられる．

ところで，理想的には，ドッキングソフトウェアが出力する親和性の予測値を用いてスクリーニングが行えればよいが，それだけでは十分な性能が得られない場合も多い．その際は，さまざまな情報を用いて，ターゲットに応じたスコア関数を構築する必要がある．例えば，ドッキングのスコア値以外に，前節で紹介した深層学習を用いたスコア関数[6) 7)] や，他にRandom Forestなどの機械学習を用いたスコア関数[28] などが用いられる．また，ターゲットタンパク質と既知化合物間の重要な相互作用がわかっている場合，そのような相互作用を有するポーズに高スコアを与える項を組合わせることもある．機械学習スコアの活用についてより詳しくは文献29などを参照されたい．また，本稿のプロトコールでは，小規模なデータセットに対する簡単なスクリーニングを例としてあげた．

## 注意点

### 1）タンパク質構造の準備

**手法の概要**の項で述べたように，多くのドッキング手法の問題設定ではタンパク質構造は剛体として扱われ，**化合物の結合による構造変化（induced fitting）は考慮されていない**．そのため，ドッキングに用いるタンパク質構造をどのように準備するかが非常に重要となってくる．例えば，結晶構造解析やクライオ電顕等により得られた実験構造を用いる場合，化合物などが結合していないアポ体の構造を用いるケースと，何かしらのリガンドや化合物が標的サイトに結合した複合体から，タンパク質部分のみをとり出して用いるケースが考えられる．どのような実験構造を用いるのがよいかについては決定的な指標はなく，試行錯誤が必要ではあるが，複合体構造が知られている既知の阻害剤やリガンドなどに類似した化合物を得たい場合，阻害剤やリガンドが結合した構造を用いた方がよい場合が多い．また，実験構造を用いる場合の注意点としては，**結合したリガンドだけでなく，水やコファクターなどのタンパク質以外の要素を除いておく必要がある**．除いたうえでドッキングを行い妥当なポーズが得られるかどうかを検証しておく．加えて，**アミノ酸側鎖のプロトン化状態も重要な要素の一つ**である．通常の手法ではアミノ酸側鎖のプロトン化状態は入力構造から変化しないため，周辺環境を考慮したうえで，中性（あるいはターゲットタンパク質が働く）pHにて妥当なプロトン化状態を割り当てておくことが重要である（実験構造を用いる場合のみならず，後述の予測構造を用いる場合も同様である）．プロトン化状態の推定には，PROPKA[30] などのソフトウェアがよく用いられる．

一方で，実験構造が不明なタンパク質をターゲットとする場合は，AlphaFold2などを用いて予測した立体構造（予測構造）を用いてドッキングを行うことになる．AF2による予測構造と実験構造を用いた場合，どちらの方が精度高くスクリーニングを行えるかどうかを検証した報告では，実験構造を用いた方がよい結果が得られるという報告[31] や同程度という報告[32] もある．また，予測構造を用いた場合，複数の予測構造（構造アンサンブル）を用意し，それらに対してドッキングを行い，最もスコアがよいものを選ぶ（アンサンブル・ドッキング）ことで，よい結果が得られることも報告されている[33]．また，類似性が高いタンパク質の立体構造が解明されている場合は，MODELLER[34] など比較モデリングの手法で予測した構造を用いた方がよい場合もある．複数ターゲットに対してドッキングを行うため計算量が増加するという問題はあるが，**予測構造を用いる場合は，構造アンサンブルに対するドッキングも考慮した方がよいと考えられる**．

### 2）リガンド構造の準備

従来法においては，リガンド側の立体構造の生成方法も重要になってくる．**手法の概要**で述べたように，従来法では，ドッキング計算の入力は化合物の立体構造であるが，バーチャルスクリーニングで使われる化合物ライブラリーには，立体構造ではなく，SMILES（あるいはそれ相当の）化学構造式レベルの情報しか含まれていない場合が多い．そのため，構造式から化合物の立体構造を予測する必要がある（配座生成）．さらに，**手法の概要**で述べたように，従来法では化合物の環を形成する部分構造は剛体として扱われるため，ドッキング計算中に構造変化することはない．特に，**糖の環構造やピペラジン環などの非芳香環は，本来環を形成する結合もねじれ角が変化しうるため，環の置換基やタンパク質との相互作用によって構造変化しうるが，こういったリガンドの構造変化は考慮されていない**点に留意する必要がある（環構造の構造変化を考慮するための拡張実装も存在する．表1の21参照）．また，使用している配座生成の手法が，このような**環構造に対して妥当な立体構造を生成できているか**確認しておくことも重要であろう．以上の点は，従来法以外の手法でも，ねじれ角空間を探索するタイプの手法（DiffDock等）でも同様である．

以上の点以外にも，リガンド側の構造準備において重要な点は，**プロトン化状態や互変異性体の扱い**である．前述のように化合物ライブラリーには通常化学構造式レベルの情報しか含まれていないが，その化学式も想定する環境下（水溶液中，pH，温度など）で最安定なものでない場合がよくある．厳密にはプロトン化状態などは水溶液中とタンパク質結合状態で変化する場合もあるので，一律に決定することが難しいが，少なくとも中性（あるいはターゲットタンパク質が働く）pHの水溶液条件下で安定な構造に変換しておいた方がよいだろう．化合物のpKa予測とそれに基づいた変換には，ルールベースで行う手法[35]や，機械学習やGCNなど深層学習を用いたもの[36]などさまざまな方法が提案されている．

## ここまでのまとめ

本稿では，構造バイオインフォマティクスの応用の一つとして，タンパク質と化合物リガンドの複合体構造を予測する分子ドッキング法とその応用について，最近の動向も含めて概説した．ところで，分子ドッキングやバーチャルスクリーニングのためのソフトウェアを試す際，アカデミアの研究者は自由に試用できるものが多く選択枝が広いが，インダストリーの研究者はライセンスの都合上，無料で気軽に試せるソフトウェアの幅がかなり制限されるのが現状である．そこで，本稿では，なるべくライセンスフリーで試用できるソフトウェアを主として紹介した（表1）．最後に，誌面の都合上，詳細については大幅に割愛した面も大きいため，興味をもたれた方は引用文献や他のレビュー文献に当たってほしい．

**表1　本稿で参考にしたURL一覧**

| | 表題 | URL |
|---|---|---|
| 1 | 第2回IPABコンテスト | http://www.ipab.org/eventschedule/contest/contest2 |
| 2 | AutoDock Vina | https://github.com/ccsb-scripps/AutoDock-Vina |
| 3 | AutoDock Vina binary | • https://github.com/ccsb-scripps/AutoDock-Vina/releases/tag/v1.2.5<br>• https://github.com/ccsb-scripps/AutoDock-Vina/releases/download/v1.2.5/vina_split_1.2.5_mac_x86_64 |
| 4 | Mamba | https://mamba.readthedocs.io/en/latest/ |
| 5 | Poetry | https://python-poetry.org/docs/ |
| 6 | MGLTools | https://ccsb.scripps.edu/mgltools/downloads/ |
| 7 | ADFR Suite | https://ccsb.scripps.edu/adfr/downloads/ |
| 8 | AutoDock Vina Manual | https://vina.scripps.edu/manual/ |
| 9 | AutoDock Tools blog | https://computational-chemistry.com/top/blog/2017/04/26/autodock-vina/ |
| 10 | RDKit | https://www.rdkit.org |
| 11 | Meeko | https://github.com/forlilab/Meeko |
| 12 | Enamine FDA Approved Drugs Collection | https://enamine.net/compound-libraries/bioactive-libraries/fda-approved-drugs-collection |
| 13 | RDKit blog entry | https://sunhwan.github.io/blog/2021/02/24/RDKit-ETKDG-Piperazine.html |
| 14 | Enamine REAL Database | https://enamine.net/compound-collections/real-compounds/real-database |
| 15 | DiffDock | https://github.com/gcorso/DiffDock |
| 16 | KarmaDock | https://github.com/schrojunzhang/KarmaDock |
| 17 | Uni-Dock | https://github.com/dptech-corp/Uni-Dock |
| 18 | DiffDockのインプットデータ形式例 | https://github.com/gcorso/DiffDock/blob/main/data/protein_ligand_example.csv |
| 19 | DiffDockの対応アミノ酸残基 | https://github.com/gcorso/DiffDock/blob/main/datasets/constants.py |
| 20 | Uni-Dockのスコアが大きくブレる現象について | https://github.com/dptech-corp/Uni-Dock/issues/10 |
| 21 | Glue atomについて | https://www.scripps.edu/olson/forli/autodock_flex_rings.html |

すべて2024年7月閲覧.

以下では，従来法の例（❶ **AutoDock Vinaによるドッキング**）と深層学習を用いたドッキング法の例（❷ **深層学習ドッキングとGPUドッキング**）をそれぞれ紹介する．

# AutoDock Vinaによるドッキング

タンパク質-リガンドの分子ドッキングは，創薬研究において重要な役割を果たしている．近年，さまざまなソフトウェアが開発され，それぞれ独自のアルゴリズムと特徴をもっている．本プロトコールでは，標準的なドッキングソフトウェアであるAutoDock Vinaについて，インストールから分子ドッキングの実行までの手順を解説する．

AutoDock Vina[2)] は，オープンソースのドッキングソフトウェアで広く利用されており，経験的スコア関数を用いて，タンパク質-リガンド間の結合自由エネルギーを推定する．実際のバーチャルスクリーニングや近年の深層学習ベースのドッキングとのベンチマーキングとしても活用されている．

## 準備

本プロトコールでは，第2回IPABコンテスト[37)]（表1の1，以下IPAB）で題材となったcYesに対する化合物を例に各種ドッキングの実行方法を紹介する．タンパク質はIPAB参加チーム（Group10）がホモロジーモデリングで作成したものを，リガンドは同参加者が選出した化合物を用いた．複数化合物のドッキング例では，IPAB参加者が提出した化合物から381化合物を選択して用いた．また，デコイとして本来は類似化合物などを選択する必要があるが，本プロトコールでは簡単のためEnamine社のFDA approved Drugs Collections（version 9，November 2023，以下FDA化合物）（表1の12）の1,123化合物を選択した．

なお，本プロトコールで用いたコードなどは，（https://github.com/cddlab/yodosha_book_2024）からもアクセス可能である．

## インストール

AutoDock Vinaは，Mac（Apple M1，Ventura 13.1）上で実行する．公式リポジトリ（表1の2）からバイナリ〔vina_1.2.5_mac_x86_64（表1の3）〕をダウンロードし，適当なフォルダに保存して，PATHを設定する．シンボリックリンクを設定しておくと，バージョンごとに実行コマンドを変更する必要がない．

```
% export PATH="/path/to/vina_binary_directory"
% cd /path/to/vina_binary_directory
% ln -s vina_1.2.5_mac_x86_64 vina
% vina --version
AutoDock Vina v1.2.5
```

利用するPythonライブラリ（rdkit，meeko，tgdm，pandas）は，mamba，またはpoetryでインストール可能である〔mamba，poetryのインストールは各ツールの公式サイトを参照（表1の4，5）〕．

```
# mambaの場合
% mamba create -n vinaenv python=3.10
% mamba activate vinaenv
% mamba install rdkit meeko tqdm pandas

# poetryの場合
% cd /path/to/work_dir
% poetry init  # pythonのバージョンやライセンスなどを設定
% poetry add rdkit meeko tqdm pandas
```

今回利用したパッケージのバージョンは以下のとおりである.

```
meeko==0.5.0
pandas==2.0.0
rdkit==2023.09.6
tqdm==4.66.2
```

MGLTools※5は公式サイト（表1の6）からMac用のファイル（mgltools_1.5.7_MacOS-X.tar_.gz）をダウンロードして適当なフォルダに設置する. セキュリティの設定でインストール中に止まることがあるが, その場合はシステム設定の「プライバシーとセキュリティ」に進んで“このまま許可”を選ぶ. インストールできたら必要なスクリプトにはエイリアスを設定しておく.

```
% tar -zxf mgltools_1.5.7_MacOS-X.tar_.gz
% cd mgltools_1.5.7_MacOS-X
% bash install.sh
% MGL_ROOT="/path/to/mgltools_1.5.7_MacOS-X"
% alias pythonsh="$MGL_ROOT/bin/pythonsh"
% alias prepare_receptor4.py="$MGL_ROOT/MGLToolsPckgs/
AutoDockTools/Utilities24/prepare_receptor4.py"
```

MGLToolsは現在ADFR Suite（表1の7）としてもダウンロード可能で, Mac用のファイル（ADFRsuite_x86_64Darwin_1.0.tar.gz）から同様にインストールできる. 本プロトコールではタンパク質データの前処理に`prepare_receptor`を用いるため, エイリアスを作成しておく.

```
% ADFR_ROOT="/path/to/ADFRsuite_x86_64Darwin_1.0"
% alias prepare_receptor="$ADFR_ROOT/bin/prepare_receptor"
```

※5 MGLTools

Molecular Graphics Laboratory tools. 分子のビジュアライゼーション, 解析, 準備を行うためのツール群. AutoDock Vinaなどの分子ドッキングソフトウェアと連携して使用される. リガンドや受容体の前処理やドッキング結果の解析, ファイル形式変換などに用いられる.

# プロトコール

## 1 タンパク質データの前処理

先述の通り，タンパク質データはIPAB参加者（Group 10）が作成したホモロジーモデリングのPDBファイルを用いる．複合体のPDBファイルをもっている場合は，Pymolなどのツールでリガンドや水・コファクターなどを除去したタンパク質のみのファイルを作成する．以下はコマンドラインで前処理を実行する例である．AutoDock Vina（以下Vina）はインプットファイルとしてタンパク質のPDBQTファイルが必要であるため，ADFRSuiteの`prepare_receptor`を用いて，PDBファイルからPDBQTファイルを作成する．

```
# 手元に複合体のPDBファイルがある場合，以下のコマンドでタンパク質以外を除去可能
# 水なども除去されるため，残したい場合は個別に削除する
% grep -v 'HETATM' ligand_receptor_complex.pdb > receptor.pdb
# PDBからPDBQTへの変換
% prepare_receptor -r receptor.pdb -o receptor.pdbqt
```

## 2 ドッキング条件設定

Vinaではタンパク質のなかで，どの部位に対して結合ポーズを探索するか，**A）探索範囲の中心座標**（center coordinates）と，**B）探索範囲の大きさ**（**A**を中心としたgrid box※6のサイズ）を指定する必要がある．本プロトコールでは，先述のホモロジーモデリングで作成したタンパク質に対する，後述の3化合物のドッキング結果を使って計算的に設定することにする．図4は使用した3化合物の構造と，その結合ポーズである．

3つのリガンドのSDFファイル（化合物のファイル形式のひとつ）を準備し，それらを読み込み，各分子の重原子座標の平均と，各分子を包含するgrid boxのサイズを計算する．各分子の重心の平均をそのままcenter（`center_x`，`center_y`，`center_z`）として設定した．また，grid boxのサイズ（`size_x`，`size_y`，`size_z`）は，centerから3分子を含むように計算値より少し大きめに設定した（config.txt）．config.txtで設定できるパラメータについては，AutoDock Vinaのマニュアル（表1の8）に解説されている．

```
# Pythonでgrid boxサイズの参考値を計算する例
import numpy as np
from rdkit import Chem
# 分子の読み込み
mols = [Chem.SDMolSupplier(f)[0] for f in ["./lig_1.sdf", "./lig_
2.sdf", "./lig_3.sdf"]]
```

※6 grid box

ドッキングのために定義する仮想的なボックス．通常タンパク質の活性部位や結合ポケットを包含するように設定される．ボックスのサイズと位置は計算結果と計算時間に直接影響するため，適切に設定することが重要となる．

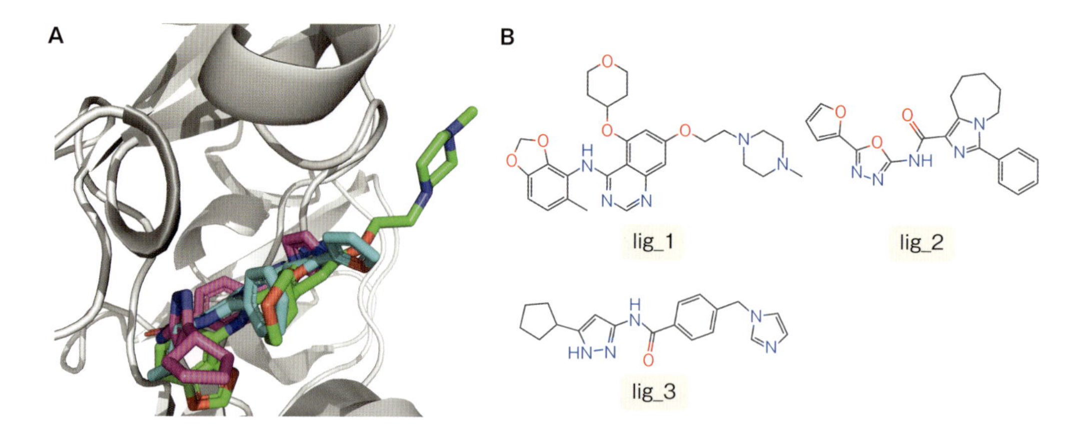


**図4　3つの化合物の結合ポーズと構造**

**A**）lig_1～lig_3とcYesの結合ポーズ．灰色：ホモロジーモデリングしたc-Yes，緑：lig_1，シアン：lig_2，マゼンタ：lig_3．赤と紺色は**B**）の構造の色に対応．**B**）lig_1～lig_3の構造．

```
# 重原子の座標を取得する関数
def get_coords(mol: Chem.Mol) -> np.ndarray:
    mol = Chem.RemoveHs(mol)
    conf = mol.GetConformer(0)
    if conf is None:
        raise RuntimeError("cannot get conformer from mol")
    coords = np.array(conf.GetPositions())
    return coords

# 分子の重心・分子を包含するgrid boxサイズを求める関数
def calc_grid_box_info(mol) -> tuple[np.ndarray, np.ndarray]:
    coords = get_coords(mol)
    center = np.average(coords, axis=0)
    coord_min = np.min(coords, axis=0)
    coord_max = np.max(coords, axis=0)
    ligand_size = coord_max - coord_min

    return center, ligand_size

centers = []
grid_sizes = []
for mol in mols_from_complex:
    c, g = calc_ligand_dim(mol)
    centers.append(c)
    grid_sizes.append(g)
```

```
np.average(centers, axis=0)
# array([  2.94935341, -10.73860162,  -7.62855921])
np.max(grid_sizes, axis=0)
# array([14.868,  9.823, 12.013])
```

```
# config.txt
center_x = 2.94935341
center_y = -10.73860162
center_z = -7.62855921
size_x = 18
size_y = 10
size_z = 15
```

ここではドッキング結果のリガンド情報を用いたが，共結晶等で実験的に求められた複合体の情報がある場合は，そのリガンド情報を用いて設定していくことになる．grid sizeは大きすぎても小さすぎてもうまくいかないことがあるため，最初に設定した条件にて既知のリガンドのリドッキングを実施し，もとのポーズが再現できるか試しながら条件を微調整していくのがよい．また，今回は計算で設定する方法を紹介したが，AutoDockToolsなどを用いて手動で設定する手法（表1の8，9）もある．

## 3 リガンドデータ前処理

ドッキング条件設定に用いたlig_1を例に，化合物のSMILESからドッキング用のインプットファイルを作成する．Vinaはリガンドのインプットファイルも PDBQT 形式にする必要がある．ここではRDKit（表1の10）とMeeko（表1の11）を利用する例を紹介する．まずリガンドの三次元配座を発生させ，RDKitのMolオブジェクトからMeekoでPDBQTファイルを作成している．

```
from typing import List
import meeko
from meeko import MoleculePreparation, PDBQTWriterLegacy
from rdkit import Chem
from rdkit.Chem import AllChem

# lig_1
smiles = 'Cc1ccc2c(c1Nc1ncnc3cc(OCCN4CCN(C)CC4)cc(OC4CCOCC4)c13)OCO2'
mol = Chem.MolFromSmiles(smiles)
# 三次元配座を発生するために水素を付与
m_h = Chem.AddHs(mol)
ps = AllChem.ETKDGv3()
# 再現性担保のためにシードを固定（必須ではない）
ps.randomSeed = 0xF00D
```

```
AllChem.EmbedMolecule(m_h, ps)
preparator = MoleculePreparation()
mol_setups: List[meeko.molsetup.RDKitMoleculeSetup] = preparator.prepare(m_h)
ligand_pdbqt_string, success, error_msg = PDBQTWriterLegacy.write_string(mol_setups[0])
if success:
    with open("ligand.pdbqt", "w") as f:
        f.write(ligand_pdbqt_string)
else:
    print(error_msg)
```

## 4 ドッキング実行

### 1）単一化合物のドッキングを行う方法

準備したファイル・設定をもとにVinaによるドッキングを実施する．Vinaはバイナリーファイルから直接実行する以外に，python bindingから実行も可能だが本プロトコールではバイナリーからの実行にて説明する．

先に準備したconfig.txt，ligand.pdbqt，receptor.pdbqtをそれぞれ以下の形式で指定すればVinaが実行され，計算が終了するとligand_out.pdbqtというファイルが生成される．このファイルにはドッキングスコアでソートされた複数ポーズのスコア，座標などの情報が記載されている．

```
% vina --config /path/to/config.txt --ligand /path/to/ligand.pdbqt --receptor /path/to/receptor.pdbqt
```

上の例は一番シンプルな設定でのドッキングである．他には，ドッキングの再現性を担保するためのシード（seed）設定や，ドッキングでより探索させるためのexhaustiveness変更，スコア関数（scoring）の変更，計算に用いるCPU数指定（cpu），アウトプットファイル名指定（out），などがオプションとして指定可能である．これらはconfig.txtに以下のように追記することで指定可能であるが，コマンドラインで「--cpu＝8」のように指定することも可能である．

```
# config.txt
center_x = 2.94935341
center_y = -10.73860162
center_z = -7.62855921
size_x = 18
size_y = 10
size_z = 15
scoring = vinardo  # デフォルトではscoring = vina
cpu = 8
```

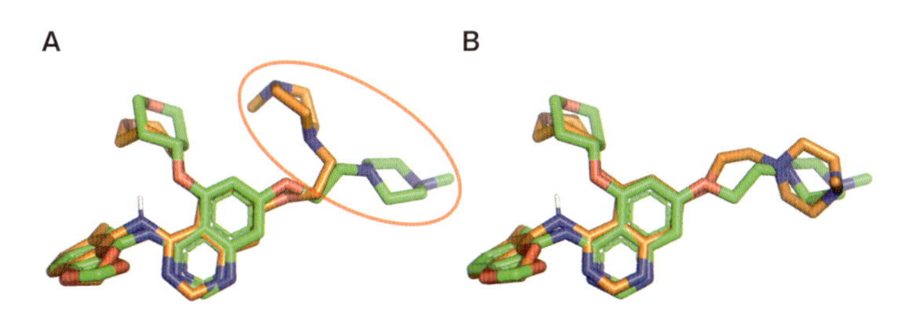


**図5 lig_1のドッキングポーズ**
緑：IPABにおけるオリジナルポーズ，橙：Vinaによるドッキングポーズ．
**A)** トップポーズ．**B)** 2番目のポーズ．

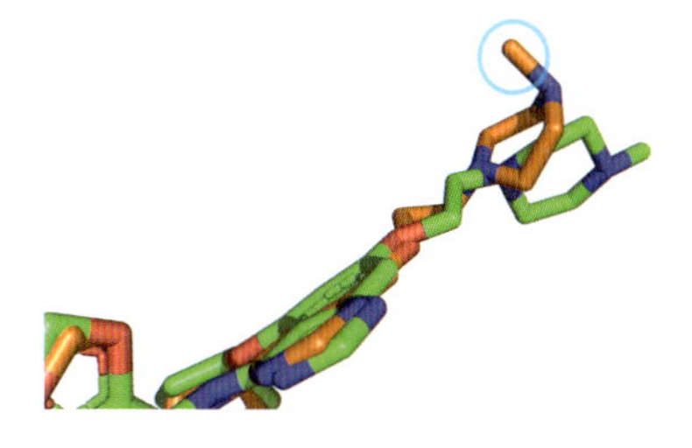

**図6 2番目のポーズのピペラジン周辺拡大図**
緑：IPABにおけるオリジナルポーズ，
橙：Vinaによるドッキングポーズ．

```
seed = 123456
exhaustiveness = 32
out = docking_result.pdbqt
```

ドッキング結果を見てみよう．図5は，IPABでのドッキング結果（緑）と今回Vinaで実行したドッキング結果（橙）である．全体としてよく重なっているものの，トップポーズではピペラジン環が占める位置が異なっている（図5A赤丸）．一方，2番目のポーズはピペラジンではエチレンリンカーやピペラジン環が少しずつずれているものの，おおむね同じポーズをとっている（図5B）．Vinaではドッキングスコアでソートされており，必ずしもトップポーズが一番適当であるとは限らないため，代表的な化合物の結果については目視で確認することが重要である[38]．

2番目のポーズはおおむね問題ない配座に見えるが，よく見ると気になる点が見つかる．まず，ピペラジン環がいす形ではなくややねじれたボート形になっている（図6）．また，末端の窒素上メチル基がaxial様になっている（図6青丸）．RDKitでの配座生成ではこの化合物の6員環のような環状配座の生成でしばしば最安定ではない配座が生成されることが指摘されている（表1の13）*1．

＊1 Vinaなどのドッキングにおいては環状構造のフリップなども含めたポーズ探索はなされないため，RDKitでの配座がそのまま結合ポーズにも影響してしまう結果になる．RDKitを用いる場合には注意が必要である．

前述の**注意点**の項のように多数の配座を生成させることや，MMFFなどでEmbed※7後に最適化を施すことで，望むいす形/equatorialの配座を生成しやすくすることはできるが，計算上は望む配座が最安定であるとは限らないため，何らかの形で配座/立体を判定して選択することが必要になる．

※7 Embed
RDKitのようなソフトウェアを用いて，分子の情報を入力として受けとり三次元の分子構造を生成するプロセス．原子間の距離や角度の制約を考慮しながら，分子の幾何学的特性を保ちつつ，エネルギー的に安定な構造を見つけ出すことが目標である．MMFF（Merck molecular force field）はエネルギーを計算するための分子力場であり，RDKitではMMFFの他にUFF（Universal force field）が提供されている．

バーチャルスクリーニングのように多数の分子をまとめて処理する場合には，煩雑な対処を増やすのは全体の効率を低下させるため，ドッキングスコアなどを用いた一定の化合物選定ステップを経て，残った少数の分子を目視で確認しながら個別に対応するのが実務上はよいと思われる．

### 2）複数化合物のドッキングをまとめて行う方法

次に，複数の化合物をまとめてドッキングする例を紹介する．IPABの提出化合物381化合物のZnumber（Enamine社で用いられている化合物ID）をプロパティとして有するSDFをもとに，以下の通りRDKitで前処理を行う．本プロトコールではSMILESをインプットにドッキングを実施するので，化合物IDとしてZnumberとSMILESだけ残してCSVファイルとして保存した．デコイとして選択したFDA化合物についても，1,123化合物のSDFファイルから，金属含有の5化合物を除外して同様に処理し，残った1,118化合物を以降で利用した．

```
import pandas as pd

from rdkit import Chem
from rdkit.Chem import Draw, PandasTools
from rdkit.Chem.Draw import IPythonConsole
from rdkit.Chem.MolStandardize import rdMolStandardize

df = PandasTools.LoadSDF("/path/to/sdf_file")

# 脱塩含む前処理実行
def standardize_mol(mol: Chem.Mol) -> Chem.Mol:
    try:
        _m = rdMolStandardize.ChargeParent(mol)
        return _m
    except ValueError as e:
        print(e)
        return None

df["StMol"] = df["ROMol"].apply(lambda x: standardize_mol(x))
df["smiles"] = df["StROMol"].apply(lambda x: Chem.MolToSmiles(x))
# 前処理でvalidな分子が出てない場合は削除
df = df.dropna(subset="smiles")
df.loc[:, ["Znumber", "smiles"]].to_csv("processed.csv", index=
False)
```

作成したCSVファイルは以下のような構成になっている．

```
% head -n 4 processed.csv
Znumber,smiles
Z908095506,Cc1cc(NC(=O)c2cc(-c3cccs3)on2)n(CCC#N)n1
```

```
Z19513456,CCOc1ccc(-n2c(SCC(=O)N3CCCC3=O)nnc2-c2c[nH]c3ccccc23)cc1
Z51737757,O=C(CCn1[nH]c(=O)ccc1=O)Nc1ccc(-n2cnnn2)cc1
```

複数の化合物でシークエンシャルに実行するPythonスクリプト例を示す．

まずCSVファイルを読み込み，SMILESから1分子ずつ配座生成とPDBQTへの前処理を実行する．今回はsubprocessを用いてVinaのバイナリーファイルから実行している．インプットのリガンドPDBQTファイルはtempfileとして一時的に書き出している．

```
import subprocess
from tempfile import TemporaryDirectory

import meeko
import pandas as pd
from meeko import MoleculePreparation, PDBQTWriterLegacy
from rdkit import Chem
from rdkit.Chem import AllChem

df = pd.read_csv("processed.csv")
config_path = "/path/to/config.txt"
receptor_path = "/path/to/receptor.pdbqt"
results_dir = "/path/to/results"
mol_id = "Znumber"
vina_scores = []
ps = AllChem.ETKDGv3()
ps.randomSeed = 0xF00D
for i, (c, s) in enumerate(zip(df[mol_id].values, df["smiles"].values)):
    try:
        m = Chem.MolFromSmiles(s)
        m_h = Chem.AddHs(m)
        AllChem.EmbedMolecule(m_h, ps)
        preparator = MoleculePreparation()
        mol_setups: List[meeko.molsetup.RDKitMoleculeSetup] = preparator.prepare(m_h)
        ligand_pdbqt_string, success, error_msg = PDBQTWriterLegacy.write_string(mol_setups[0])
        if success:
            ...
        else:
            print(error_msg)
        with TemporaryDirectory() as tmpdir:
            lig_input = os.path.join(tmpdir, "tmp.pdbqt")
```

```
            lig_output = os.path.join(results_dir, f"{c}.pdbqt")
            with open(lig_input, "w") as f:
                f.write(ligand_pdbqt_string)
                cmd = [
                    "vina",
                    f"--config={config_path}",
                    f"--ligand={lig_input}",
                    f"--receptor={receptor_path}",
                    f"--out={lig_output}",
                    "--verbosity=1",
                ]
                p = subprocess.run(cmd, capture_output=True, timeout=60)
                if p.returncode > 0:
                    raise RuntimeError(p.returncode, p.args, p.stderr.decode())
                pdbqt_mol = PDBQTMolecule.from_file(lig_output)
                score = [m.score for m in pdbqt_mol][0]
    except:
        score = 10
    vina_scores.append(score)
df["score"] = vina_scores
df.to_csv("results.csv", index=False)
```

筆者の環境ではIPAB 381化合物について1.5時間，FDA Collections 1,118化合物について4時間ほどでドッキングが完了した．

## 解析例

ドッキング結果について簡単に可視化してみよう．図7左はドッキングスコアのヒストグラムをデータセットごとに示したものである．IPAB提出化合物はコンペティション参加者がおのおのの基準で活性を示すことを期待して選抜された化合物である．そのため，ドッキングスコアとしてもより高いスコアを示すことが期待される．実際に，IPAB化合物がFDA化合物に比べて高スコア側に分布が偏っている様子がわかる．

次にIPAB提出化合物（381化合物）とFDA化合物（1,118化合物）を混ぜたデータセット（1,499化合物）から，ドッキングスコアだけを手がかりにIPAB化合物を判別できるか（高活性と思われるリガンドを判別できるか），計算的に求めてみる．データセット判別問題として設定したときに，ROC-AUCを求めたものが図7右である．スコアの分布（図7左）から期待した通り，ドッキングスコアで一定の閾値を設定して選択すると，まずまずの精度（ROC-AUC =

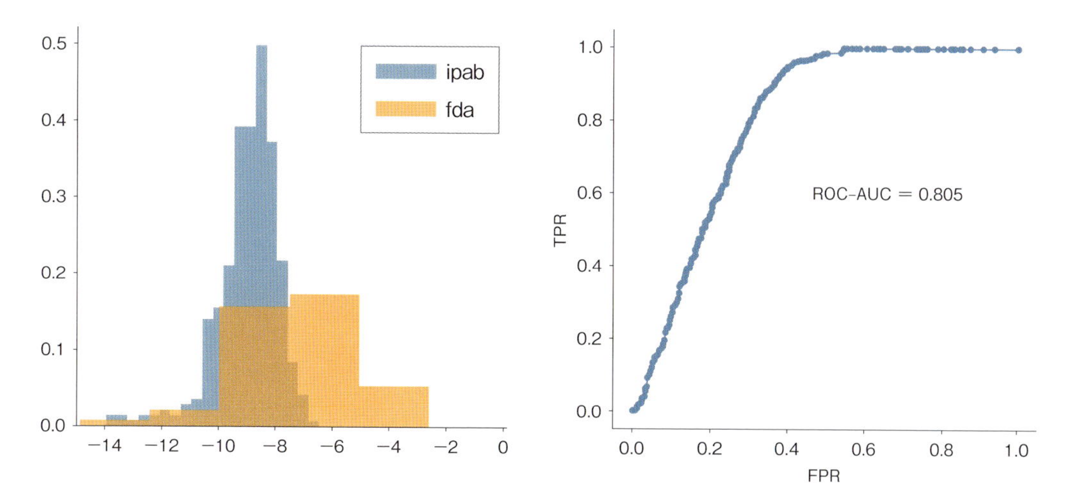


図7　IPAB/FDA化合物のVinaによるドッキングスコア分布とROC-AUC曲線

0.805）でIPAB提出化合物を選択できた．

本稿「**発展と応用**」の「**2）バーチャルスクリーニング**」で解説した$EF_{5\%}$を求めると，$EF_{5\%} = 1.77$となった．ドッキングスコアをもとに上位5％の化合物を選択すると，ランダムに選択する場合より2倍弱程度濃縮されていることになる．

実際のバーチャルスクリーニングでは，今回擬似的に設定したIPAB提出化合物とデコイ（FDA）を判別する問題ではなく，一定の活性閾値（例：IC50 <1 μM）を設定して，活性の有無を判別するタスクになる．最終的にEnamine社のREAL Database（表1の14）やインハウスの化合物ライブラリなど，大規模なデータセットを用いたスクリーニングを実施することが目標となるが，実際に大規模に計算を実施するにはコストと時間がかかる．もし事前に活性化合物のデータが入手可能であれば，**予備検討として小規模でドッキングを実施し，今回のように活性化合物がドッキングスコアで判別できる（濃縮できる）か確認し，ドッキング条件を検討してからとり組むのがよい**．

ドッキング後の解析ではタンパク質残基との相互作用解析も重要である．ドッキング結果のPDBQTまたはSDFファイルがあれば，簡単に相互作用解析が実行可能なツールが複数公開されている．以前はODDT[39]が比較的活用されていたが，最近開発が停滞している．筆者はProlif[40]やPLIP[41]などを活用することが多い．これらのツールの利用方法については，各ツールの公式ドキュメントを参照してほしい．

## 本プロトコールのおわりに

本プロトコールでは，タンパク質-リガンド分子ドッキングの代表的なソフトウェアであるAutoDock Vinaについて，インストールから実行，結果の解析までを解説した．Vinaは現在でも活発に開発や活用が続けられており，創薬研究において重要な役割を担っていくことが期待される．Vinaの設定やデータの前処理は近年新しく開発・報告されているツールのベースとなっているものも多い．また，それらのツールのベンチマークとしても用いられているため，Vinaの活用法を習得することは新規ツールの性能を自身で確認していくためも役立つはずである．

## 2 深層学習ドッキングとGPUドッキング

前項のAutoDock Vinaによるタンパク質-リガンド分子ドッキングは，長く創薬研究で活用されているが，近年のGPUコンピューティングや深層学習技術の発展に伴って，さまざまなソフトウェアが開発されており，それぞれ独自のアルゴリズムと特徴をもっている．本プロトコールでは，深層学習ベースの手法（DiffDock，KarmaDock），およびGPUを用いた高速ドッキングソフトウェアであるUni-Dockの3つのソフトウェアをとり上げ，それぞれのインストールから分子ドッキングの実行までの手順を解説する．

- **DiffDock**[13] は，深層学習を用いたドッキングソフトウェアである．拡散モデルを用いて，タンパク質とリガンドの構造情報から，結合位置とポーズを直接予測する．
- **KarmaDock**[8] は，グラフニューラルネットワーク（GNN）と混合密度ネットワーク（MDN）を使って結合ポーズを予測するソフトウェアである．KarmaDockでは結合位置を予測した後にリガンドのアラインメントや分子力学（MM）を用いた最適化を行う機能が実装されている．
- **Uni-Dock**[3] は，Vinaをベースとして GPUでのバッチ処理によって高速なドッキングを実現したソフトウェアである．Uni-Dockは，Vinaと同等の精度を保ちつつGPUの活用によって大幅な速度向上を達成している．

前述3つのソフトウェアは，それぞれ独自の特徴をもっており，研究目的に応じて適切に選択することが重要である．本プロトコールでは，これらのソフトウェアのインストールから分子ドッキングの実行まで，具体的な手順を解説する．

## 準備

本プロトコールでは，**1 AutoDock Vinaによるドッキング**でも用いた第2回IPABコンテスト[37]（以下IPAB）の化合物，およびデコイとしてEnamine社のFDA approved Drugs Collections（version 9，November 2023，以下FDA化合物：表1の12）の1,123化合物を用いる．本プロトコールではまず，各インストールを説明し，以降それぞれに合わせた実行手順を解説する．

なお，本プロトコールで用いたコードなどは，（https://github.com/cddlab/yodosha_book_2024）からもアクセス可能である．

## インストール

本プロトコールの実験はいずれも，NVIDIA RTX A4000上で実施した．

まず**DiffDock**のインストールについて解説する．リポジトリ（表1の15）に従って，conda（またはmamba）を用いてインストールを実行する．ここではmamba（表1の4）を用いた例を記載する．実行環境にインストールされているcudaのバージョンが合わずにエラーが出る場合があるが，そのときはenvironment.yml内の該当する箇所（後述のcu117で指定してある箇所等）を実行環境に合わせて書き換えてインストールを実行する必要がある．また，依存ライブラリである openfoldのインストールに失敗することもある．その場合は，environment.ymlの該当箇所をコメントアウトし，openfoldのインストールを別途実行する必要がある．

```
% git clone https://github.com/gcorso/DiffDock.git
% cd DiffDock
% mamba env create --file environment.yml
% mamba activate diffdock
```

```
# environment.ymlの一部
  - pip:
    - --extra-index-url https://download.pytorch.org/whl/cu117
    - --find-links https://pytorch-geometric.com/whl/torch-1.13.1+cu117.html
# 中略
    - torch==1.13.1+cu117
    - torch-cluster==1.6.0+pt113cu117
    - torch-geometric==2.2.0
    - torch-scatter==2.1.0+pt113cu117
    - torch-sparse==0.6.16+pt113cu117
    - torch-spline-conv==1.2.1+pt113cu117
```

```
# openfoldのインストールに失敗する場合，environment.ymlの以下の部分をコメントアウト
#   - pip:
#     - openfold @ git+https://github.com/aqlaboratory/openfold.git@4b41059694619831a7db195b7e0988fc4ff3a307
```

```
# openfoldのインストールを追加
mamba env create --file environment.yml
mamba activate diffdock
pip install openfold@git+https://github.com/aqlaboratory/openfold.git@4b41059694619831a7db195b7e0988fc4ff3a307
```

**KarmaDock**もリポジトリ（表1の16）に従って，mambaを用いてインストールできる．

```
% git clone https://github.com/schrojunzhang/KarmaDock.git
% cd KarmaDock
% mamba env create --file karmadock_env.yml
% mamba activate karmadock
```

**Uni-Dock**はリリース当初（v1.0.0），公式のリポジトリ（表1の17）にてバイナリファイルが公開されていたが，最新版（v1.1.2）では公開されていない．ソースからビルドするか，またはconda（mamba）を用いたインストールのみ可能になっている．mambaを用いる場合は以下の通りに実行すればインストール可能である．

```
% mamba create -n unidock_env unidock -c conda-forge
% mamba activate unidock_env
```

# プロトコール：DiffDock

## 1 データ準備

DiffDockでは，タンパク質のPDBファイルと計算するリガンドのSDFファイル，またはSMILESを準備し，インプットデータの情報を記載したCSVファイルを作成することで複数の分子をまとめて処理することができる（表1の18）．タンパク質データとしては前項のVinaで用いたようなPDBファイルをそのまま使用可能であるが，アミノ酸残基しか対応していないため（具体的には表1の19参照），コファクターなどは除去したPDBファイルを用いる必要がある．

SDFファイルとしては三次元配座を含む分子データを準備してもよいが，DiffDockは配座情報を有する分子をインプットした場合でも，配座情報を無視してRDKitで改めて配座を生成す実装となっている．そのため本プロトコールではSMILESをインプットとして準備することにする．

❶**AutoDock Vinaによるドッキング**の複数化合物のドッキングで作成したCSVファイルがあれば，化合物ID（complex_name）としてZnumberをとり出し，SMILESとタンパク質PDBファイルのpathを保存するだけで必要なファイルを作成できる．

```
import pandas as pd

mol_df = pd.read_csv("processed.csv")
lig_info = mol_df.smiles.tolist()
complex_name = mol_df.Znumber.tolist()
protein_path = /path/to/receptor.pdb
df = pd.DataFrame(
    {
        "complex_name": complex_name,
```

```
        "protein_path": [protein_path] * len(lig_info),
        "ligand_description": lig_info,
        "protein_sequence": [""] * len(lig_info),
    }
)
df.to_csv("processed_diffdock_data.csv", index=False)
```

完成したデータは以下のような形式になる．

```
% head -n 3 processed_diffdock_data.csv
complex_name,protein_path,ligand_description,protein_sequence
Z1201618106,/path/to/receptor.pdb,CN1C(=O)OC(C)(C)C1=O,
Z99599698,/path/to/receptor.pdb,CCC1(C)CC(=O)NC(=O)C1,
```

## 2 ドッキング実行

インプットのデータが準備できれば，リポジトリに従って以下のコードを実行すればCSVファイル内の全化合物について計算が実施される．筆者の環境ではFDA 1,118化合物について12時間ほどで計算が完了した．

```
% cd /path/to/DiffDock
% python -m inference \
            --protein_ligand_csv processed_diffdock_data.csv \
            --out_dir results_diffdock \
            --inference_steps 20 \
            --samples_per_complex 40 \
            --batch_size 10 \
            --actual_steps 18 \
            --no_final_step_noise
```

# 解析例

計算が完了すると，指定した結果ディレクトリの下に，以下のようにcomplex_nameごとにrank1からrank10までのポーズがSDFファイルとして保存される．DiffDockは結合のよさの指標としてconfidenceを算出しており，より小さいスコアがよいポーズとして得られる．

```
% tree results_diffdock/ | head -n 13
results_diffdock/
├── Z1020762628
│   ├── rank1.sdf
```

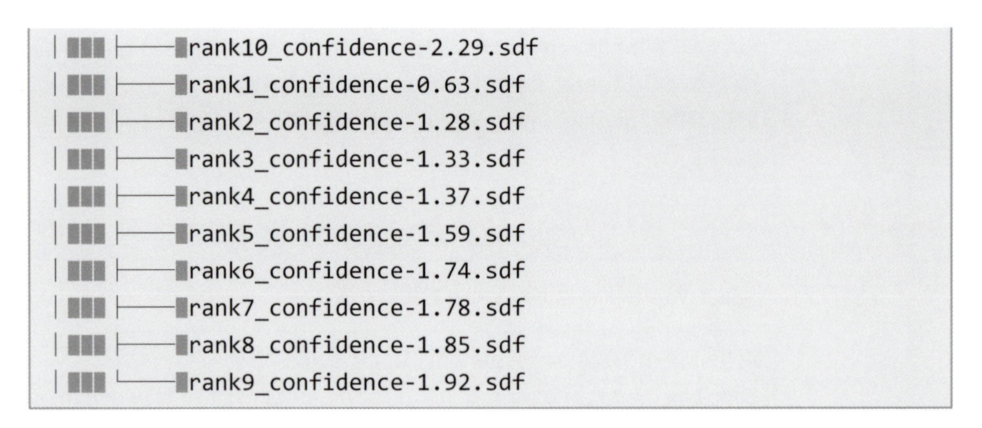

```
│ ███ ├──█rank10_confidence-2.29.sdf
│ ███ ├──█rank1_confidence-0.63.sdf
│ ███ ├──█rank2_confidence-1.28.sdf
│ ███ ├──█rank3_confidence-1.33.sdf
│ ███ ├──█rank4_confidence-1.37.sdf
│ ███ ├──█rank5_confidence-1.59.sdf
│ ███ ├──█rank6_confidence-1.74.sdf
│ ███ ├──█rank7_confidence-1.78.sdf
│ ███ ├──█rank8_confidence-1.85.sdf
│ ███ └──█rank9_confidence-1.92.sdf
```

DiffDockなどの深層学習ドッキングは，結晶構造の再現性をリガンドのRMSDで評価した際には高い性能を示すものの，実際にポーズを確認すると化学的に不自然な構造となっている場合があることが指摘されている．PoseBusters[14]は，リガンドの化学的・幾何学的整合性，芳香環の平面性，標準的な結合長，タンパク質–リガンド間のクラッシュなどを総合的に評価するパッケージとして開発された．PoseBustersはpipでインストール可能で，コマンドラインからリガンドのSDFファイルとタンパク質のPDBファイルを指定することで実行可能である．

```
% pip█install█posebusters
% bust█ligand_pred.sdf█-p█receptor.pdb
```

IPAB提出化合物（381化合物）とFDA化合物（1,118化合物）のrank1の化合物をPoseBustersで評価すると，IPAB化合物は18化合物，FDA化合物は102化合物について，何らかの基準で問題があると判定された．一例としてFDA化合物のZ1741977003（rank1：confidence = 0.01）のポーズを示す（図8）．この分子はPoseBustersの`internal_steric_clash`で問題があると判定されており，実際に分子を確認するとナフタレン環の水素と側鎖メチレン水素がclashする位置を占めていることがわかる．

❶ **AutoDock Vinaによるドッキング**の**解析例**と同様に，PoseBustersの判定をクリアし

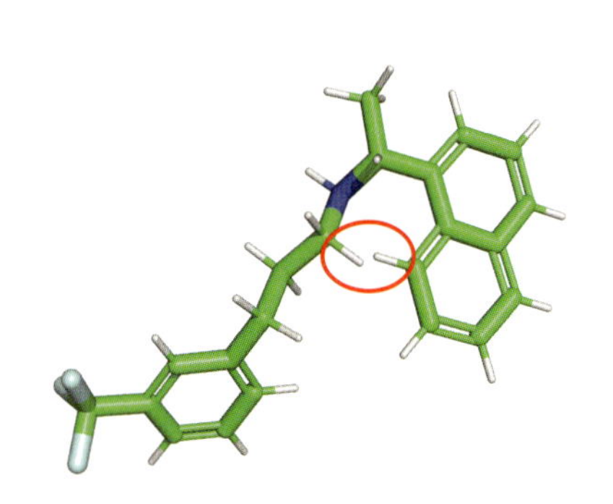

**図8　Z1741977003のDiffDock結果**
ぶつかっている水素原子を赤丸で表示．

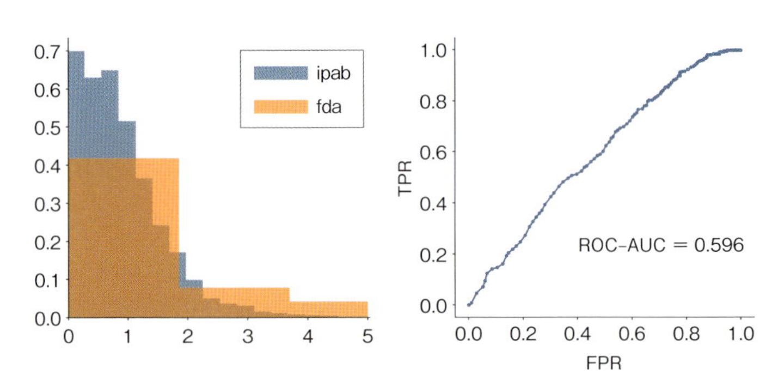


**図9　IPAB/FDA化合物のDiffDock confidenceスコア分布とROC-AUC曲線**

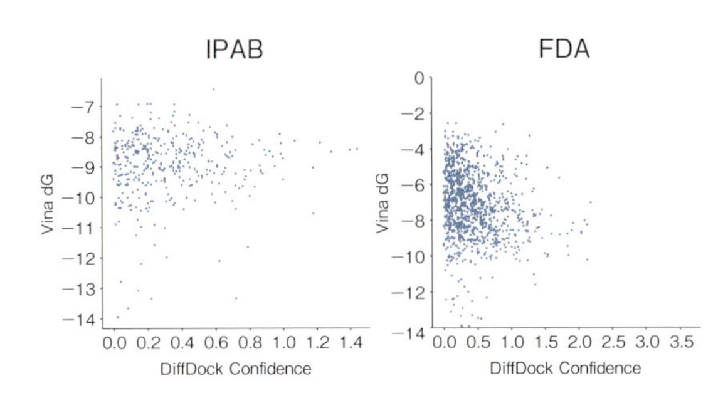


**図10　IPAB/FDA化合物のDiffDock confidenceスコアとVinaドッキングスコア**

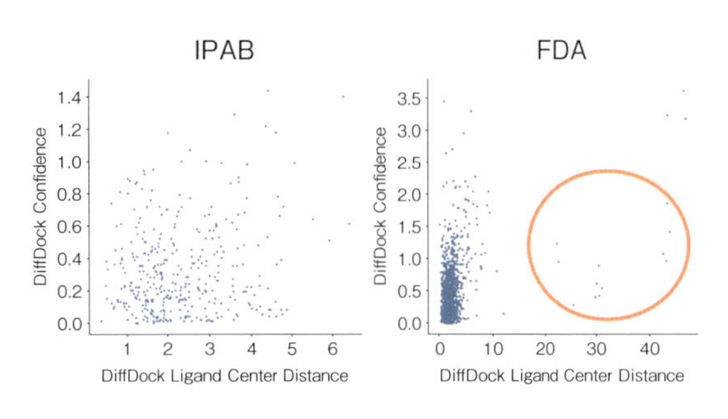


**図11　IPAB/FDA化合物のリガンド-結合ポケット距離とDiffDock confidenceスコア**

たIPAB提出化合物（363化合物）とFDA化合物（1,016化合物）のconfidenceスコアの分布，およびIPAB化合物とFDA化合物をconfidenceスコアで判別する問題として設定したときのROC-AUCを見てみよう．スコアの分布としては，IPAB化合物が左に偏っているが，全体として分布が重なっており（図9左），精度としてもそれほど高くない結果となった（図9右：ROC-AUC = 0.596）．

一方，Vinaスコアとconfidenceスコアを散布図で比較すると，あまり相関していないことがわかる（図10）．IPAB化合物とFDA化合物ではスコアの分布が異なるため，x軸/y軸の範囲が異なることに注意する．KarmaDockやUni-Dockの解析例においても同様である．

DiffDockは結合部位をVinaのように指定せず，結合部位の予測とポーズの予測を同時に実施する．結合部位が未知のタンパク質で計算する場合には，結合部位の推測方法としての活用も考えられる．しかし，今回の設定のように結合部位を仮定して計算する場合，**confidenceの数値のみで化合物の優先度を考えるのは適切ではない分子が出てくる**．例えば，Vinaのconfigで設定したgrid boxのcenter座標とDiffDockの予測ポーズの重心間の距離を計算すると，図11赤丸のようにconfidenceのスコアとは無関係に，centerと大きく離れた位置で予測されている分子が存在することがわかる．実際には分子によってアロステリックサイトなどに結合する可能性もあるため，結合部位が離れた分子を一律に除外することはできないが，スコアのみで化合物選択を行うことなく，結合部位の観点を留意しながら解析する必要がある．

# プロトコール：KarmaDock

## 1　データ準備

KarmaDockでは，分子IDとSMILESを記載したtsvファイルを作成する．例えば以下のようにして❶ **AutoDock Vinaによるドッキング**で作成したCSVファイルから，区切り文字と列の順番を変えて保存すればよい．

```
csv_file = "processed.csv"
out_tsv_file = "processed.smi"
```

```
with open(csv_file, 'r') as f:
    reader = csv.reader(f)
    rows = [row for row in reader]

with open(out_tsv_file, 'w') as j:
    for row in rows:
        if row[1] != 'smiles':
            new_row = '\t'.join(row[::-1])
            j.write(new_row + '\n')
```

KarmaDockではリガンドファイルを用いて結合部位を指定することができる．本プロトコールでは「lig_1」を使う．Vinaでドッキングした PDBQT 分子（SDFファイルなどでもよい）から OpenBabel[42] などで mol2ファイル（lig_1.mol2）として保存する．

```
% mamba install -c openbabel openbabel
% obabel -ipdbqt lig_1.pdbqt -omol2 -Olig_1.mol2
```

## 2 ドッキング実行

KarmaDockではまず化合物データをグラフオブジェクトに変換・保存して，ドッキングを実施する．リポジトリでは「`--score_threshold 50`」となっているが，閾値を高くし過ぎると低スコアの化合物の結果が保存されなくなってしまうので今回は低めに設定している．筆者の環境ではFDA 1,118化合物について30分弱で計算が完了した．

```
% cd KarmaDock/
# グラフ生成オブジェクト
% python -u ./utils/virtual_screening_pipeline.py \
    --mode generate_graph \
    --ligand_smi processed.smi \
    --protein_file receptor.pdb \
    --crystal_ligand_file lig_1.mol2 \
    --graph_dir graph_dir \
    --random_seed 2023

# バーチャルスクリーニング
% python -u ./utils/virtual_screening_pipeline.py \
    --mode vs \
    --protein_file /path/to/receptor.pdb \
    --crystal_ligand_file /path/to/lig_1.mol2 \
    --graph_dir graph_dir \
    --out_dir results_karmadock \
    --score_threshold 1 \
```

```
████--batch_size█64█\
████--random_seed█2023█\
████--out_uncoorected█\
████--out_corrected
```

## 解析例

計算が完了すると指定した結果ディレクトリの下に，以下のようにcomplex_nameごとにuncorrected/ff_corrected/align_correctedのSDFファイルが作成される．VSモードで「--out_corrected」をつけると，初期推論ポーズに対して分子力場（FF）またはRDKitのアラインメントによる事後補正計算を実施し，ff_corrected.sdf/align_corrected.sdfとして保存される．ただし，**補正計算は必ずしも実施した方がよいポーズになるわけではなく，補正することで配座が不適切になってしまう場合もある**．

同じディレクトリにscore.csvが作成され，結合のよさの指標としてkarma_scoreが記載されている．このスコアがより大きい方が強く結合したポーズと予測される．karma_scoreが「--score_threshold」で指定した値を下回った場合はSDFファイルが保存されない．

本プロトコールでは省略するが，KarmaDockでもPoseBustersを用いると不適切と判定されるポーズが認められる．**実際に使用する場合には，PoseBustersの活用や目視による確認が必要である**．

```
% tree█results_karmadock/█|█head█-n█4
results_karmadock/
├───█Z1020762628_uncorrected.sdf
├───█Z1020762628_ff_corrected.sdf
├───█Z1020762628_align_corrected.sdf
```

IPAB提出化合物（381化合物）とFDA化合物（1,118化合物）について，align補正したKarmaDockスコアの分布とIPAB-FDAをKarmaDockスコアで判別する問題として設定したときのROC-AUCをVinaと同様に見てみる．スコアの分布では，IPAB化合物が右に偏っており（図12左），精度としてもまずまずの結果となった（図12右：ROC-AUC = 0.778）．

Vinaのスコアと散布図で比較すると，IPABでははっきりとした相関は認められないが，FDA化合物では比較的明確な相関関係が認められた（図13）．

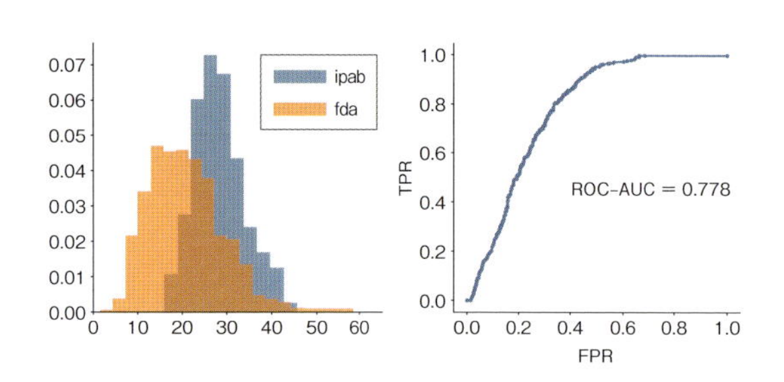


図12　IPAB/FDA化合物のKarmaDockスコア分布とROC-AUC曲線

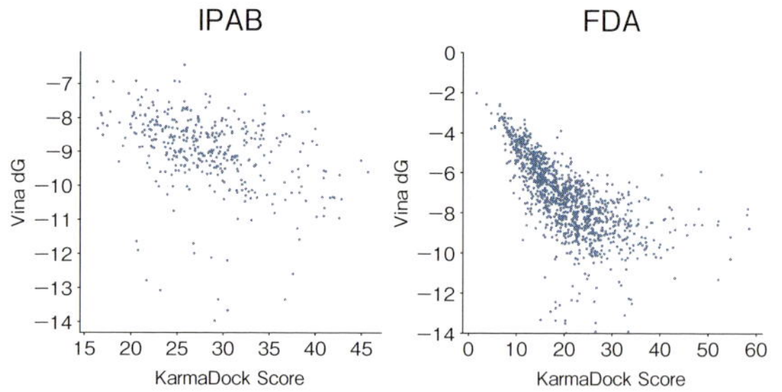


図13　IPAB/FDA化合物のKarmaDockスコアとVinaドッキングスコア

## プロトコール：Uni-Dock

### 1　データ準備

Uni-Dockでは，❶**AutoDock Vinaによるドッキング**と同様にしてMeeko（表1の11）などを用いて作成したリガンドのPDBQTファイルをディレクトリに保存しておき，そのファイルパスのリストをテキストファイルとして準備する．

タンパク質はVinaと同じくPDBQTファイルを使用する．

```
# pdbqtファイル作成
# 作成したpdbqtファイルのリスト作成
% find ./path/to/pdbqt_files/ -type f -name "*.pdbqt" > indata.txt
```

### 2　ドッキング実行

Uni-DockのコンフィグはVinaとほぼ同様に準備できるが，計算の複雑さを「`search_mode`」として指定できる．モードは，fast < balanced < detailedとなるにつれて，計算時間がかかる代わりに精度が精密になる．それぞれのモードで対応する推奨の「`exhaustiveness`」と「`max_step`」があるため，詳しくは公式リポジトリを参照してほしい．以下にはdetailedモードのconfigの例を挙げている．

```
# config.txt
center_x = 2.94935341
center_y = -10.73860162
center_z = -7.62855921
size_x = 18
size_y = 10
size_z = 15
num_modes = 8
search_mode = detail
```

```
exhaustiveness = 512
max_step = 40
refine_step = 3
seed = 5
```

ドッキングは以下のようにコマンドラインから実行可能である．筆者の環境ではFDA 1,118化合物について10分弱で計算が完了した．

```
% mkdir results_unidock
% unidock \
    --receptor receptor.pdbqt \
    --ligand_index indata.txt \
    --dir results_unidock \
    --config config.txt
```

## 解析例

計算が完了すると指定した結果ディレクトリの下に，各分子のPDBQTファイルが作成される．スコアのまとめファイルは特に作成されないため，Vinaと同様にMeeko（表1の11）などを用いてPDBQTファイルからスコアを抽出し，まとめたテーブルデータを作成する必要がある．

スコア分布（図14左）とROC-AUC（図14右）はほぼVinaと同様の結果となり，精度としてもまずまずの結果となった（ROC-AUC = 0.738）．

Vinaのスコアと散布図で比較すると，IPABでは緩やかな相関が，FDA化合物では比較的明確な相関関係が認められる（図15）．

このようにUni-DockはVinaと同等の性能を保ちながら高速な計算を可能としているが，**不得手とする分子が指摘されており，注意が必要である**．例えば，公式リポジトリのissue

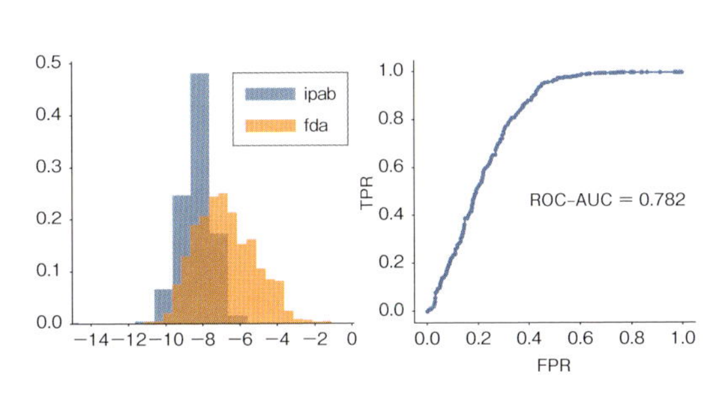

図14　IPAB/FDA化合物のUni-Dockスコア分布とROC-AUC曲線

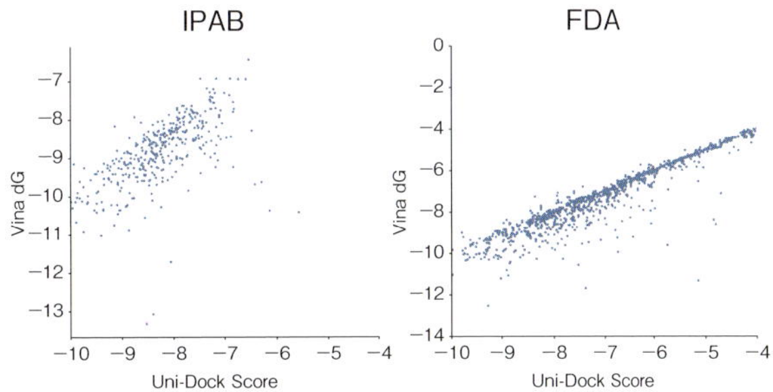

図15　IPAB/FDA化合物のUni-DockスコアとVinaドッキングスコア

（表1の20）では，glue atom※8（表1の21）をもつ分子は極端なスコアとなることが指摘されている．Vinaと大きくスコアの挙動が変わる分子があった場合は，個別にポーズを確認する等の対応をするのが望ましい．

## 本プロトコールのおわりに

本プロトコールでは，深層学習ベースの手法（DiffDock，KarmaDock），およびGPUを用いた高速ドッキング（Uni-Dock）について，インストールから実行，結果の解析までを解説した．これらの分子ドッキングの多様な手法を理解・活用することで，創薬研究の効率化につながるであろう．ただし，各手法には長所短所があり，結果の解釈には注意が必要である．可能であれば代表的な化合物についてはVinaなどの従来的手法と併用して結果を比較しながら解析していくことが望ましい．一方で，本プロトコールで紹介した手法以降も多数のドッキング関連手法が開発・報告されてきている．おそらくいきなり既存手法をすべての面で上回る「理想のツール」の登場はまだ先になるだろう．しかし，本プロトコールであげた手法やそれらの新手法の特性を理解しつつ，うまく組合わせながら活用していくことで，より精度の高いバーチャルスクリーニングが可能になると期待される．今後の発展が非常に楽しみな分野である．

### ◆ 文献


1） Morris GM, et al：J Comput Chem, 30：2785-2791, doi:10.1002/jcc.21256（2009）
2） Eberhardt J, et al：J Chem Inf Model, 61：3891-3898, doi:10.1021/acs.jcim.1c00203（2021）
3） Yu Y, et al：J Chem Theory Comput, 19：3336-3345, doi:10.1021/acs.jctc.2c01145（2023）
4） Trott O & Olson AJ：J Comput Chem, 31：455-461, doi:10.1002/jcc.21334（2010）
5） Wang H：Brief Bioinform, 25, doi:10.1093/bib/bbae081（2024）
6） Ragoza M, et al：J Chem Inf Model, 57：942-957, doi:10.1021/acs.jcim.6b00740（2017）
7） Jiang D, et al：J Med Chem, 64：18209-18232, doi:10.1021/acs.jmedchem.1c01830（2021）
8） Zhang X, et al：Nat Comput Sci, 3：789-804, doi:10.1038/s43588-023-00511-5（2023）
9） Dwivedi VP & Bresson X：arXiv, doi:10.48550/arXiv.2012.09699（2020）
10） Satorras VG, et al：arXiv, doi:10.48550/arXiv.2102.09844（2021）
11） Ho J, et al：arXiv, doi:10.48550/arXiv.2006.11239（2020）
12） Rombach R, et al：arXiv, doi:10.48550/arXiv.2112.10752（2021）
13） Corso G, et al：arXiv, doi:10.48550/arXiv.2210.01776（2022）
14） Buttenschoen M, et al：Chem Sci, 15：3130-3139, doi:10.1039/d3sc04185a（2024）
15） Miller EB, et al：J Chem Theory Comput, 17：2630-2639, doi:10.1021/acs.jctc.1c00136（2021）
16） Krishna R, et al：Science, 384：eadl2528, doi:10.1126/science.adl2528（2024）
17） Abramson J, et al：Nature, 630：493-500, doi:10.1038/s41586-024-07487-w（2024）
18） Zhao J, et al：Comput Struct Biotechnol J, 18：417-426, doi:10.1016/j.csbj.2020.02.008（2020）
19） Tsuchiya Y, et al：J Chem Inf Model, 63：7578-7587, doi:10.1021/acs.jcim.3c01405（2023）
20） Aggarwal R, et al：J Chem Inf Model, 62：5069-5079, doi:10.1021/acs.jcim.1c00799（2022）
21） Ishitani R, et al：PLoS One, 19：e0308425, doi:10.1371/journal.pone.0308425（2024）
22） Irwin JJ, et al：J Chem Inf Model, 60：6065-6073, doi:10.1021/acs.jcim.0c00675（2020）


**※8 glue atom**

中員環以上の環状分子のドッキングシミュレーションを可能にするために導入された仮想的な原子．環状構造を一時的に切断して直鎖状にする際，切断された末端に配置され，これらの原子間に特殊なポテンシャルを設定することで，シミュレーション中に環が自然に閉じるよう誘導する．これによって，分子の柔軟性を保ちながら，本来の環状構造を再現するための"glue"の役割を果たす

23）Kim S, et al：Nucleic Acids Res, 44：D1202-D1213, doi:10.1093/nar/gkv951（2016）
24）Lipinski CA, et al：Adv Drug Deliv Rev, 23：3-25, doi:10.1016/S0169-409X(96)00423-1（1997）
25）Bickerton GR, et al：Nat Chem, 4：90-98, doi:10.1038/nchem.1243（2012）
26）Baell JB & Holloway GA：J Med Chem, 53：2719-2740, doi:10.1021/jm901137j（2010）
27）Mysinger MM, et al：J Med Chem, 55：6582-6594, doi:10.1021/jm300687e（2012）
28）Wang C & Zhang Y：J Comput Chem, 38：169-177, doi:10.1002/jcc.24667（2017）
29）Tran-Nguyen VK, et al：Nat Protoc, 18：3460-3511, doi:10.1038/s41596-023-00885-w（2023）
30）Søndergaard CR, et al：J Chem Theory Comput, 7：2284-2295, doi:10.1021/ct200133y（2011）
31）Holcomb M, et al：Protein Sci, 32：e4530, doi:10.1002/pro.4530（2023）
32）Lyu J, et al：Science, 384：eadn6354, doi:10.1126/science.adn6354（2024）
33）Song J, et al：bioRxiv, doi:10.1101/2024.04.04.588044（2024）
34）Fiser A & Sali A：Methods Enzymol, 374：461-491, doi:10.1016/S0076-6879(03)74020-8（2003）
35）Ropp PJ, et al：J Cheminform, 11：14, doi:10.1186/s13321-019-0336-9（2019）
36）Wu J, et al：Drug Discov Today, 27：103372, doi:10.1016/j.drudis.2022.103372（2022）
37）Chiba S, et al：Sci Rep, 7：12038, doi:10.1038/s41598-017-10275-4（2017）
38）Fischer A, et al：J Med Chem, 64：2489-2500, doi:10.1021/acs.jmedchem.0c02227（2021）
39）Wójcikowski M, et al：J Cheminform, 7：26, doi:10.1186/s13321-015-0078-2（2015）
40）Bouysset C & Fiorucci S：J Cheminform, 13：72, doi:10.1186/s13321-021-00548-6（2021）
41）Adasme MF, et al：Nucleic Acids Res, 49：W530-W534, doi:10.1093/nar/gkab294（2021）
42）O'Boyle NM, et al：J Cheminform, 3：33, doi:10.1186/1758-2946-3-33（2011）

# 3 MDシミュレーション
## 予測構造モデルの安定性や結合の強さを検証する

寺田　透

タンパク質とリガンドの複合体のモデルに対して分子動力学（MD）シミュレーションを行うことにより，モデルの安定性や，分子間相互作用の強さに関する情報を得ることができる．本稿ではまず，MDシミュレーションの基礎となる，ニュートンの運動方程式の数値解法，ポテンシャルエネルギー関数，アンサンブルの生成について解析する．続いて，MDシミュレーションを効率的に実行するための方法と，MDシミュレーションによって生成される座標の時系列データ（トラジェクトリー）の基本的な解析方法について解説する．最後に，AlphaFold2によるタンパク質の予測構造にリガンドをドッキングした複合体モデルを例に，MDシミュレーションの実行方法を解説する．もし基礎部分を難しく思われる場合には，先にプロトコールを読んだあとで基礎に立ち返っていただいても構わない．

## はじめに

予測構造やPDBに登録された実験構造を立体構造ビューアーで見ると，立体構造がその構造で固定されているような印象を受ける．しかし実際には，分子を構成するすべての原子は熱揺らぎをしており，他の分子との相互作用により立体構造が変化する．また，分子内・分子間相互作用を形成している原子ペアには，強く相互作用しているペアと，弱く相互作用しているペアが存在する．予測構造や実験構造において原子間距離が近いからといって，強く相互作用していると一概には判断できない．また，AlphaFoldによる複合体構造予測では，予測構造とともに予測信頼度が出力されるが，これは分子間の結合の強さ（親和性）と対応していない．例えば，既知のリガンドと新規のリガンドについて，それぞれタンパク質との複合体構造を予測すると，新規のリガンドの方が，予測信頼度が低く出力される可能性がある．しかし，この結果だけから，新規のリガンドの方が，親和性が低いと判断することはできない．このように，**生体分子の機能やそのメカニズムを議論するためには，分子の運動（ダイナミクス）や相互作用の強さに関する情報が必要となる**．**分子動力学（Molecular Dynamics：MD）シミュレーションを実行すると，立体構造から理論的にこれらの情報を引き出すことができる**．本稿では，MDシミュレーションの基礎とともに，この実行方法を解説する．

# MDシミュレーションの基礎

本稿では，MDシミュレーションの基礎となる，ニュートンの運動方程式の数値解法，ポテンシャルエネルギー関数，アンサンブルの生成について解説する．

## 1）ニュートンの運動方程式の数値解法

**MDシミュレーションは，分子を構成する各原子に働く力を用いてニュートンの運動方程式（1）を解き，各原子の座標の時間変化を求める方法である**．

$$m_i \mathbf{a}_i = \mathbf{F}_i \tag{1}$$

ここで，$m_i$は分子を構成する$i$番目の原子の質量であり，$\mathbf{a}_i$はこの原子の加速度，$\mathbf{F}_i$はこの原子に働く力を表している．加速度と力は$x$，$y$，$z$成分をもつ三次元のベクトルであるため，ここでは太字の立体（ローマン体）で表記する．加速度$\mathbf{a}_i$は，座標$\mathbf{r}_i$の時間に関する二次微分で，速度$\mathbf{v}_i$の時間に関する一次微分である．

$$\mathbf{a}_i = \frac{d\mathbf{v}_i}{dt} = \frac{d^2\mathbf{r}_i}{dt^2} \tag{2}$$

ニュートンの運動方程式は，3体以上の系については解析的に解くことができないため，多数の原子から構成される生体分子のMDシミュレーションでは，必然的に数値的に解くことになる．数値解法では，短い時間刻み$\Delta t$を用いて，$\Delta t$後の座標と速度を逐次的に求める．以下に示す**速度ベルレ（velocity Verlet）法**は，MDシミュレーションで用いられる代表的な数値解法である．

① 時刻$t$における速度と力を用いて，時刻$t + \frac{\Delta t}{2}$における速度を求める

$$\mathbf{v}_i\left(t + \frac{\Delta t}{2}\right) = \mathbf{v}_i(t) + \frac{\mathbf{F}_i(\mathbf{r}(t))}{m_i}\frac{\Delta t}{2} \tag{3}$$

② 時刻$t + \frac{\Delta t}{2}$における速度を用いて，時刻$t + \Delta t$における座標を求める

$$\mathbf{r}_i(t + \Delta t) = \mathbf{r}_i(t) + \mathbf{v}_i\left(t + \frac{\Delta t}{2}\right)\Delta t \tag{4}$$

③ 時刻$t + \Delta t$における座標から力を求め，これを用いて時刻$t + \Delta t$における速度を求める

$$\mathbf{v}_i(t + \Delta t) = \mathbf{v}_i\left(t + \frac{\Delta t}{2}\right) + \frac{\mathbf{F}_i(\mathbf{r}(t + \Delta t))}{m_i}\frac{\Delta t}{2} \tag{5}$$

ここで，原子$i$にかかる力$\mathbf{F}_i$は，座標から計算され，この原子以外の座標にも依存することから，添え字を除いた$\mathbf{r}$により，系に含まれるすべての原子の座標のセットを表している．**蛙跳び（leap frog）法**もよく用いられるが，これは②，③，①の順に行い，③と①の計算を原子ごとに$\Delta t$分を一度に計算する方法であり，速度ベルレ法と同等の方法である．

## 2）ポテンシャルエネルギー関数

原子$i$に働く力$\mathbf{F}_i$は，系のエネルギーを記述する**ポテンシャルエネルギー関数**$E(\mathbf{r})$を，その原子の座標$\mathbf{r}_i$に関して偏微分することにより求められる．

$$\mathbf{F}_i = -\frac{\partial E(\mathbf{r})}{\partial \mathbf{r}_i} \tag{6}$$

ポテンシャルエネルギー関数[1)2)]は，共有結合相互作用，共有結合角相互作用，二面角相互作用，ファンデルワールス（van der Waals）相互作用，静電相互作用を表すエネルギー項，$E_{\text{bond}}(\mathbf{r})$，$E_{\text{angle}}(\mathbf{r})$，$E_{\text{torsion}}(\mathbf{r})$，$E_{\text{vdW}}(\mathbf{r})$，$E_{\text{elec}}(\mathbf{r})$の和で表される．

$$E_{\text{bond}}(\mathbf{r}) = \sum_b k_b (r_b - r_b^0)^2 \tag{7}$$

$$E_{\text{angle}}(\mathbf{r}) = \sum_a k_a (\theta_a - \theta_a^0)^2 \tag{8}$$

$$E_{\text{torsion}}(\mathbf{r}) = \sum_d k_d \left[1 + \cos(n_d \phi_d - \delta_d)\right] \tag{9}$$

$$E_{\text{vdW}}(\mathbf{r}) = \sum_{i<j} 4\varepsilon_{ij} \left[\left(\frac{\sigma_{ij}}{r_{ij}}\right)^{12} - \left(\frac{\sigma_{ij}}{r_{ij}}\right)^{6}\right] \tag{10}$$

$$E_{\text{elec}}(\mathbf{r}) = \sum_{i<j} \frac{q_i q_j}{4\pi\varepsilon_0 r_{ij}} \tag{11}$$

$$E(\mathbf{r}) = E_{\text{bond}}(\mathbf{r}) + E_{\text{angle}}(\mathbf{r}) + E_{\text{torsion}}(\mathbf{r}) + E_{\text{vdW}}(\mathbf{r}) + E_{\text{elec}}(\mathbf{r}) \tag{12}$$

ここで，$k_b$と$r_b^0$は共有結合相互作用の力の定数と平衡長，$k_a$と$\theta_a^0$は共有結合角相互作用の力の定数と平衡角，$k_d$，$n_d$，$\delta_d$はそれぞれ，二面角相互作用の力の定数，周期，位相，$q_i$は原子$i$の部分電荷である．式（10）で表されるポテンシャルエネルギー関数の一般形は式（13）で表され，**レナード-ジョーンズ（Lennard-Jones）ポテンシャル**とよばれる．この関数の概形を図1に示す．

$$E_{\text{LJ}}(r) = 4\varepsilon \left[\left(\frac{\sigma}{r}\right)^{12} - \left(\frac{\sigma}{r}\right)^{6}\right] \tag{13}$$

$r = \sigma$のとき$E_{\text{LJ}}(r) = 0$となり，$r = \sqrt[6]{2}\sigma$のとき最小値$E_{\text{LJ}}(r) = -\varepsilon$をとる．

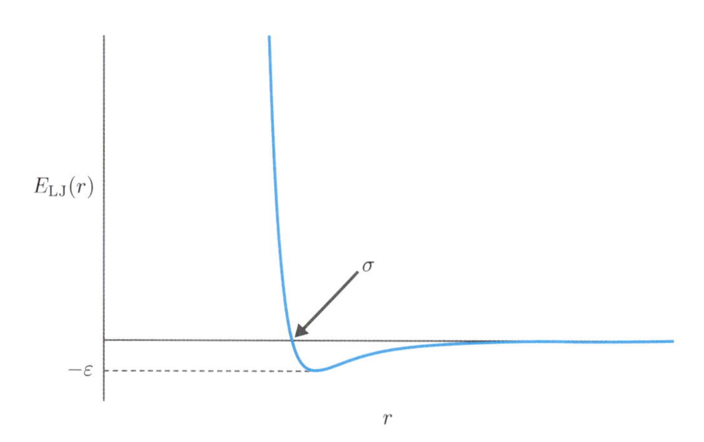


**図1　Lennard-Jonesポテンシャル$E_{\text{LJ}}(r)$の概形**
$r = \sigma$で$E_{\text{LJ}}(r) = 0$となり，$r = \sqrt[6]{2}\sigma$で最小値$E_{\text{LJ}}(r) = -\varepsilon$をとる．$r$が0に近くなると，斥力項により$E_{\text{LJ}}(r)$の値は急速に大きくなる．$r$が大きくなると，$E_{\text{LJ}}(r)$は0に近づく．

これらの定数は，相互作用する原子の種類ごとに，量子化学計算や実験値に基づいて決められ，**力場パラメーター（force-field parameter）**とよばれる．MDシミュレーションを行う代表的なソフトウェア**Amber**と**CHARMM**には，標準アミノ酸やヌクレオチドの力場パラメーターが同梱されており，それぞれAmber力場パラメーター，CHARMM力場パラメーターとよばれる．CHARMMのポテンシャルエネルギー関数には，前述のエネルギー項に加えて，共有結合角相互作用の補正項として共有結合角を形成する両端の原子同士の相互作用を記述する**Urey-Bradley項**，$E_{\mathrm{UB}}(\mathbf{r})$，4つの原子の平面構造からのずれやキラリティーを記述する**improper torsion項**，$E_{\mathrm{improper}}(\mathbf{r})$，互いに相関する2つの二面角によるエネルギー項を，高精度量子化学計算によって得られたエネルギーマップに合うように補正する**correction map（CMAP）項**，$E_{\mathrm{CMAP}}(\mathbf{r})$が存在する．

$$E_{\mathrm{UB}}(\mathbf{r}) = \sum_a k_a^{\mathrm{UB}}(r_a - r_a^0)^2 \tag{14}$$

$$E_{\mathrm{improper}}(\mathbf{r}) = \sum_m k_m(\phi_m - \phi_m^0)^2 \tag{15}$$

$$E_{\mathrm{CMAP}}(\mathbf{r}) = \sum_i E_i^{\mathrm{CMAP}}(\phi_i, \psi_i) \tag{16}$$

ここで，$k_a^{\mathrm{UB}}$と$r_a^0$はUrey-Bradley相互作用の力の定数と平衡長，$k_m$と$\phi_m^0$はimproper torsion相互作用の力の定数と位相である．$E_i^{\mathrm{CMAP}}(\phi_i, \psi_i)$は15度刻みの二次元のグリッドデータを，バイキュービック補間[※1]した関数である[3]．

水のモデルには**TIP3P**[※2][4]，**SPC/E**[※3][5]，**OPC**[※4][6]などが用いられる．イオンや脂質，糖などの力場パラメーターも標準アミノ酸やヌクレオチドの力場パラメーターとともに配布されている．一般の低分子化合物や，非標準アミノ酸，修飾塩基等については，力場パラメーターを新たに決定する必要があるが，これを行うための枠組みとして，Amberでは**general Amber force field（GAFF）**[7][8]，CHARMMでは**CHARMM general force field（CGenFF）**[9]が提供されている．

## 3）アンサンブルの生成

統計力学における「**微視的状態**」は，座標$\mathbf{r}$と速度$\mathbf{v}$（または運動量$\mathbf{p}$）によって定義される．**MDシミュレーションは，この微視的状態を逐次的に生成しているとみなすことができる**．ニュー

※1 バイキュービック補間

3次関数を用いた補間を2次元のデータに適用したもの．

※2 TIP3P

酸素原子と2つの水素原子に対応する3つの粒子からなる水のモデル．3つの粒子の相対位置は固定され剛体として扱う（SPC/E，OPCも同様）．水素原子に$q_{\mathrm{H}}$，酸素原子に$-2q_{\mathrm{H}}$の点電荷を置く．ファンデルワールス相互作用は酸素原子のみに働く（SPC/E，OPCも同様）．単純だが計算コストが低いため現在でもよく用いられる．

※3 SPC/E

TIP3Pと同様の3つの粒子からなるSPCモデル（構造やパラメーターは異なる）を改良し，周囲の原子がつくる電場による分極を考慮している．

※4 OPC

酸素原子と2つの水素原子にもう1つ粒子を加え，4つの粒子からなる水のモデル．水素原子に$q_{\mathrm{H}}$，余分に加えた粒子に$-2q_{\mathrm{H}}$の点電荷を置く．また，余分に加えた粒子は質量をもたない．水の静電的な性質を再現するように，構造や電荷が最適化されているため，他のモデルと比べて，水の物理化学的性質の実験値（誘電率，密度，拡散係数，蒸発熱，定圧モル比熱，膨張率，圧縮率など）をよく再現する．

トンの運動方程式に従ってMDシミュレーションを行うと，エネルギー保存則に従って，全エネルギー（運動エネルギーとポテンシャルエネルギーの和）が一定（初期値と同じ値）となる．このため，このMDシミュレーションは，**全エネルギーが同じ値の微視的状態の集団**，すなわち**ミクロカノニカルアンサンブル（microcanonical ensemble）**を生成すると言える．ミクロカノニカルアンサンブルは，粒子数$N$，体積$V$，全エネルギー$E$が一定になることから***NVE*アンサンブル**ともよばれる．

ある系に対して，ニュートンの運動方程式に従ってMDシミュレーションを行うことは，その系と外界との間にエネルギーのやりとりがなく，孤立していることを意味する．しかし，例えば試験管内の溶液中に同じタンパク質が多数存在するような現実系を考えてみると，全体としてはエネルギーが一定に保たれているものの，タンパク質とその周囲の溶媒を1つの系とみなしたときの各系のエネルギーは，異なると考えられる．ただし，系の間で熱エネルギーを交換することができるため，やがて温度が一様な熱平衡状態に達する．この熱平衡状態では，エントロピーが最大となっており，微視的状態の出現確率は**カノニカル分布**に従う．

$$\rho(\mathbf{r},\mathbf{p}) = \frac{1}{Z}\exp\left[-\frac{K(\mathbf{p})+E(\mathbf{r})}{RT}\right] \tag{17}$$

ここで，$\rho(\mathbf{r},\mathbf{p})$は微視的状態$(\mathbf{r},\mathbf{p})$の出現確率，$R$は気体定数，$T$は全系の温度，$E(\mathbf{r})$はポテンシャルエネルギーである．運動エネルギー$K(\mathbf{p})$は原子数を$N$とすると，以下で与えられる．

$$K(\mathbf{p}) = \sum_{i=1}^{N}\frac{|\mathbf{p}_i|^2}{2m_i} \tag{18}$$

$Z$は分配関数とよばれ，以下で与えられる．

$$Z = \int \exp\left(-\frac{K(\mathbf{p})+E(\mathbf{r})}{RT}\right)d\mathbf{r}d\mathbf{p} \tag{19}$$

微視的状態の出現確率がカノニカル分布に従う集団は，**カノニカルアンサンブル（canonical ensemble）**とよばれる．系の粒子数$N$，体積$V$，温度$T$が一定になることから***NVT*アンサンブル**ともよばれる．

MDシミュレーションでは，**シミュレーション対象の系が熱浴と接触しているとみなすことで，系の間の熱エネルギーの交換を模すことができる**．これにより，系の温度が一定になるように制御されることから，**定温MD法**とよばれる．定温MD法によりシミュレーションを行うと，カノニカル分布に従う微視的状態が逐次的に生成される．これは，**試験管内に多数存在する系それぞれがとる微視的状態を，MDシミュレーションによって，時系列に沿って生成することを意味している**．試験管内のタンパク質に対して物理量$A$を測定すると，各微視的状態に対応する測定値が，その微視的状態の存在確率に応じた重み付き平均として観測される．

$$\langle A\rangle = \int A(\mathbf{r},\mathbf{p})\rho(\mathbf{r},\mathbf{p})d\mathbf{r}d\mathbf{p} \tag{20}$$

MDシミュレーションでは，この値は時間平均として得られる．

$$\langle A\rangle = \frac{1}{n_T}\sum_{t=1}^{n_T}A(\mathbf{r}(t),\mathbf{p}(t)) \tag{21}$$

ここで，$n_T$はMDシミュレーションのステップ数（あるいは保存した座標と運動量のフレーム数）である．系の瞬間的な温度$T'$は以下の関係式から計算される．

$$\frac{1}{2}N_{\mathrm{f}}RT' = K(\mathbf{p}) \tag{22}$$

ここで，$N_{\mathrm{f}}$は系の自由度で，すべての原子が自由に運動できる場合は，$N_{\mathrm{f}} = 3N$である．後述するように，一部の共有結合長を固定する場合は，固定する共有結合の数だけ$3N$から差し引く．定温MD法では，$T'$が参照温度$T$のまわりで揺らぐように制御する（$T'$の確率密度分布は式（17）から計算できる）．具体的な方法としては，熱浴の自由度を考慮する**Nosé-Hoover chain法**[10]や，仮想粒子との衝突と摩擦により熱エネルギーを交換する**Langevin dynamics**[11]などがあげられる．また，**Berendsen thermostat**[12]は，カノニカルアンサンブルを生成しないものの簡便で安定なため，平衡化シミュレーションなどで利用されてきた．これを，カノニカルアンサンブルを生成するように改良した**velocity rescaling法**[13]が開発され，利用されはじめている．

試験管の口が開いている場合は，試験管内の溶液の圧力は大気圧とつり合っていると考えられる．このとき，試験管内に存在する系の微視的状態の出現確率は以下に従う．

$$\rho(\mathbf{r},\mathbf{p},V) = \frac{1}{Z}\exp\left[-\frac{K(\mathbf{p})+E(\mathbf{r})+PV}{RT}\right] \tag{23}$$

ここで，$P$は系の圧力，$V$は系の体積である．分配関数$Z$は以下で与えられる．

$$Z = \int \exp\left(-\frac{K(\mathbf{p})+E(\mathbf{r})+PV}{RT}\right)d\mathbf{r}d\mathbf{p}dV \tag{24}$$

微視的状態の出現確率がこの分布に従う集団は，**等温等圧アンサンブル（isothermal isobaric ensemble）**とよばれる．系の粒子数$N$，圧力$P$，温度$T$が一定になることから***NPT*アンサンブル**ともよばれる．圧力の制御を行う場合には，系を直方体状のセルに収め，**周期境界条件**を適用する（図2）．周期境界条件のもとでは，中央にある基本セルが無限にくり返す．基本セル以外のセルは，基本セルのコピーのため，イメージセルとよばれる．運動によって，原子が境界面からセルの外に出ると，反対側の境界面から同じ原子が入ってくるため，セル内の原子数は一定に保たれる．一方，系の瞬間的な圧力$P'$は以下の式で与えられる．

$$P' = \frac{2K(\mathbf{p})}{3V} + \frac{1}{3V}\sum_{i<j}\mathbf{r}_{ij}\cdot\mathbf{F}_{ij} \tag{25}$$

ここで，$\mathbf{r}_{ij} = \mathbf{r}_i - \mathbf{r}_j$，$\mathbf{F}_{ij} = \mathbf{F}_i - \mathbf{F}_j$である．右辺の第2項を無視すると，理想気体の状態方程式$P'V = NRT'$に帰着することから，右辺の第2項は理想気体の条件から逸脱した原子間の相互作用に由来することがわかる．**タンパク質等のMDシミュレーションでは，右辺の第2項は右辺の第1項に比べて寄与が大きく，*P′*の大きな揺らぎの原因となっている**．原子$i$と原子$j$の間に引力が働くときは$\mathbf{r}_{ij}\cdot\mathbf{F}_{ij} < 0$となることから，引力が優勢なときは，右辺の第2項が全体として大きな負の値をとり，$P'$も負の値をとる．等温等圧アンサンブルを生成する等温等圧MD法では，$P' < P$のときはセルのサイズを小さくし，$P' > P$のときはセルのサイズを大きくすることにより，$P'$を制御する．このセルの拡大・縮小に合わせて，すべての原子の座標を同じだけ拡大・縮小する．具体的な方法としては，Nosé-Hoover chain法と同様にセルの辺の自由度を考慮することでセルのサイズを変化させる**Parrinello-Rahman法**[14][15]や

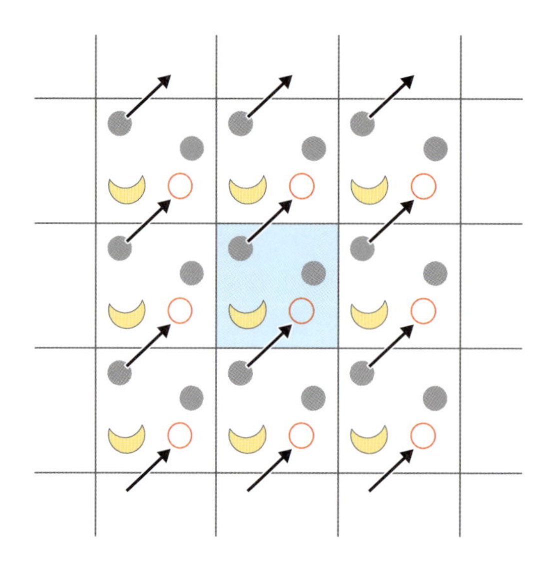

**図2　周期境界条件**
中央の青色地のセルが基本セル，周りの白地のセルが基本セルをコピーしたイメージセルである．基本セルの灰色の円で示された分子が矢印の方向に移動し，基本セルから出ると，イメージセルの対応する分子も同じ動きをするため，分子が出た反対側の面に接したイメージセルから，同じ分子が基本セルに入る．（文献41より引用）

**Martyna-Tuckerman-Tobias-Klein（MTTK）法**[16]，圧力制御にLangevin dynamicsを適用する**Langevin piston法**[17]などがあげられる．また，**Berendsen barostat**[12]は，等温等圧アンサンブルを生成しないが，簡便で安定なため平衡化シミュレーションなどでよく用いられてきた．近年，等温等圧アンサンブルを生成するように改良された**stochastic cell rescaling法**[18]が開発され，利用されはじめている．

## 効率的な実行のための方法

前項で説明した通り，MDシミュレーション法では，短い時間刻み$\Delta t$を用いてニュートンの運動方程式の数値解法のステップをくり返す．例えば時間$T$のシミュレーションを行いたい場合，$n_T = \dfrac{T}{\Delta t}$回のくり返し計算を行う必要がある．したがって$\Delta t$を長くすることができれば，くり返し回数$n_T$を減らし，シミュレーションにかかる時間を削減することができる．また，このくり返し計算では，毎回力を計算する必要がある．力は，ポテンシャルエネルギー関数を解析的に偏微分した式を用いて計算するが，これはポテンシャルエネルギーと同様，相互作用するペアごとに計算する必要がある．式（**10**），（**11**）からわかるように，非共有結合相互作用である，ファンデルワールス相互作用と静電相互作用については，$N$原子系では$\dfrac{N(N-1)}{2}$通りの原子ペアの間で力を計算する必要がある．生体高分子のMDシミュレーションでは，系に数万原子以上含まれることが多いため，**非共有結合相互作用の計算に，計算コストのほとんどが占められることになる**．さらに，周期境界条件のもとでは，$N$原子からなる基本セルが無限にくり返すため，**すべての原子ペアの相互作用を計算することはできない**．

本項では，MDシミュレーションを効率的に行うために，**長い$\Delta t$を使うための方法**と，**非共有結合相互作用を近似的に計算する方法**を解説する．

## 1）長い時間刻みを使用するための方法

ニュートンの運動方程式を解析的に解くと，全エネルギー（運動エネルギーとポテンシャルエネルギーの和）は，エネルギー保存則により，初期値から変動しない．しかし，数値解法を用いると，誤差を含むため，全エネルギーの値が初期値から変化していくことになる．数値解法として速度ベルレ法を用いると，全エネルギーは初期値付近を揺らぐものの，増加し続けたり，減少し続けたりすることはなく，安定にシミュレーションを実行することができる．全エネルギーの初期値からのずれは$\Delta t^2$に比例することから，$\Delta t$を短くすればより正確にシミュレーションを行うことができる．

前述のとおり，$\Delta t$を半分にすると，くり返し回数$n_T$は倍になることから，計算コストの観点からは$\Delta t$はなるべく長い方が望ましい．このため**現実には，精度と計算コストのバランスがとれる$\Delta t$の値を用いることになる**．一般的には，最も速い運動の周期の20分の1から10分の1の$\Delta t$を用いるのがよいとされている．タンパク質など生体分子の系の場合，最も速い運動は，水素を含む共有結合の伸縮運動であり，周期は10 fs程度である．このため$\Delta t$としては0.5 fsから1 fsが推奨される．

この$\Delta t$を用いると，水素を含む共有結合の伸縮運動も精度よく再現することができる．しかし実際には，このような速い運動にはあまり興味はなく，より遅い生物学的に重要な運動に興味がある場合が多い．このため，水素を含む共有結合の伸縮運動を固定して，長い$\Delta t$を使用可能にする方法がよく用いられる．具体的な方法としては，**SHAKE/RATTLE法**[19) 20)]，**LINCS法**[21)]，**P-LINCS法**[22)] などがあげられる．TIP3Pモデルの水分子のように，剛体として扱うことを前提にパラメーターが決められたモデルのために，O-H間，H-H間距離を固定する**SETTLE**[23)] とよばれる方法も利用されている．水素を含む共有結合の伸縮運動の次に速い運動は，その他の共有結合の伸縮運動となる．この運動の周期は20 fs程度であるため，水素を含む共有結合の伸縮運動を固定すると，$\Delta t$を2 fsにすることができる．

## 2）非共有結合作用計算の近似法

非共有結合相互作用は，相互作用する原子ペアの距離が遠くなるほど弱くなるため，**距離が離れた原子ペアの相互作用を無視することで計算量を削減することができる**．これは**カットオフ法**とよばれ，原子$i$とはカットオフ半径$r_c$以内にある原子のみが相互作用する（図3A）．$r_c$以内に存在する原子の数が平均$M$個であるとすると，非共有結合相互作用の計算には$NM$ペアを考慮すればよく，計算コストの削減が可能となる．ただし，原子$i$から$r_c$以内に存在するかどうか判定するために$N-1$個の原子との距離を計算する必要があり，この部分で$\frac{N(N-1)}{2}$に比例した計算コストがかかる．この計算コストを削減するために，$r_c < r_l$となる半径$r_l$を考え，$r_l$以内にある原子ペアのリストを作成し，このリストの原子ペアについて距離を計算して，これが$r_c$以下であれば相互作用を計算するという方法がとられている（図3B）．シミュレーションの間に半径$r_l$の外にあった原子との距離が，$r_c$以下になることがありうるので，原子の最大移動度が$r_l - r_c$以上になったときに，ペアリストを更新する．これには$\frac{N(N-1)}{2}$に比例した

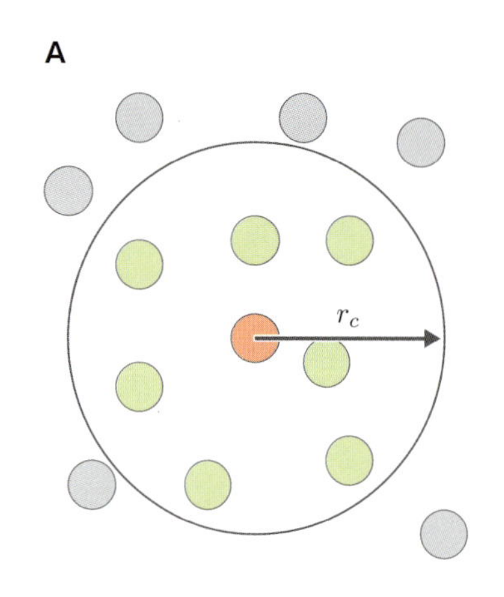


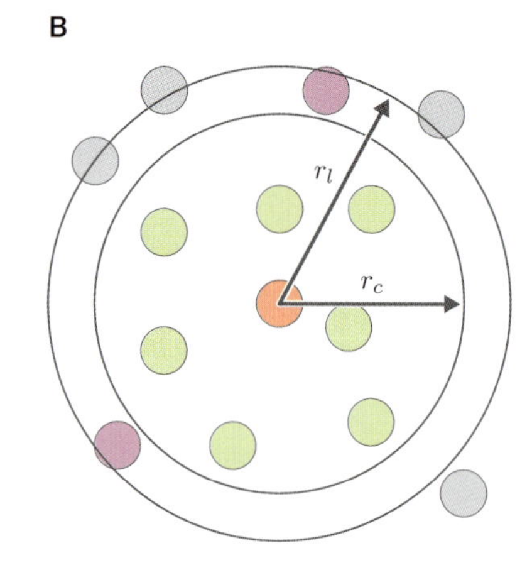


**図3　カットオフ法**

**A)** 赤色の原子から$r_c$以内の距離にある黄緑色の原子とのみ相互作用を計算する．**B)** 計算コストを削減するため，赤色の原子から$r_l$以内の距離にある黄緑色もしくは紫色原子についてペアリストを作成する．原子の最大移動度が$r_l - r_c$を超えたときにペアリストを更新する．（文献41より引用）

計算コストがかかるが，$r_l - r_c$を十分大きくとれば，更新の頻度を少なくすることができる．周期境界条件でカットオフ法を適用するには，基本セルの周囲のイメージセルの原子を考慮する手間を省くため，$r_c$を基本セルの最も短い1辺の長さの$\frac{1}{2}$より短くなるようにする．このようにすると，基本セルの中心を原子$i$の位置に移動させたとき，$r_c$以内の原子は，すべて基本セルの内部に存在する（図4）．このような$r_c$の決め方は，**minimum image convention**とよばれる．

非共有結合相互作用のうち，ファンデルワールス相互作用は距離の－6乗（力は－7乗）に比例して減衰するため，$r_c$を十分大きくとればカットオフ法を用いて精度よく相互作用を計算することができる．一方，静電相互作用は距離の－1乗（力は－2乗）に比例して減衰するに過ぎないため，離れていても無視できない寄与がある．また，周期境界条件では，イメージセルに存在する原子との相互作用も無視することができない．このため，周期境界条件を適用したMDシミュレーションでは，**particle mesh Ewald（PME）法**[24) 25)]とよばれる方法を用いて，近似的にカットオフなしで計算を行う．PME法の詳細については他書[26)]に譲るが，PME法は，原子ペアについて計算する実空間の計算部分と，高速フーリエ変換で計算する逆格子空間の計算部分からなる．実空間の計算部分はカットオフ法により計算を行うが，カットオフ半径$r_c$と，高速フーリエ変換を行うために基本セル内の空間を離散化するグリッド数の間にはトレードオフの関係があり，精度を保ちつつ$r_c$を小さくするには，空間を細かく離散化する必要がある．つまり，実空間の計算コストを下げると逆格子空間の計算コストが上がることになる．全体の計算コストはおおむね$N \log N$に比例し，大きな$r_c$を用いてカットオフ法で計算する場合に比べて，精度も計算効率も格段に高くなる．ただし，無限にくり返すイメージセルに含まれる原子との相互作用をすべて考慮する関係上，基本セルの全電荷の和が0でなければならない．このため，**電気的に中性でない分子のシミュレーションを行う際には，系にカウンターイ**

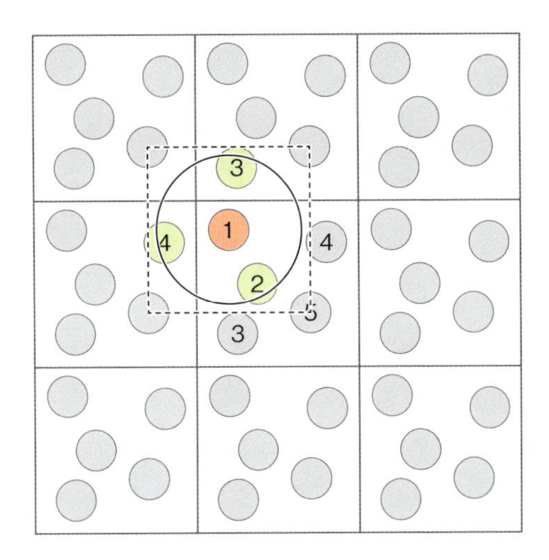


**図4 周期境界条件におけるカットオフ法の適用**
赤色の原子1が中心になるように移動したセルの境界を破線で示す．赤色の原子1から実線の円で示したカットオフ半径以内の距離にある，黄緑色で示した原子2，3，4との相互作用を計算する．このとき，原子3，4は，イメージセルにおける座標を用いて相互作用を計算する．（文献41より引用）

**オンを含めることにより，全電荷の和を0にする必要がある**.

このように，SHAKE/RATTLE法（またはLINCS法）による長い$\Delta t$を用い，ファンデルワールス相互作用にはカットオフ法，静電相互作用にはPME法を用いて，効率よくMDシミュレーションを行うことができる．さらに近年は，並列計算のアルゴリズムの発展やGraphics Processing Unit（GPU）利用の高度化により，数十万原子からなる系に対しても1日あたり100 ns以上の速さでシミュレーションを行うことが可能となっている．

## 結果の解析

MDシミュレーションの結果得られる座標や速度の時系列データは，**トラジェクトリー**とよばれ，各時刻における座標・速度は**スナップショット**とよばれる．本項では特に，座標のトラジェクトリーの解析について解説する．

MDシミュレーションが完了したら，最初に行う解析は，**初期構造からのずれ**の解析である．構造のずれは**root mean square deviation（RMSD）**により評価する．

$$\mathrm{RMSD}(t) = \sqrt{\frac{1}{|S|}\sum_{i\in S}\left|\mathbf{U}\mathbf{r}_i(t) + \Delta\mathbf{r} - \mathbf{r}_0\right|^2} \tag{26}$$

ここで，$S$は構造のずれの評価に用いる原子の集合であり，$|S|$は集合のサイズである．回転行列$\mathbf{U}$と並進ベクトル$\Delta\mathbf{r}$は右辺が最小になるように決められる．$\mathbf{r}_0$は参照構造であり，この場合は初期構造である．構造のずれの評価には，タンパク質の場合は$C_\alpha$原子を，低分子化合物の場合は非水素原子を用いることが多い．10 psごとに座標データを保存したシミュレーションを100 ns行った場合，10,000の座標データについてRMSDを計算することができる．これを時間

に対してプロットすると，**初期構造からのずれが大きいかどうか，あるいは大きくなり続けているか，一定の値に収束しつつあるかがわかる**．初期構造からのずれが大きい（例えば5 Å以上）場合は，トラジェクトリーからスナップショット構造を複数（例えば10 nsごとに10個）出力し，ビューアーで確認するとよい．ドメイン運動によってずれが大きくなっていると考えられる場合はドメインごとに，長いループなどによってずれが大きくなっていると考えられる場合は，ループを除いてRMSDを計算し直すとよい．初期構造からのずれが大きくなり続けている場合は，シミュレーション時間を延長するとよい．

**タンパク質の領域ごとの運動性の違い**を解析するためには，平均構造を中心とした揺らぎ，**root mean square fluctuation（RMSF）**を解析するとよい．ここでは，まずトラジェクトリーに含まれる各座標を，式（26）に従って初期構造からのRMSDが最小になるように並進・回転する．この結果得られた座標を$\mathbf{r}'(t)$とすると，RMSFは以下の式で計算することができる．

$$\mathrm{RMSF}_i = \sqrt{\frac{1}{n_T}\sum_{t=1}^{n_T}\left|\mathbf{r}'_i(t) - \langle\mathbf{r}'_i\rangle\right|^2} \quad (27)$$

ここで$n_T$はトラジェクトリーに含まれるスナップショットの数である．$\langle\mathbf{r}'_i\rangle$は$\mathbf{r}'(t)$から計算される原子$i$の平均座標で，以下で与えられる．

$$\langle\mathbf{r}'_i\rangle = \frac{1}{n_T}\sum_{t=1}^{n_T}\mathbf{r}'_i(t) \quad (28)$$

例えば$C_\alpha$原子ごとにRMSFを計算すると，残基ごとの揺らぎの大きさを，残基番号に対してプロットすることができる．ここから，揺らぎの大きい領域を見つけることができる．各残基の揺らぎは独立ではなく，ドメインやループでまとまって運動していることが多い．このような運動は**集団運動（collective motion）**とよばれる．平均構造からのずれに**主成分分析（principal component analysis：PCA）**[27]を適用すると，互いに独立な集団運動に分解することができる．ここから，それぞれの集団運動の向きと大きさを求めることができる．タンパク質の運動が連続的ではなく，複数の安定構造の間を遷移していると考えられる場合は，**クラスタ解析**により，トラジェクトリーに含まれるスナップショットを，類似の構造をとるグループに分割することができる．クラスタ$j$に含まれるスナップショットの数を$n_j$とすると，クラスタ$j$の構造の出現確率$\rho_j$は$\dfrac{n_j}{n_T}$となる．このとき，クラスタ$j$の構造の自由エネルギー$G_j$は，以下で与えられる．

$$G_j = -RT\ln\rho_j \quad (29)$$

この値を用いて，クラスタ間の構造の安定性を議論することができる．

タンパク質とリガンドの相互作用のような，**分子間相互作用を解析する際には，相互作用する原子ペアの距離を計算するとよい**．水素結合を形成している場合，トラジェクトリーに含まれる各スナップショットについて，水素結合の供与体と受容体の原子間距離を計算し，これが例えば3.5 Å以下となるスナップショットの割合を求めることで，水素結合の強さ（安定性）を評価することができる．**リガンドの結合ポーズの安定性を評価するためには，タンパク質の$C_\alpha$原子について初期構造からのRMSDが最小になるようにタンパク質・リガンド複合体の構造を並進・回転したあと，リガンドの非水素原子について，RMSDを求めるとよい**．

## MDシミュレーションの実行と解析

AlphaFoldによる予測構造に低分子リガンドをドッキングして作成した複合体に対してMDシミュレーションを行い，**リガンドとの相互作用を解析する方法**を解説する．MDシミュレーションのソフトウェアパッケージと入手先を表1に示す．ここでは，MDシミュレーションの系のセットアップにAmberに含まれる**AmberTools**を，MDシミュレーションの実行に**GROMACS**を用い，酸化的アミノ基転移反応を触媒する酵素NphEとリガンド〔pyridoxamine 5′-phosphate（PMP）-mompain adduct〕の複合体[28]を例に，MDシミュレーションの実行と解析のプロトコールを解説する．

**表1　MDシミュレーションのソフトウェアパッケージ**

| 名称 | URL | ライセンス |
|---|---|---|
| Amber※5 | https://ambermd.org/ | AmberToolsはGPL（General Public License），それ以外は，非商用は無料，商用は有料 |
| CHARMM※6 | https://www.charmm.org/archive/charmm/ | 非商用の非GPU版は無料，非商用のGPU版と商用は有料 |
| GENESIS※7 | https://www.r-ccs.riken.jp/labs/cbrt/ | LGPL 3 |
| GROMACS※8 | https://www.gromacs.org/ | LGPL 2.1 |
| NAMD※9 | https://www.ks.uiuc.edu/Research/namd/ | 非商用は無料 |

大学または公的研究機関に所属している人は，CHARMM-GUI（https://charmm-gui.org/）を用いてWebブラウザ上で，パラメーター・トポロジーファイルを作成することができる．力場パラメーターはCHARMMのみに限定されるが，表1に掲げたすべてのMDシミュレーションソフトウェアに対応したファイルを生成することができる．CGenFFを用いたリガンドのパラメーター・トポロジーファイルの作成や，糖鎖修飾や翻訳後修飾，膜タンパク質の脂質二重層への埋め込み，溶質の周囲への水分子やイオンの配置などを行うことができる．

---

**※5　Amber**

米国カルフォルニア大学サンフランシスコ校のKollman教授らにより開発が開始された．Amber力場パラメーターや，シミュレーション系をセットアップしたり，トラジェクトリーを解析したりするためのツール群AmberToolsを含む． Amber力場パラメーターに加えてCHARMM力場パラメーターにも対応している．

**※6　CHARMM**

米国ハーバード大学Karplus教授らにより開発が開始された． CHARMM力場パラメーターを含む．実行するコマンドを並べたスクリプトを用いてMDシミュレーションやトラジェクトリーの解析を行う．IF文やGOTO文などを用いて複雑な処理を行うこともできる．

**※7　GENESIS**

理化学研究所の杉田博士らにより開発が行われている．通常のMDシミュレーションに加えて，REMDやgRESTなどの拡張アンサンブル法のシミュレーションや，string法による最小自由エネルギー経路の計算を行うことができる．解析用のツール群を含む．Amber力場パラメーター，CHARMM力場パラメーターなどに対応している．

**※8　GROMACS**

オランダ・フローニンゲン大学のBerendsen教授らにより開発が開始された．SI単位系を採用しているため，長さの単位はnm，エネルギーの単位はkJ $mol^{-1}$（他のソフトウェアは長さの単位はÅ，エネルギーの単位はkcal $mol^{-1}$）となっている．セットアップ・解析用のツール群を含む．MDシミュレーションの計算効率の高さに定評がある．Amber力場パラメーター，CHARMM力場パラメーターなどに対応している．

**※9　NAMD**

イリノイ大学アーバナ・シャンペーン校のSchulten教授らにより開発が開始された．NAMDはMDシミュレーションのみを実行し，解析には同じグループにより開発されているVMDを用いる．入力ファイルはスクリプト言語TCLを用いて書かれているため，複雑な処理を行うことができる．原子群の重心間距離など，多様な集団座標を扱うことが可能で，これを反応座標としたアンブレラサンプリングなどを容易に行うことができる．Amber力場パラメーター，CHARMM力場パラメーターなどに対応している．

## 準備

- □ Linux（本稿執筆時はCentOS Stream 8を使用）をインストールしたPC
- □ Miniconda 3
- □ PCにNVIDIAのGPUを搭載したグラフィックボードを接続している場合は，ドライバーとCUDAライブラリーをインストールしておくこと[*1][*2]

＊1　本稿執筆時はGeForce RTX 4090を使用；ドライバ530.30.02；CUDA 12.1

＊2　GPUを利用することで計算速度を上げることができるが，CPUを利用して計算することも可能である．

## プロトコール

### 1　ソフトウェアのインストール

❶ 以下の通り実行してAmberTools 23をインストールする[*3]．

```
% conda create --name AmberTools23
% conda activate AmberTools23
% conda install -c conda-forge ambertools=23
% conda deactivate
```

＊3　すべてデフォルトのオプションを選択する．

❷ 以下の通り実行してACPYPE[*4]をインストールする[*5]．

```
% conda create --name acpype
% conda activate acpype
% conda install -c conda-forge acpype
% conda deactivate
```

＊4　Amberフォーマットのパラメーター・トポロジーファイルと座標ファイルを，Gromacsフォーマットに変換するプログラム．

＊5　すべてデフォルトのオプションを選択する．

❸ 以下を実行してGCC[*6]をインストールする[*7]．

```
% mkdir ~/temp
% cd ~/temp
% wget https://ftp.tsukuba.wide.ad.jp/software/gcc/releases/gcc-
12.3.0/gcc-12.3.0.tar.gz
% tar xvfz gcc-12.3.0.tar.gz
```

```
% cd gcc-12.3.0
% ./contrib/download_prerequisites
% mkdir build
% cd build
% ../configure --prefix=$HOME/gcc-12.3.0 --disable-multilib
% make
% make install
```

*6　GCCは，代表的なフリーソフトウェア群であるGNUのコンパイラー群（GNU Compiler Collection）．CやC++，Fortranなどの言語で書かれたプログラムのソースコードを，コンピューターが直接実行できる形式に変換する．

*7　makeコマンドは，例えば“make -j8”とすると8コアを使用してコンパイル等を並列に実行できる．❹❺❻でも同様．

❹ 以下を実行してFFTW*8をインストールする*7．

```
% cd ~/temp
% wget https://fftw.org/fftw-3.3.10.tar.gz
% tar xvfz fftw-3.3.10.tar.gz
% cd fftw-3.3.10
% CC=$HOME/gcc-12.3.0/bin/gcc CFLAGS=-fPIC F77=$HOME/gcc-12.3.0/
bin/gfortran FFLAGS=-fPIC ./configure --prefix=$HOME/fftw-3.3.
10 --enable-sse2 --enable-avx --enable-avx2 --enable-float 
--enable-shared
% make
% make install
```

*8　FFTWは，高速フーリエ変換（fast Fourier transform）の計算を行うライブラリー．様々なプラットフォームに最適化されており，高速に計算を実行できる．

❺ 以下を実行してCMake*9をインストールする*7．

```
% cd ~/temp
% wget https://github.com/Kitware/CMake/releases/download/v3.29.
5/cmake-3.29.5.tar.gz
% tar xvfz cmake-3.29.5.tar.gz
% cd cmake-3.29.5
% ./configure --prefix=$HOME/cmake-3.29.5
% make
% make install
```

*9　大規模なソフトウェアでは，ソースコードは多数のファイルに分割されており，さらに，部分的にプラットフォームごとに異なるコードを使用する場合がある．CMakeは，このようなソースコードを適切にコンパイルし，コンピューターが実行できる形式に変換する過程の管理を行う．

❻ GPUを利用可能でない場合：以下を実行してGROMACSをインストールする[*7].

```
% cd ~/temp
% wget https://ftp.gromacs.org/gromacs/gromacs-2023.5.tar.gz
% tar xvfz gromacs-2023.5.tar.gz
% cd gromacs-2023.5
% mkdir build
% cd build
% $HOME/cmake-3.29.5/bin/cmake .. \
-DCMAKE_C_COMPILER=$HOME/gcc-12.3.0/bin/gcc \
-DCMAKE_CXX_COMPILER=$HOME/gcc-12.3.0/bin/g++ \
-DCMAKE_PREFIX_PATH=$HOME/fftw-3.3.10 \
-DCMAKE_INSTALL_PREFIX=$HOME/gromacs-2023.5 \
-DGMX_FFT_LIBRARY=fftw3
% make
% make install
```

GPUを利用可能な場合：以下を実行してGROMACSをインストールする[*7].

```
% cd ~/temp/gromacs-2023.5
% mkdir build_gpu
% cd build_gpu
% $HOME/cmake-3.29.5/bin/cmake .. \
-DCMAKE_C_COMPILER=$HOME/gcc-12.3.0/bin/gcc \
-DCMAKE_CXX_COMPILER=$HOME/gcc-12.3.0/bin/g++ \
-DGMX_GPU=CUDA \
-DCMAKE_PREFIX_PATH=$HOME/fftw-3.3.10 \
-DCMAKE_INSTALL_PREFIX=$HOME/gromacs-2023.5 \
-DGMX_FFT_LIBRARY=fftw3
% make
% make install
```

## 2 パラメーター・トポロジーファイルの作成

❶ 羊土社HPから「MD.tgz」ファイルをダウンロードし，ホームディレクトリに保存する（DL ダウンロード方法は本書冒頭の特典のご案内を参照）.

❷ 以下を実行して，解凍する.

```
% cd
% tar xvfz MD.tgz
```

MDディレクトリーの下に，gromacs，leapディレクトリーが生成される.

❸ 以下を実行し，MD/leapディレクトリーに移動し，中身を確認する.

```
% cd ~/MD/leap
% ls
NphE_ligand_dimer.pdb  add_rest.py  leap.in
```

NphE_ligand_dimer.pdbは，酵素（NphE）とリガンド（PMP-mompain adduct）の複合体のモデルのPDBファイル，add_rest.pyは❾，leap.inは❻で使用する.

❹ 以下を実行しリガンドの座標（残基名LIG，チェインB）を抽出する（テキストエディタを用いて抜き出してもよい）.

```
% grep "LIG B" NphE_ligand_dimer.pdb > ligand.pdb
```

❺ 以下を実行してリガンドのパラメーター・トポロジーファイルを生成する.

```
% conda activate AmberTools23
% antechamber -i ligand.pdb -fi pdb -o ligand.mol2 -fo mol2 -c ↩
bcc -nc -2 -at gaff2
% parmchk2 -i ligand.mol2 -o frcmod -f mol2 -s gaff2
```

AmberToolsの利用を開始するため，AmberTools23の環境をactivateする*10*11.

*10　antechamberは低分子化合物の座標データからパラメーター・トポロジーファイルを作成するプログラムである.
- -iに入力ファイル名（ligand.pdb）
- -fiに入力ファイルフォーマット（pdb）
- -oに出力ファイル名（ligand.mol2）
- -foに出力ファイルフォーマット（mol2）を指定
- -cに電荷の計算方法を指定．ここではbccを指定し，AM1-BCC法を用いて電荷を計算している
- -ncには全電荷の和（ここでは-2）を指定
- -atには使用する力場パラメーターのセットを使用．ここではgaff2を指定し，第2世代GAFFを使用している

*11　parmchk2は不足しているパラメーターを類似の原子間相互作用をもとに推定して補うプログラムである.
- -iに入力ファイル名（ligand.mol2）
- -oに出力ファイル名（frcmod）
- -fに入力ファイルフォーマット（mol2）
- -sに力場パラメーターのセット（gaff2）を指定

❻ leap.inの内容を確認する.

```
1:   source leaprc.protein.ff14SB
2:   source leaprc.gaff2
3:   source leaprc.water.tip3p
4:
5:   LIG = loadmol2 ligand.mol2
6:   loadAmberParams frcmod
```

```
7:
8:   mol = loadpdb NphE_ligand_dimer.pdb
9:   addIons2 mol K+ 0
10:  addIons2 mol Cl- 0
11:  solvateBox mol TIP3PBOX 8.0 iso
12:  saveAmberParm mol leap.top leap.crd
13:  savePDB mol leap.pdb
14:  quit
```

1〜3行目で，それぞれタンパク質，リガンド，水の力場パラメーターのセットを読み込む．5・6行目で，リガンドのパラメーター・トポロジーファイルと，追加パラメーターを読み込む．8行目でタンパク質・リガンド複合体のモデルのPDBファイルを変数`mol`に読み込む．9・10行目で，`mol`で指定された溶質の全電荷の和が0になるまで，`mol`に$K^+$イオンまたは$Cl^-$イオンを追加する*12．11行目で，`mol`で指定された溶質の周囲に直方体状にTIP3Pモデルの水を配置する（`TIP3PBOX`により指定）*13 *14．12行目で，`mol`で指定された系のパラメーター・トポロジーファイル（leap.top）と座標ファイル（leap.crd）を書き出す．13行目で，`mol`で指定された系の座標ファイルをPDBフォーマットで書き出す．14行目で処理を終了する．

*12 ここではタンパク質・リガンド複合体の全電荷の和が－38であるため，38個の$K^+$イオンが追加され，$Cl^-$イオンは追加されない．

*13 直方体のサイズは，溶質の原子から直方体の面までの距離の最小値が8 Åになるように決めている（`8.0`で指定）．

*14 ここではさらに`iso`が指定されているので，セルの形状は各辺の長さが等しい立方体となる．

**❼ 以下を実行して系全体のパラメーター・トポロジーファイルを生成する．**

```
% tleap -f leap.in
% conda deactivate
```

`tleap`は`-f`で指定された入力ファイル（leap.in）に従って系を構築し，パラメーター・トポロジーファイルを生成するプログラムである．AmberToolsの利用はここで終わるため`deactivate`する．

**❽ 以下を実行してGROMACS形式のパラメーター・トポロジーファイルに変換する．**

```
% conda activate acpype
% acpype -p leap.top -x leap.crd
% conda deactivate
```

ACPYPEを利用するため`acpype`の環境を`activate`する．`-p`でパラメーター・トポロジーファイルを，`-x`で座標ファイルを指定する．実行が完了したら`deactivate`する．変換されたファイルはleap.amb2gmxディレクトリーに保存される．

❾ **以下を実行する.**

```
% cd leap.amb2gmx
% mv leap_GMX.top leap_GMX.top.org
% python ../add_rest.py
```

平衡化の際に，非水素原子に位置束縛をかけるための設定ファイル（rest1.itp）を生成する．このファイルを読み込むようにパラメーター・トポロジーファイル（leap_GMX.top）を修正する*15.

*15　束縛の強さは6段階になっており，
- ステップ0と1では主鎖4,000 kJ $mol^{-1}$ $nm^{-2}$，側鎖2,000 kJ $mol^{-1}$ $nm^{-2}$
- ステップ2では主鎖2,000 kJ $mol^{-1}$ $nm^{-2}$，側鎖1,000 kJ $mol^{-1}$ $nm^{-2}$
- ステップ3では主鎖1,000 kJ $mol^{-1}$ $nm^{-2}$，側鎖500 kJ $mol^{-1}$ $nm^{-2}$
- ステップ4では主鎖500 kJ $mol^{-1}$ $nm^{-2}$，側鎖200 kJ $mol^{-1}$ $nm^{-2}$
- ステップ5では主鎖200 kJ $mol^{-1}$ $nm^{-2}$，側鎖50 kJ $mol^{-1}$ $nm^{-2}$
- ステップ6では主鎖50 kJ $mol^{-1}$ $nm^{-2}$，側鎖0 kJ $mol^{-1}$ $nm^{-2}$

となっている.

## 3　MDシミュレーションの実行

❶ **MD/gromacsディレクトリーに移動し，中身を確認する.**

```
% cd ~/MD/gromacs
% ls
analysis  equil  minimize  prod
```

minimize，equil，prodはそれぞれエネルギー最小化，平衡化，プロダクションランの作業ディレクトリー．analysisは解析の作業ディレクトリー．

❷ **minimizeディレクトリーに移動し，中身を確認する.**

```
% cd minimize
% ls
min1.mdp  min2.mdp  run.sh
```

ここでは，タンパク質とリガンドの非水素原子の位置にステップ0の束縛を課したエネルギー最小化（min1）と，位置束縛なしエネルギー最小化（min2）を行う．

❸ **min1.mdpの中身を確認する.**

```
1:  define              = -DREST_ON -DSTEP0
    ; 位置束縛をオン，ステップ0
2:  integrator          = steep
    ; 最急降下法によるエネルギー最小化
3:  nsteps              = 200
    ; 200ステップ
```

```
4:   nstxout               = 200
     ; 最後のステップの座標を保存
5:   nstlog                = 1
     ; 毎ステップログを出力
6:   pbc                   = xyz
     ; XYZ方向に周期境界条件適用
7:   coulombtype           = PME
     ; 静電相互作用計算にPME法使用
8:   rcoulomb              = 1.0
     ; カットオフ半径は1.0 nm
9:   vdwtype               = cut-off
     ; ファンデルワールス相互作用計算にカットオフ法使用
10:  rvdw                  = 1.0
     ; カットオフ半径は1.0 nm
11:  constraints           = none
     ; 共有結合長を拘束しない
```

GROMACSでは，シミュレーションの設定を，mdpの拡張子をもつファイル（mdpファイル）に記述する．セミコロン（;）以降はコメントである*16．

*16 min2.mdpでは1行目のdefineの値が空白になっており，位置束縛なしでエネルギー最小化を行う．

❹ run.shの中身を確認する．

```
1:   #!/bin/bash
2:
3:   export LD_LIBRARY_PATH=$HOME/gcc-12.3.0/lib64
4:   . $HOME/gromacs-2023.5/bin/GMXRC.bash
5:
6:   gmx grompp \
7:    -f min1.mdp \
8:    -po min1.out.mdp \
9:    -c ../../leap/leap.amb2gmx/leap_GMX.gro \
10:   -r ../../leap/leap.amb2gmx/leap_GMX.gro \
11:   -p ../../leap/leap.amb2gmx/leap_GMX.top \
12:   -o min1.tpr
13:
14:  gmx mdrun -v -deffnm min1
15:
16:  gmx grompp \
17:   -f min2.mdp \
18:   -po min2.out.mdp \
```

```
19:   -c min1.gro \
20:   -p ../../leap/leap.amb2gmx/leap_GMX.top \
21:   -o min2.tpr
22:
23:  gmx mdrun -v -deffnm min2
```

3行目で，GROMACSの実行形式（gmx）をビルドしたときに使用したGCCのランタイムライブラリを参照できるように設定する．4行目で，GROMACSの環境設定ファイルを実行する．6～12行目はGROMACSのgromppを用いて，シミュレーションの実行に必要なtprファイルを作成する＊17．14行目でmdrunを用いてシミュレーションを実行する＊18．16～23行目でmin2について同様の処理とシミュレーションを行う．ここでは，初期構造としてmin1の最終構造（min1.gro）を使用している．

＊17
- -fは入力mdpファイル名（min1.mdp）を指定
- -poはデフォルトを含めた全設定が記載されたmdpファイルの出力ファイル名（min1.out.mdp）を指定
- -cは初期構造の座標ファイル名（../../leap/leap.amb2gmx/leap_GMX.gro）を指定
- -rは位置束縛の参照構造の座標ファイル名を指定（ここでは初期構造と同じファイルを指定）
- -pはパラメーター・トポロジーファイル名（../../leap/leap.amb2gmx/leap_GMX.top）を指定
- -oは出力tprファイル名（min1.tpr）を指定

＊18　-deffnmで入出力ファイルのベース名（min1）を指定する．

**❺ 以下を実行する．**

```
$ ./run.sh
```

本稿執筆時に使用したPCでは，10秒程度で終了した．

**❻ equilディレクトリーに移動し，中身を確認する．**

```
$ cd ../equil
$ ls
md0.mdp  md1.mdp  md2.mdp  md3.mdp  md4.mdp  md5.mdp  md6.mdp  ↩
run.sh
```

ここではmd0からmd6の7つのシミュレーションを順に行う．md0では，200 psの間に0 Kから300 Kに昇温するMDシミュレーションを行う．ステップ0の位置束縛をかけ，圧力制御は行わない．md1とmd2では，それぞれステップ1，2の位置束縛をかけながら，200 ps，300 K，1 barの定温・定圧MDシミュレーションを行う．md3～md6では，それぞれステップ3～6の位置束縛をかけながら，100 ps，300 K，1 barの定温・定圧MDシミュレーションを行う．時間刻みは2 fsとする＊19．

＊19　静電相互作用の計算にはPME法，ファンデルワールス相互作用の計算にはカットオフ法を用いる．カットオフ半径は1.0 nmである．温度制御にはvelocity rescaling法，圧力制御にはstochastic cell rescaling法を用いる．LINCS法を用いて水素を含む共有結合長を拘束する．

❼ 以下を実行する.

```
$ ./run.sh
```

本稿執筆時に使用したPCでは，8分程度で終了した.

❽ prodディレクトリーに移動し，中身を確認する.

```
$ cd ../prod
$ ls
md.mdp  run.sh
```

ここでは，位置束縛無しの100 nsのプロダクションランを行う．シミュレーションの条件は平衡化シミュレーションのステップ1～6[*15]と同じである.

❾ 以下を実行する.

```
$ ./run.sh
```

本稿執筆時に使用したPCでは，11時間程度で終了した.

## 4 トラジェクトリーの解析

❶ MD/gromacs/analysisディレクトリーに移動し，中身を確認する.

```
% cd ~/MD/gromacs/analysis
% ls
distance  fit  rmsd  rmsf  trjconv
```

周期境界条件を課したMDシミュレーションでは，分子の一部の原子が基本セルからはみ出すと，はみ出した面の反対側の面から基本セルの内側に入るように原子座標が折りたたまれる[*20]．なお，論文28とは複合体モデルの作成方法とMDシミュレーションの条件が異なるため，結果は異なる.

*20
- trjconvディレクトリーでは，このような原子を基本セルの辺の長さの分だけ並進移動させ，もとのつながった構造を復元する．また，この操作の結果，複合体構造が離れてしまうことがあるため，サブユニットやリガンドを併進移動させ，複合体構造を復元する
- fitディレクトリーで10 nsごとのスナップショットを重ね合わせたPDBファイルを作成する
- rmsd，rmsf，distanceの各ディレクトリーで，初期構造からの$C_\alpha$原子のRMSDの時間変化，平均構造を中心とした$C_\alpha$原子のRMSF，リガンドとタンパク質の間の相互作用距離の時間変化の計算を行う
- これらの計算はサブユニットごとに行う

❷ trjconvディレクトリーに移動し，以下を実行する.

```
% cd trjconv
% ./make_index.sh
% ./trjconv.sh
```

make_index.shは，GROMACSのmake_indexを用いて，定義済みの17のグループのなかから，Group 1（タンパク質原子）とGroup 13（リガンド原子）の和集合となる新たなグループ（Group 18）を含むインデックスファイル（index.ndx）を作成する．また，各グループに含まれる原子の範囲はログファイル（make_index.log）に記載される．

trjconv.shは，GROMACSのtrjconvを用いて，まずすべての原子（Group 0）について分子構造の復元を行い，続いてタンパク質とリガンド（Group 18）に対して，複合体構造の復元を行う．

❸ fitディレクトリーに移動し，以下を実行する．

```
% cd ../fit
% ./trjconv.sh
% python renumber.py
```

trjconv.shは，GROMACSのtrjconvを用いて10 nsごとのスナップショットの$C_\alpha$原子（Group 3）を，プロダクションランの初期構造に重ね合わせ，**タンパク質とリガンド（Group 18）の座標をPDBファイル（fit.pdb）に出力**する[＊21 ＊22]．renumber.pyは，1つ目のサブユニットをA鎖，2つ目のサブユニットをB鎖とし，B鎖の残基番号を1～386に修正する．構造のイメージを図5に示す．

＊21　このPDBファイルには11個のモデルが含まれ，MODEL 1がプロダクションランの初期構造，MODEL 2～11が10～100 nsの10 nsごとのスナップショットである．

＊22　このPDBファイルでは，チェインIDの記載がなく，ホモ二量体の1つ目のサブユニットが1～386残基，2つ目のサブユニットが387～772残基となっている．

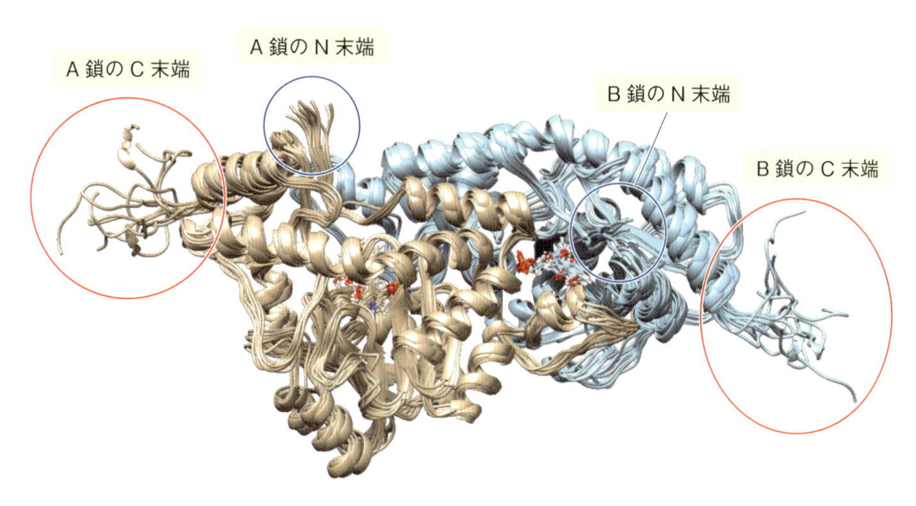


図5　10 nsごとのスナップショットの初期構造への重ね合わせ
タンパク質の主鎖構造をリボンモデル，リガンドをスティックモデルで示した．A鎖のリボンモデルとリガンドの炭素原子を茶色で，B鎖のリボンモデルとリガンドの炭素原子を水色で示した．リガンドの水素原子，窒素原子，酸素原子，リン原子をそれぞれ，白色，青色，赤色，橙色で示した．N末端とC末端をそれぞれ青色と赤色の円で示した．N末端2残基とC末端9残基の揺らぎが大きいことがわかる．立体構造のイメージの作成にはUCSF Chimera[40]を用いた．

❹ **rmsdディレクトリーに移動し，以下を実行する．**

```
% cd ../rmsd
% conda activate AmberTools23
% ./cpptraj.sh
```

ここからAmberToolsの`cpptraj`を用いるため，`AmberTools23`の環境を`activate`する．cpptraj.shは，サブユニットごとに，$C_\alpha$原子で重ね合わせたときの，**$C_\alpha$原子のRMSDの時間変化と，リガンドの非水素原子のRMSDの時間変化**をファイル（rmsd.dat）に出力する．ここでは11番目（0.1 ns）のスナップショットから10個（0.1 ns）おきに計算を行っている．ファイルの最初の列はフレーム番号となっており，フレーム$n$の行の値は$(n-1)\times 0.1$ nsにおけるスナップショットから計算された値となる．2列目，3列目，4列目，5列目の値は，それぞれA鎖の$C_\alpha$原子のRMSD，A鎖のリガンドの非水素原子のRMSD，B鎖の$C_\alpha$原子のRMSD，B鎖のリガンドの非水素原子のRMSDである．このプロットを図6に示す．

❺ **rmsfディレクトリーに移動し，以下を実行する．**

```
% cd ../rmsf
% ./cpptraj.sh
```

AmberToolsの`cpptraj`を用いて，サブユニットごとに$C_\alpha$原子で重ね合わせた平均構造を計算し，**平均構造を中心とした$C_\alpha$原子のRMSF**を計算する．A鎖の計算結果はrmsfA.datに，B鎖の計算結果はrmsfB.datに出力される．それぞれのファイルの1列目は残基番号，2列目はその残基の$C_\alpha$原子のRMSFである．このファイルのこのプロットを図7に示す．

❻ **distanceディレクトリーに移動し，以下を実行する．**

```
% cd ../distance
% ./cpptraj.sh
% conda deactivate
```

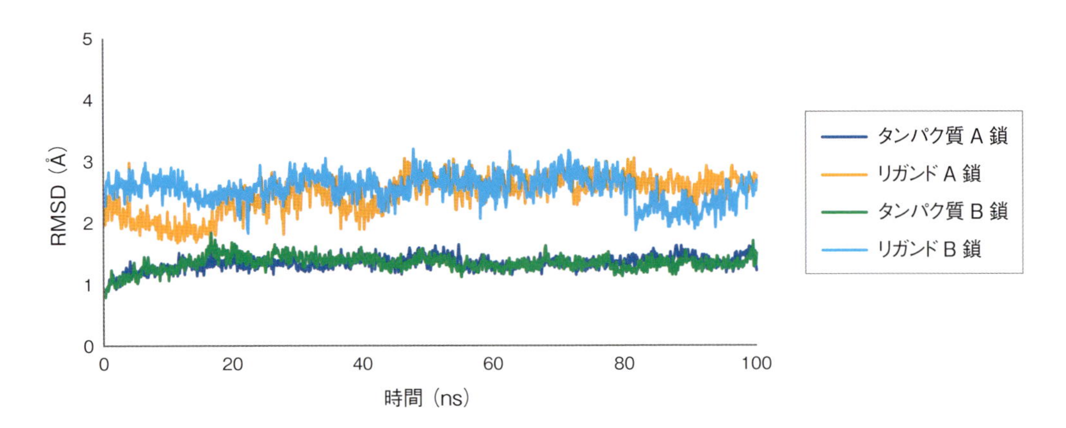


**図6　初期構造からのRMSDの時間変化**

それぞれのサブユニットについて，揺らぎが大きいN末端2残基とC末端9残基を除いた，3～376残基の$C_\alpha$原子を重ね合わせてRMSDを計算した．複合体構造が安定に維持されていることがわかる．

AmberToolsの`cpptraj`を用いて，サブユニットごとに，**リガンドのピリドキサールリン酸由来のピリジン環の窒素原子と，Asp154の$O_{\delta 1}$，$O_{\delta 2}$との間の距離を計算**する．計算結果はファイル（dist.dat）に出力される．このファイルの1列目はフレーム番号，2列目，3列目，4列目，5列目の値は，それぞれA鎖のリガンドの窒素原子とAsp154の$O_{\delta 1}$との間の距離，A鎖のリガンドの窒素原子とAsp154の$O_{\delta 2}$との間の距離，B鎖のリガンドの窒素原子とAsp154の$O_{\delta 1}$との間の距離，B鎖のリガンドの窒素原子とAsp154の$O_{\delta 2}$との間の距離である．このプロットを図8に示す．計算が完了したら`deactivate`する．

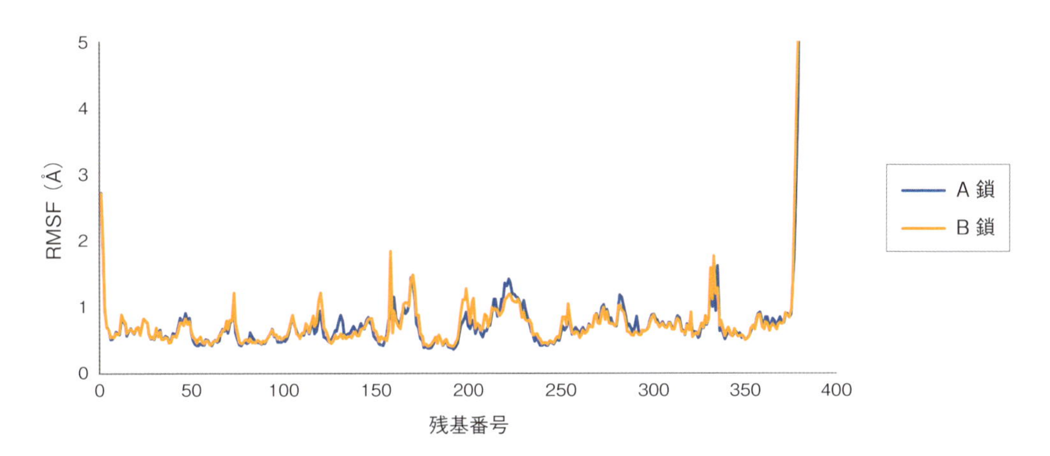


**図7　$C_\alpha$原子の平均構造を中心としたRMSF**
N末端とC末端の揺らぎが大きいこと，それ以外の残基の揺らぎが小さいことがわかる．

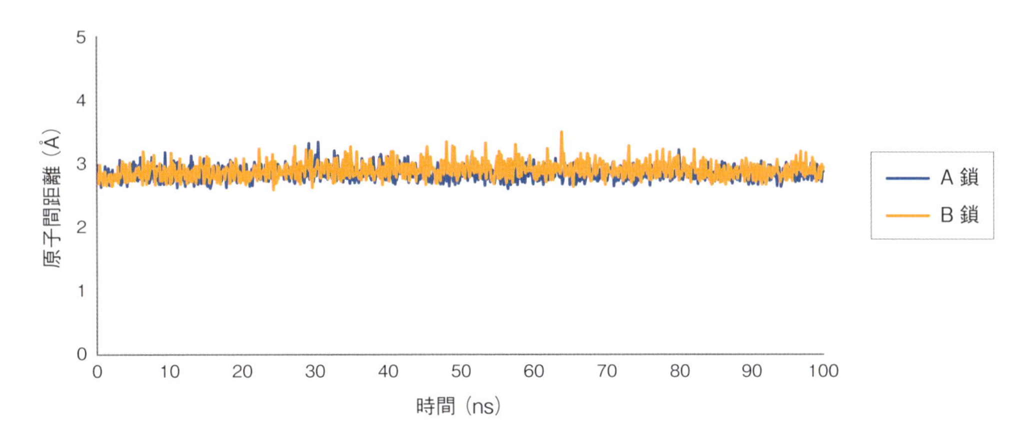


**図8　タンパク質とリガンドの間の水素結合距離の時間変化**
リガンドのピリドキサールリン酸由来のピリジン環の窒素原子と，Asp154の$O_{\delta 1}$，$O_{\delta 2}$との間の距離のうち，短い方をプロットした．安定な水素結合を形成していることがわかる．

## おわりに

本稿では，MDシミュレーションの基礎を解説するとともに，AlphaFoldによる予測構造にリガンドを結合した複合体のモデルに対してMDシミュレーションを実行する方法を解説した．また，解析例に示した通り，**MDシミュレーションのトラジェクトリーを解析することにより，モデルの安定性や，相互作用の強さを評価することができる**．より長時間（>1 μs）のMDシミュレーションを行うと，トラジェクトリーに複数の構造が現れる場合がある．このような場合は，その構造の間の安定性の違いや，構造変化の経路を解析することができる．しかし，MDシミュレーションの長さはマイクロ秒のオーダーであるのに対して，生物学的に重要な運動（立体構造変化）の時間スケールは，しばしばミリ秒から秒のオーダーとなる．このような運動を解析するためには，より高度なMDシミュレーションの手法を用いる必要がある．立体構造変化の時間スケールが遅い原因は，2つの立体構造を隔てる自由エネルギー障壁が高いためである．この自由エネルギー障壁を超えて立体構造空間を広く探索することを可能にする方法は，**拡張アンサンブル法**とよばれる．代表的な手法として，**マルチカノニカル分子動力学法**[29]や，**レプリカ交換分子動力学法（Replica Exchange MD：REMD）**[30]があげられる．これらの方法の適用は小さな系（例えば数十残基程度の小タンパク質）に限定されるが，大きな系（数百残基以上のタンパク質）にも適用できるようにREMD法を改良した**generalized Replica-Exchange with Solute Tempering（gREST）法**[31]も提案されている．立体構造変化前後の構造がわかっている場合は，力を加えて一方の構造から他方の構造に変化させる**targeted MD法**[32]が用いられる．構造変化の経路が得られたら，これを，**string法**[33]を用いて最小自由エネルギー経路に最適化することができる．さらに，**アンブレラサンプリング法**[34]と**Weighted Histogram Analysis Method（WHAM）**[35]を用いてこの経路に沿った自由エネルギープロファイルを求めることができる．立体構造変化の経路を求める方法として，人為的な力を加えない**Parallel Cascade Selection MD（PaCS-MD）法**[36]も提案されている．

リガンドの親和性（結合自由エネルギー）は，MDシミュレーションの間に結合と解離が頻繁に起これば，結合構造と解離構造の出現確率から求めることができる．しかし，リガンドの結合・解離は多くの場合マイクロ秒より遅い過程であるため，この方法を用いることはできない．低分子化合物の結合自由エネルギーを計算する方法としては，**Molecular Mechanics-Poisson-Boltzmann（Generalized Born）Surface Area〔MM-PB（GB）SA〕法**[37]や，自由エネルギー摂動法に基づく**Massively Parallel Computation of Absolute binding Free Energy with well-Equilibrated states（MP-CAFEE）法**[38]が用いられる．また，この精度を向上させた**絶対結合自由エネルギー（Absolute Binding Free Energy：ABFE）計算法**[39]が提案されている．

このように，MDシミュレーションの問題点を解決し，タンパク質の機能メカニズムの解明に役立てるための方法が数多く提案されている．本稿が，この分野に新しく挑戦する一助となることを期待している．

## ◆ 文献

1） Ponder JW & Case DA：Adv Protein Chem, 66：27-85, doi:10.1016/s0065-3233(03)66002-x（2003）
2） Mackerell AD Jr：J Comput Chem, 25：1584-1604, doi:10.1002/jcc.20082（2004）
3） Mackerell AD Jr, et al：J Comput Chem, 25：1400-1415, doi:10.1002/jcc.20065（2004）
4） Jorgensen WL, et al：J Chem Phys, 79：926-935, doi:10.1063/1.445869（1983）
5） Berendsen HJC, et al：J Phys Chem, 91：6269-6271, doi:10.1021/j100308a038（1987）
6） Izadi S, et al：J Phys Chem Lett, 5：3863-3871, doi:10.1021/jz501780a（2014）
7） Wang J, et al：J Comput Chem, 25：1157-1174, doi:10.1002/jcc.20035（2004）
8） Mobley DL, et al：J Chem Theory Comput, 5：350-358, doi:10.1021/ct800409d（2009）
9） Vanommeslaeghe K, et al：J Comput Chem, 31：671-690, doi:10.1002/jcc.21367（2010）
10） Martyna GJ, et al：J Chem Phys, 97：2635-2643, doi:10.1063/1.463940（1992）
11） Goga N, et al：J Chem Theory Comput, 8：3637-3649, doi:10.1021/ct3000876（2012）
12） Berendsen HJC, et al：J Chem Phys, 81：3684-3690, doi:10.1063/1.448118（1984）
13） Bussi G, et al：J Chem Phys, 126：014101, doi:10.1063/1.2408420（2007）
14） Parrinello M & Rahman A：J Appl Phys, 52：7182-7190, doi:10.1063/1.328693（1981）
15） Nosé A & Klein ML：Mol Phys, 50：1055-1076, doi:10.1080/00268978300102851（1983）
16） Martyna GJ, et al：Mol Phys, 87：1117-1157, doi:10.1080/00268979600100761（1996）
17） Feller SE, et al：J Chem Phys, 103：4613-4621, doi:10.1063/1.470648（1995）
18） Bernetti M & Bussi G：J Chem Phys, 153：114107, doi:10.1063/5.0020514（2020）
19） Ryckaert JP, et al：J Comput Phys, 23：327-341, doi:10.1016/0021-9991(77)90098-5（1977）
20） Andersen HC：J Comput Phys, 52：24-34, doi:10.1016/0021-9991(83)90014-1（1983）
21） Hess B, et al：J Comput Chem, 18：1463-1472, doi:10.1002/(SICI)1096-987X(199709)18:12<1463::AID-JCC4>3.0.CO;2-H（1998）
22） Hess B：J Chem Theory Comput, 4：116-122, doi:10.1021/ct700200b（2008）
23） Miyamoto S & Kollman PA：J Comp Chem, 13：952-962, doi:10.1002/jcc.540130805（1992）
24） Darden T, et al：J Chem Phys, 98：10089-10092, doi:10.1063/1.464397（1993）
25） Essmann U, et al：J Chem Phys, 103：8577-8593, doi:10.1063/1.470117（1995）
26）「コンピュータ・シミュレーションの基礎」（岡崎 進／著），化学同人，2000
27） Terada T & Kidera A：J Phys Chem B, 116：6810-6818, doi:10.1021/jp2125558（2012）
28） Noguchi T, et al：J Am Chem Soc, 144：5435-5440, doi:10.1021/jacs.1c13074（2022）
29） Nakajima N, et al：J Phys Chem, 101：817-824, doi:10.1021/jp962142e（1997）
30） Sugita Y & Okamoto Y：Chem Phys Lett, 314：141-151, doi:10.1016/S0009-2614(99)01123-9（1999）
31） Kamiya M & Sugita Y：J Chem Phys, 149：072304, doi:10.1063/1.5016222（2018）
32） Schlitter J, et al：Mol Sim, 10：291-308, doi:10.1080/08927029308022170（2006）
33） Maragliano L, et al：J Chem Phys, 125：24106, doi:10.1063/1.2212942（2006）
34） Torrie GM, et al：J Comput Phys, 23：187-199, doi:10.1016/0021-9991(77)90121-8（1977）
35） Kumar S, et al：J Comput Chem, 13：1011-1021, doi:10.1002/jcc.540130812（1992）
36） Harada R & Kitao A：J Chem Phys, 139：035103, doi:10.1063/1.4813023（2013）
37） Fujitani H, et al：J Chem Phys, 123：084108, doi:10.1063/1.1999637（2005）
38） Srinivasan J, et al：J Am Chem Soc, 120：9401-9409, doi:10.1021/ja981844+（1998）
39） Boresch S, et al：J Phys Chem B, 107：9535-9551, doi:10.1021/jp0217839（2003）
40） Pettersen EF, et al：J Comput Chem, 25：1605-1612, doi:10.1002/jcc.20084（2004）
41）「Web連携テキスト　バイオインフォマティクス」（門田幸二，他／著），培風館，2022

# 4 構造比較
## 立体構造を検索して比較する

木原大亮

AlphaFold2が2021年にリリースされて早3年，AlphaFold2の利用が構造生物学をはじめ多くの生物学の分野に広く浸透してきた感がある．AlphaFold2は，利用者が自らプログラムを実行するという利用形式だけでなく，AlphaFold Protein Structure Database（AlphaFold DB）という，計算済みのタンパク質予測構造モデルを蓄積したデータベースもその普及に大きな役割を果たしている．本稿では，昨年（2023年）からいくつか新しい機能の追加されたAlphaFold DBの現状をまず解説する．さらに，構造検索，比較によってなにがわかるかを概説し，予測モデルの構造比較と検索を行うツールおよびその実行例を紹介する．

## はじめに

AlphaFold2[1]の急速な普及は読者にも周知のことと思う．構造生物学の研究において，X線結晶構造解析や電子顕微鏡でタンパク質の構造決定をする際には，AlphaFold2の構造予測を何らかの段階で参考にしたり利用したりするのはもう当然のこととなっている．またその他に今まであまりタンパク質の構造データに馴染みのなかった分野でも，AlphaFold2によって予測構造データが身近に活用されてきているのを目にすることが増えた．その普及の理由の一つが**AlphaFold Protein Structure Database**（**AlphaFold DB**，https://alphafold.ebi.ac.uk/）のリリース[2]であった．このウェブ上のデータベースに，現在のタンパク質の配列データベースに収納されているタンパク質のほぼすべての予測構造が格納されており，利用者はウェブ上で気軽に構造を閲覧，ダウンロードすることができる．AlphaFold DBはEuropean bioinformatics institute（EBI）と，Googleを傘下に置くAlphabet社のGoogle DeepMind社の共同開発であり，EBIが最近の主な研究開発の成果として強力に普及を進めている．例えば，EBIが主な管理者であるUniProtタンパク質配列データベース（https://www.uniprot.org）のエントリーにもAlphaFold DBのエントリーへのリンクが表示されるようになった．AlphaFold2（または最近リリースされたAlphaFold3[3]）のモデル利用は，生物学の研究に必須なリテラシーとなりつつある．以下にAlphaFold DBの機能と，その構造データをより効果的に利用するための構造検索ツールを紹介する．

## AlphaFold DBウェブサイトの機能

AlphaFold DBは2021年8月に365,000件の予測構造データとともに発表されて以来，不定期にエントリー数が拡充され，2024年7月現在，48のゲノムの全タンパク質を含む，214,683,839件のタンパク質予測構造データが格納されている．この予測構造のあるタンパク質の数は，実験によって決定されPDBデータベースに収納されているタンパク質の数を大幅に超えている．これらの予測構造モデルは，データベースのウェブサイトで個別に閲覧，ダウンロードできる他，FTP※1サイトからの一括，部分ダウンロード，さらにはAPI※2を通じて取得ができる．ファイルサイズの合計は23テラバイトということである．データベースに収納されている構造は，現在のところAlphaFold2によって予測された単体のタンパク質の構造のみで，Alphafold-Multimer[4]またはAlphaFold3によって予測できるタンパク質同士の複合体，あるいはAlphaFold3によって可能となったタンパク質と核酸や化合物の複合体の予測構造は含まれていない．さらに，リン酸化などの翻訳後修飾の構造も予測されていない．

公開から3年目に入り，データベースの機能は徐々に充実してきているようである．ウェブサイトのトップページはシンプルで，トップページでキーワードやタンパク質のIDによる検索ができる．さらに，タンパク質配列を入力することで，BLASTによる類似配列をもつタンパク質を検索する機能が昨年（2023年10月）実装された．しかしながら，筆者が使ってみたところ配列検索はずいぶん遅いようなので，UniProtで検索してIDを取得後にAlphaFold DBでエントリーIDを使って検索をした方がよいと思われる．

エントリーのページの例を図1に示す．まず最初に予測構造が青，水色，黄色，橙の4色に色づけされて表示されている（図1A）．これは各アミノ酸残基の位置の，予測された信頼度，predicted LDDT（pLDDT）スコア[5]を示している．LDDTはlocal distance difference testの略で，予測構造の各残基の$C_\alpha$原子の周り15 Å以内にある水素以外の原子がどのくらい正解構造に一致しているかを表したスコアである．このスコアは，本来正解構造がわかっているときに予測構造の精度を評価するときに使うスコアだが，AlphaFold2は各残基のLDDTを予測して信頼度の指標，pLDDTとして出力する．一般に，pLDDTが水色か青（70以上）の部分は予測構造が信頼に足ると考えてよい．pLDDTのスコアが50を切るほど低い部分は一般に信頼が低すぎるので利用しない方が賢明である．pLDDTが低い部分はコンパクトな構造をとらずに長く伸びたループのようになっている場合も多く，この場合はintrinsically disorderedな部分（天然変性領域，intrinsically disordered region：IDR）である可能性もあるが，単に予測が間違っている場合もあるので早急にIDRと結論づけるのには注意を要する（pLDDTについては第1章-2，第2章-3，天然変性領域については第1章-3も参照）[6]．

構造モデルの各残基の位置の信頼度を示すpLDDTに加え，残基間距離の推定誤差PAE（predicted aligned error）も画像表示で提供されている（図1B）．このマトリクスの各座標位

---

**※1　FTP**

file transfer protocol．ファイルを送受信するための通信規格．

**※2　API**

application programming interface．異なるアプリケーション間で機能を共有するためのしくみ．

A　　　　　　　　B　　　　　　　　C

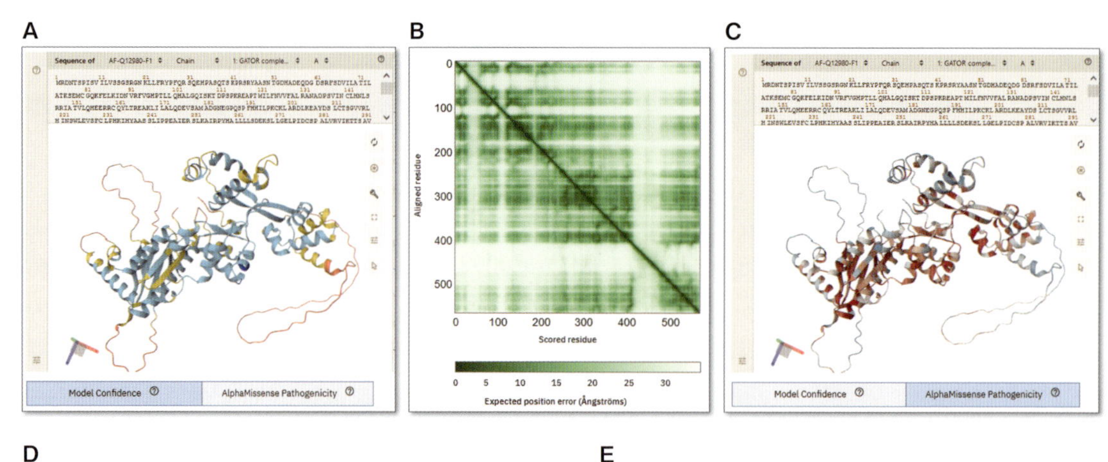


D

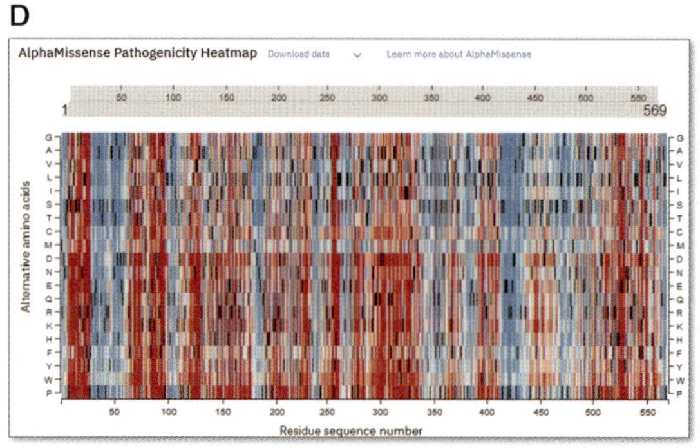


E

AFDB50/MMseqs2 (599)　　AFDB/Foldseek (73)

AlphaFold database protein sequences clustered by the MMseqs2 algorithm (Steinegger M. and Soeding J., Nat. Commun. 9, 2018). Each cluster is comprised of sequences that fulfil two criteria: maintaining a maximum sequence identity of 50% and achieving a 90% bi-directional sequence overlap with the longest sequence of the cluster representative.

| AFDB accession | Description | Species | Sequence length | Average pLDDT |
|---|---|---|---|---|
| AF-A0A0K0JC46-F1 | BMA-NPRL-3 | *Brugia malayi* | 509 | 83.92 |
| AF-A0A0B2VQK9-F1 | Nitrogen permease regulator 3-like protein ... | *Toxocara canis* | 506 | 83.62 |
| AF-A0A1I7UB40-F1 | Uncharacterized protein | *Caenorhabditis tropicalis* | 526 | 83.5 |
| AF-A0A158Q4A9-F1 | Uncharacterized protein | *Dracunculus medinensis* | 491 | 83.28 |
| AF-A0A1I7W597-F1 | Alpha globin regulatory element | *Loa loa* | 510 | 83 |
| AF-F1L318-F1 | Nitrogen permease regulator 3-like protein ... | *Ascaris suum* | 506 | 82.81 |
| AF-A8QG93-F1 | Alpha globin regulatory element containing ... | *Brugia malayi* | 443 | 82.69 |
| AF-A0A182E1X3-F1 | Uncharacterized protein | *Onchocerca ochengi* | 510 | 82.5 |

**図1　AlphaFold DBのエントリー例**

GATOR complex protein NPRL3（UniProt ID：Q12980）の検索結果．**A）** 予測構造の表示パネル．色によって信頼度（pLDDT）を示している．**B）** 残基間距離の信頼度（PAE）．下部の色スケールで示されているように，緑が濃いほどエラーが少ないと推定されている．このタンパク質モデルの場合，N端側の400残基までの大きなドメインと，それとループによってつながるC端のだいたい500残基目からC端までの小さなドメインがあり，その間の距離をつなぐループの構造はフレキシブルであると予測されていることがわかる．**C）** AlphaMissenseの各残基の値を色表示している．赤く表示されている残基は，変異が病気にかかわると予測されているものである．**D）** AlphaMissenseの予測データを，各残基（横軸）が他のアミノ酸に変異したときの病原性の有無の予測をすべてパネル表示したものである．**E）** クエリと似た配列をもつタンパク質（左側），似た構造をもつタンパク質（右側）をそれぞれMMSeq2，Foldseekによってあらかじめ計算したリスト．

置は，その残基ペアの間の距離の予測誤差を示しており，緑色の部分が誤差が少なく，逆に白い部分は誤差が大きいと予測されていることを示している．AlphaFold2はドメイン構造は精度よく予測するが，ドメイン間の配置に誤差が生じることが多く，その際にはこのマトリクスでドメインの相互位置の信頼度を知ることができる（PAEについては**第1章-2**，**第2章-3**も参照）．

構造の表示パネルの下の右側のボタンは，**AlphaMissense**[7]による，病原性（pathogenecity）の可能性が推定されるアミノ酸の変異のカラー表示を行うものである（図1C）．関連のパネルがエントリーのページの真ん中あたりに表示されている（図1D）．AlphaMissenseは，2023年にGoogle DeepMind社が開発した，アミノ酸の変異が病気に関連しているかどうかを予測する手法である．図1Dのパネルでは，エントリーの各残基が他のアミノ酸に変異した場合に，それが病気にかかわっている可能性が高いか，良性（benign，病気に関連なし）か，不確定かの3種類に分けて病原性である確率と共に表示している．この色分けが構造にもマップされて表示されている（図1C）．病気にかかわるかどうかという情報のためヒト以外の生物種には基本的にはそのような情報は存在せず，AlphaMissenseの情報が付加されているのはヒトのタンパク質のうち19,233エントリーのみである．アルゴリズムの観点から簡単に説明すると，AlphaMissenseはAlphaFold2の深層学習ネットワークの一部，特にAlphaFold2の入力データである多重配列アラインメント（multiple sequence alignment）をタンパク質の予測される残基コンタクトパターンとの整合性を取るように重みづけして解釈をする**Evoformerネットワーク部分**を再利用して，入力配列の各位置における20種類のアミノ酸への変異の影響を予測する．変異と病原性の関連性を示したデータを学習することによって，タンパク質構造への影響を加味しながら病原性の予測に特化した確率を出力するようになっている．アミノ酸変異がどの程度病気に影響を及ぼすかを予測する研究は，純粋な統計的手法も含め，さかんに行われているので問題設定自体は新しいものではない．既存の手法と比べるとAlphaMissenseはAlphaFold2のネットワークを利用しているので変異のタンパク質構造への影響を精度よく考慮できるはずということで予測精度の改善が期待されたが，AlphaMissenseの論文で発表されている比較データからみると改善の幅はわずかであるので，この手法の意義については意見が分かれるかと思う．ちなみに変異後の実際の構造自体は予測しない．ともあれ，AlphaMissenseの予測データの実装が，EBIが推しているAlphaFold DBの最近の開発の目玉である[8)]（AlphaMissenseについては第4章-3も参照）．

エントリーのページの下部，**Structure similarlity cluster**という部分も最近追加されたデータである（図1E）．ここには，2つのツールによってあらかじめ計算された，類似タンパク質のエントリーのリストが表示されている．左側，**AFDB50/MMSeq2**は，タンパク質配列を高速に比較するツール，**MMSeq2**[9)]によって計算された，このエントリーが所属する配列のクラスタのエントリーが表示されている．右側の**AFDB/Foldseek**のリストは，タンパク質の構造の高速比較ツールである**Foldseek**[10)]で計算された類似構造のクラスタのエントリーである．2つのリストの内容は似ていることが多いが，**配列による比較**と**立体構造による比較**という違いがある．例えば2つのリストを詳細に比べると，構造（Foldseekによる）では似ているが配列（MMSeq2による）では似ていないタンパク質などが見つかることがあると思う．あらかじめ計算された結果をエントリーに貼りつけているのは，実行に時間がかかり，また計算資源に大きな負荷がかかるからである．Foldseekについては，本稿のプロトコールでさらに詳しく説明する．

## 構造比較，構造検索によってなにがわかるのか

前述のように，配列と構造による類似タンパク質の検索結果の提供がAlphaFold DBの最近の追加機能であるわけだが，そもそも類似構造の検索によってなにがわかるのだろうか．構造検索ツールを紹介する前に，基本的なところを押さえておこう．まず，（予測されたものでも，実験で決定されたものでも）立体構造の情報があると，そのタンパク質の機能を実現する機械

的，化学的なメカニズムが推定できる．機能に関連するアミノ酸残基，例えば機能部位でリガンドに結合するアミノ酸残基や，他のタンパク質や核酸などの生体高分子に結合するアミノ酸残基も推定できるなど，**タンパク質配列のなかでどのアミノ酸が重要なのかが構造を見ることでより明らかに理解できる**．リガンド結合部位など，機能実現に重要なアミノ酸残基は配列上では必ずしも隣同士に並んでいないことも多いので，立体構造を見てはじめて残基の機能上での関係性がわかる．推定された機能メカニズムや機能に重要な残基は，さらに，分子動力学によるシミュレーションやアミノ酸残基の変異導入の実験などによって確かめることができる（**第3章-3**も参照）．構造の製薬への応用としては，構造に基づいて計算による薬のスクリーニングや新規の薬のデザインを行うことができる．

これに加え，構造検索によって可能になるのはタンパク質の理解への進化的な広い観点の導入である．主に次の2点があげられよう．第1点目としては，検索によって見つかった進化的に近い距離の類似構造を重ね合わせて構造比較することによって，**機能上重要と考えられた残基の保存性と非保存性がわかる**．例えば，リガンド結合にかかわる残基のうち，構造の類似にもかかわらず，すべての残基が保存されていないかもしれないし，部分構造やドメイン構造の欠損なども発見できるかもしれない．特に，酵素番号（EC番号）が全く同じタンパク質と最後の一桁だけ違う酵素の構造を比較することで，微妙な機能の違いがどのように実現されているのかを理解することができる．第2点目は，**進化的に遠いが類似した構造を持つタンパク質の発見**である．タンパク質は進化の過程で変異を蓄積していくため，進化的に遠い関係のタンパク質は配列の類似性が低く，配列による検索では有意なスコアで検索されなくなっていく．しかし，全体構造は変異によっても維持されていることが多いので（これを，**構造は配列よりも保存されている**という言い方で表す），配列検索では見つからないが構造検索によってはじめて発見できる，進化的に遠いが類似構造を持つタンパク質がある．さらに，これを使って，入力タンパク質の機能が不明の場合，見つかった類似構造を機能の推定に役立てることが可能なことがある．

## AlphaFold DB検索のプロトコール

データベースには検索機能が必須であるが，本家AlphaFold DBは**構造による検索機能は提供していない**．ここでは他の研究グループによる構造モデルの構造による検索ツールを3つ紹介する（表1）．

表1　本稿で説明するAlphaFold DBのエントリーに対する構造比較による検索法

| 検索手法 | URL |
|---|---|
| Foldseek | https://search.foldseek.com/ |
| 3D-Surfer | https://kiharalab.org/3d-surfer/ |
| DALI | http://ekhidna2.biocenter.helsinki.fi/dali/ |

## AlphaFoldモデルの高速検索サイト：Foldseek

AlphaFold DBにも利用されている**Foldseek**は，高速検索を実現するために，タンパク質の立体構造を「**構造アルファベット**」の配列として表現する．このアルファベットは，タンパク質のアミノ酸ペアの位置関係，距離や角度を表現している．Foldseekではタンパク質の構造を一次元の配列で表現することによって，配列比較用に開発された高速な検索法を適用してリアルタイムの構造比較をAlphaFold DBに対して実現している．

Foldseekはウェブサーバーで利用できる（図2A）．インターフェースはきわめてシンプルである．細かい設定や結果の解釈のしかたなどの説明が一切ないので，用語などに不慣れなユーザーにはわかりにくい点も多いと思うが，検索の実行自体は簡単である．検索のステップを順を追って見てみよう．

### 1．単量体の構造比較

**❶ ページ上段のスペースに，構造比較を行いたいクエリ（query，問い合わせ）のタンパク質構造のPDBフォーマットのファイルを入力する**＊1**.**

入力は，PDBフォーマットの構造情報をコピーするか，またはファイルのアップロード（UPLOAD PDB），もしくは，構造がPDBに登録されている場合，**LOAD ACCESSION**からIDを記入する．

＊1　おもしろいのは，タンパク質のアミノ酸配列を入力することもできる点である．その際には**PREDICT**ボタンが点灯し，そこから**ESMFold**[11]という単一配列から高速で構造予測をする手法などを使って，その配列の構造を予測し，その予測構造からデータベース検索をかけることができる．

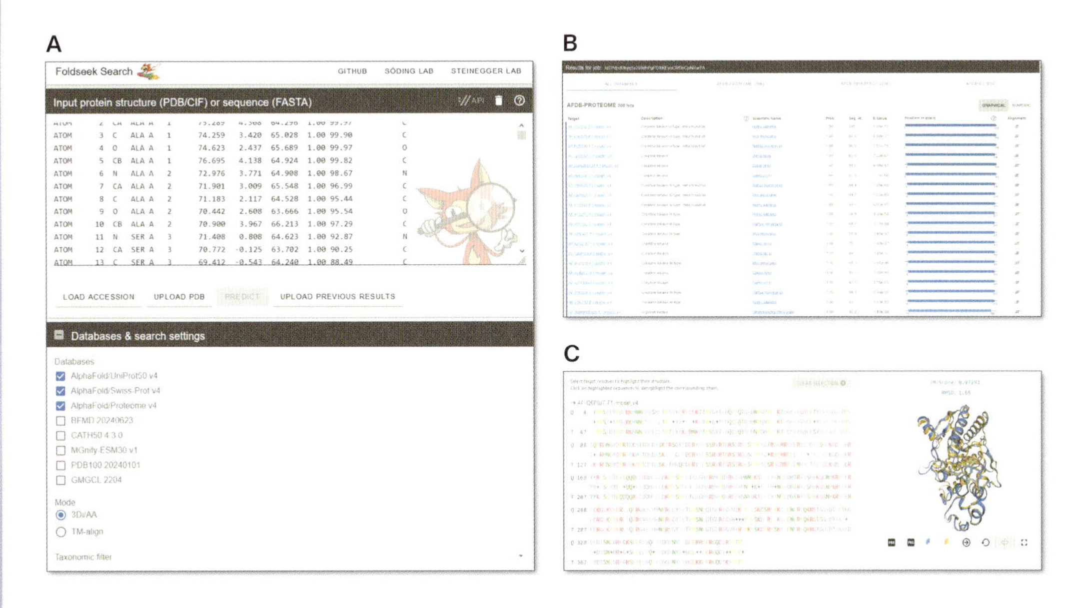


**図2　Foldseekによる AlphaFold DBの検索**

**A）**検索ページ．**B）**検索結果．**C）**検索結果のエントリーから右側のAlignmentというボタンをクリックすると表示されるクエリのタンパク質との配列アラインメントと構造のアラインメントのページ．

❷ **クエリが入力できたら，Database & Search settingsから，検索するデータベースを選択する**＊2.

＊2
- **CATH50：**PDBの構造のドメインを分類したデータベースであるCATH[12]のエントリーを相同性50％でクラスタリングした後の代表構造のデータセット
- **PDB100：**PDB全体だが同一配列からは代表エントリーを1つ選択したもの
- **MGnify-ESM30：**EBIが提供している微生物のタンパク質配列データベースMGnifyから代表配列を相同性30％で選択してその構造をESMFoldで予測したデータセット
- **GMGCL：**EMBLが提供している微生物のタンパク質のデータベース
- **BFMD：**説明がないので定かではないが複合体を構成する単量体のタンパク質のデータセットのようである

複数選択することもできる．**AlphaFold/UniProt50**，**AlphaFold/Swiss-Prot**，**AlphaFold/Proteome**はそれぞれ，UniProt配列データベースを配列相同性50％でクラスタリングした際の代表配列，UniProtの一部であるSwiss-Prot，（いくつかわからないが）あらかじめ選ばれたゲノムのセットのタンパク質，のAlphaFold2による予測構造のデータセットである．なので，これ全部を選択しても現在AlphaFold DBに収納されている予測構造全体に対して検索をかけられるわけではない．

Search SettingのModeはFoldseekのもともとのアルゴリズムである**3Di/AA**を選べばよいと思う．選択後，青いSearchボタンを押すと検索が開始される．

検索はたいへん高速で，多くのデータベースを選択してもだいたい2，3分以内くらいには終わる．

❸ **検索結果は構造類似性のスコアから計算される（と思われる）E-valueという，スコアの統計的有意性を示すスコアによって並べられている（図2B）．**

❹ **エントリーの名前の右側のAlignmentという三本線のデザインのボタンをクリックすると，配列のアラインメントと構造のアラインメントのウィンドウが開く（図2C）．**

左側に配列アラインメント，右側に問い合わせの構造（青で表示）と検索でヒットした構造（黄色）が重ね合わせて表示され，**RMSD**と**TM-Score**の値も上部に示されている．このウィンドウは三本線のボタンを再度クリックすると閉じる＊3．

＊3　このあたりのデザインはきれいで見やすくよくできていると思う．ただ，くり返しになるが細かい説明が一切ないことが厳密な結果の理解の妨げになっている．各データベースの更新日時などを見ると，開発者は精力的にFoldseekのアップデート，開発を続けていることが見受けられ，これからもAlphaFoldの検索の主なツールとして使われていくことが予想される．

## 2. 複合体の構造比較

Foldseekは，**複合体を入力すると，各タンパク質について独立に検索を行う**．図3の例では，バクテリオファージラムダのヴィリオンポータル（PDB ID：8XOW）を丸ごと検索にかけた（図3A）．4種類のタンパク質（A，B，C，Dと記すことにする）から構成され，それぞれA鎖とB鎖が12個ずつ，C鎖とD鎖が6個ずつ，合計36量体という大きな複合体である．ここでは，図2Aの**LOAD ACCESSION**のボタンから，PDB ID，8XOWを入力して，データベースとしては**AlphaFold/UniProt50**，**AlphaFold/Swiss-Prot**，**AlphaFold/Proteomoe**の3種類を選び（図2A下段），**SEARCH**ボタンを押した．検索にかかる時間はタンパク質一個の検索と大して変わらず，2，3分で終了した．検索の結果は，結果表示のページ，左側のQueriesというところにjob_□として（□のところはPDBエントリーの著者がアサインした鎖

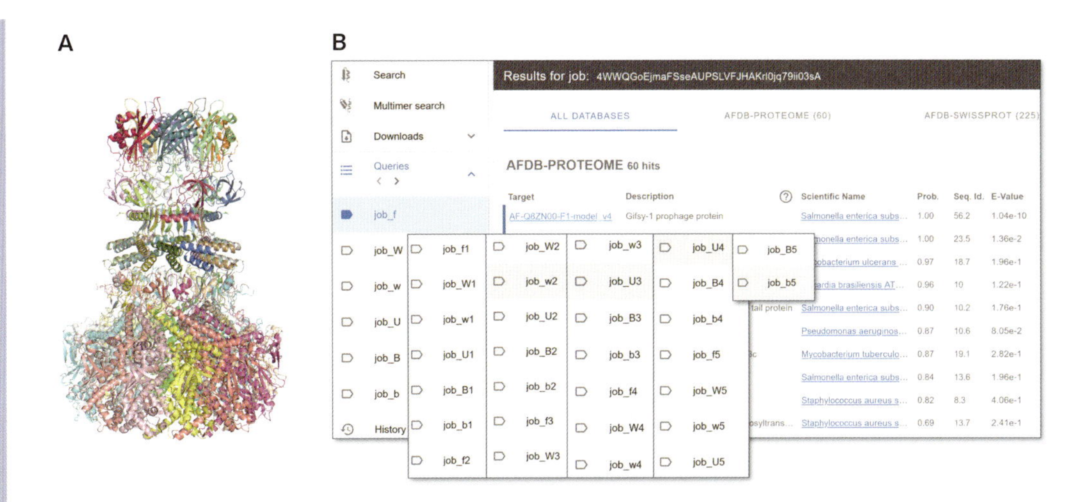


## 図3　Foldseekによって36量体のバクテリオファージラムダ複合体を検索した例

**A）** 検索のクエリにつかったPDBエントリー，8XOW．**B）** 検索結果の表示．検索結果は，結果の画面の左側，Queriesの部分に鎖ごとに表示される．

のID）個々の鎖について個別に表示される（図3B）．8XOWは36量体なので，Queriesに数ページに渡って結果のページがリストされている．Queriesの下の>のマークをクリックすると次のページのリストが表示される．

各鎖の検索結果の表示は，単量体の場合（図2B）と同じである．検索対象として指定した3つのデータセットについて検索した結果が，結果のページの上部のデータセットの名前のタブをクリックすると表示される．図4に，8XOWの36の構成タンパク質のうち，4種類のタンパク質から1つずつ検索結果を示した．全体的に見て，最上位付近でヒットしたものはファージのタンパク質が多いが，その下にファージとは関係なさそうなタンパク質の構造が，有意性の高いE-valueでヒットして混じっていることがわかる．ヒットした構造の例として，ファージタンパク質の構造を見せても多分おもしろくないので，それぞれファージのタンパク質でないものを示してみた．

最初の検索結果（図4A）は種類Aのタンパク質からf鎖（head-tail connector protein FⅡ）のものを示した．検索結果のリストのなかから，例としてtRNA ribosyltransferase-isomeraseの構造を右側に示した．このタンパク質は，E-valueは0.241で有意性の面からはボーダーラインあたりと筆者は考えるが，構造を見るとベータバレルの一部のループが伸びた構造でたいへん似ていることがわかる．RMSDは7.48 Åで同一フォールドという基準の6 Åからすると若干高いがこの構造の違いは伸びたループとフレキシブルな端の部分から来るもので全体的には同じフォールドと判断してよい．この構造はよくあるフォールドである．この酵素とファージのタンパク質との間に進化的な関係があるのか否かはすぐには判断しかねるが，このファージがこのよくあるフォールドをポータルの複雑な複合体の構成要素として利用していることはわかる．

2番目の例（図4B）は68残基と短いW鎖（head completion protein）で，構造が2本のヘリックスの間にベータターン構造があるという単純な構造なので，機能は違うが構造の似ている他

A

AFDB-PROTEOME 60 hits

GRAPHICAL NUMERIC

| Target | Description | Scientific Name | Prob. | Seq. Id. | E-Value | Position in query | Alignment |
|---|---|---|---|---|---|---|---|
| AF-Q8ZN00-F1-model_v4 | Gifsy-1 prophage protein | Salmonella enterica subs... | 1.00 | 56.2 | 1.04e-10 | 3 114 | |
| AF-Q8ZQ92-F1-model_v4 | Gifsy-2 prophage ATP-binding sugar tran... | Salmonella enterica subs... | 1.00 | 23.5 | 1.36e-2 | 2 103 | |
| AF-X8F1T0-F1-model_v4 | DUF4873 domain-containing protein | Mycobacterium ulcerans ... | 0.97 | 18.7 | 1.96e-1 | 22 113 | |
| AF-K0EJ21-F1-model_v4 | DUF4873 domain-containing protein | Nocardia brasiliensis ATC... | 0.96 | 10 | 1.22e-1 | 22 111 | |
| AF-Q8ZQG0-F1-model_v4 | Putative Fels-1 prophage minor tail protein | Salmonella enterica subs... | 0.90 | 10.2 | 1.76e-1 | 22 114 | |
| AF-Q9I5S8-F1-model_v4 | Probable bacteriophage protein | Pseudomonas aeruginos... | 0.87 | 10.6 | 8.05e-2 | 11 100 | |
| AF-P9WKN7-F1-model_v4 | Uncharacterized protein Rv0943c | Mycobacterium tuberculo... | 0.87 | 19.1 | 2.82e-1 | 21 114 | |
| AF-Q8ZN09-F1-model_v4 | Gifsy-1 prophage protein | Salmonella enterica subs... | 0.84 | 13.6 | 1.96e-1 | 22 114 | |
| AF-Q2FYD0-F1-model_v4 | SLT orf 527-like protein | Staphylococcus aureus s... | 0.82 | 8.3 | 4.06e-1 | 28 105 | |
| AF-Q2FXT5-F1-model_v4 | S-adenosylmethionine:tRNA ribosyltrans... | Staphylococcus aureus s... | 0.69 | 13.7 | 2.41e-1 | 21 108 | |
| AF-A0A0H3GY36-F1-mo... | Putative phage tail protein | Klebsiella pneumoniae su... | 0.66 | 10.3 | 1.59e-1 | 11 104 | |
| AF-A0A133CKL1-F1-mo... | Head-tail adaptor protein | Enterococcus faecium | 0.57 | 11 | 2.82e-1 | 22 104 | |
| AF-K0F8G0-F1-model_v4 | Protease | Nocardia brasiliensis ATC... | 0.54 | 17.3 | 8.01e-1 | 21 104 | |
| AF-Q9HUK7-F1-model_v4 | Cyclic-di-GMP receptor FimW | Pseudomonas aeruginos... | 0.51 | 11.1 | 9.87e-1 | 22 113 | |
| AF-P9WKW3-F1-model_v4 | Uncharacterized protein Rv0441c | Mycobacterium tuberculo... | 0.47 | 15 | 2.17e-1 | 15 112 | |
| AF-X8FDS4-F1-model_v4 | Uncharacterized protein | Mycobacterium ulcerans ... | 0.41 | 15.1 | 2.54e-1 | 10 103 | |

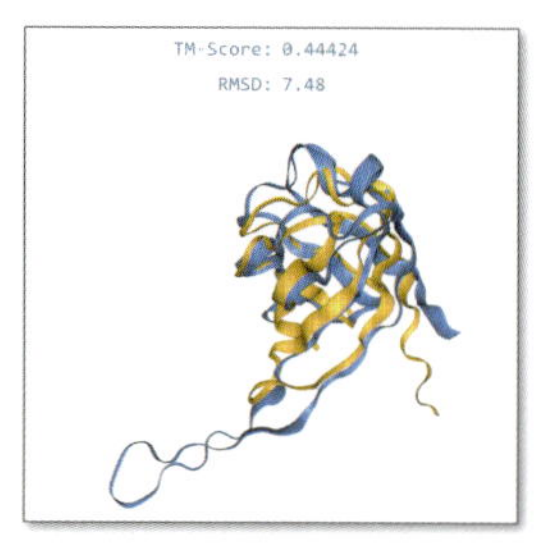


B

ALL DATABASES　AFDB-PROTEOME (6)　AFDB-SWISSPROT (7)　AFDB50 (100)

AFDB-PROTEOME 6 hits

GRAPHICAL NUMERIC

| Target | Description | Scientific Name | Prob. | Seq. Id. | E-Value | Position in query | Alignment |
|---|---|---|---|---|---|---|---|
| AF-Q8ZMZ4-F1-model_v4 | Gifsy-1 prophage protein | Salmonella enterica subs... | 1.00 | 72.3 | 1.17e-4 | 5 67 | |
| AF-A0A5K4F4G9-F1-mo... | Uncharacterized protein | Schistosoma mansoni | 0.41 | 16 | 1.84e+0 | 1 52 | |
| AF-A0A0D2DGV3-F1-mo... | Unplaced genomic scaffold supercont1.6... | Fonsecaea pedrosoi CBS ... | 0.15 | 13.2 | 2.11e+0 | 1 62 | |
| AF-Q9HV99-F1-model_v4 | DUF4124 domain-containing protein | Pseudomonas aeruginos... | 0.13 | 20 | 2.60e+0 | 2 51 | |
| AF-X8FHK6-F1-model_v4 | Haloacid dehalogenase-like hydrolase fa... | Mycobacterium ulcerans ... | 0.09 | 22.8 | 3.44e+0 | 1 57 | |
| AF-A0A0R0G8B9-F1-mo... | MADS-box domain-containing protein | Glycine max | 0.04 | 12.1 | 7.92e+0 | 3 64 | |

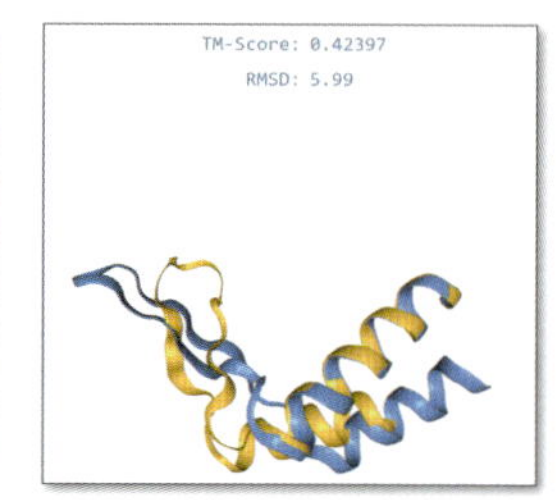


C

AFDB-PROTEOME 116 hits

GRAPHICAL NUMERIC

| Target | Description | Scientific Name | Prob. | Seq. Id. | E-Value | Position in query | Alignment |
|---|---|---|---|---|---|---|---|
| AF-Q8ZN03-F1-model_v4 | Gifsy-1 prophage protein | Salmonella enterica subs... | 1.00 | 49.2 | 6.11e-15 | 1 131 | |
| AF-Q8ZQ90-F1-model_v4 | Gifsy-2 prophage probable minor tail prot... | Salmonella enterica subs... | 1.00 | 53.7 | 4.82e-15 | 1 131 | |
| AF-Q8ZQG8-F1-model_v4 | Fels-1 prophage protein | Salmonella enterica subs... | 1.00 | 45 | 2.40e-14 | 2 131 | |
| AF-Q5F997-F1-model_v4 | Phage associated protein | Neisseria gonorrhoeae F... | 1.00 | 15 | 1.93e-4 | 1 128 | |
| AF-A0A132ZBV0-F1-mo... | Uncharacterized protein | Enterococcus faecium | 1.00 | 14.1 | 4.19e-4 | 4 131 | |
| AF-Q2FX61-F1-model_v4 | Conserved hypothetical phage protein | Staphylococcus aureus s... | 1.00 | 11.8 | 5.65e-4 | 1 130 | |
| AF-K7LC61-F1-model_v4 | BHLH domain-containing protein | Glycine max | 0.93 | 13.4 | 5.76e-3 | 4 129 | |
| AF-K7MBY3-F1-model_v4 | BHLH domain-containing protein | Glycine max | 0.87 | 14.6 | 9.27e-3 | 4 129 | |
| AF-Q5SMX4-F1-model_v4 | BHLH transcription factor | Oryza sativa Japonica Gr... | 0.85 | 15.2 | 8.74e-3 | 4 127 | |
| AF-P14712-F1-model_v4 | Phytochrome A | Arabidopsis thaliana | 0.84 | 16.6 | 5.21e-2 | 37 131 | |
| AF-A0A0H3GVJ2-F1-mo... | Uncharacterized protein | Klebsiella pneumoniae su... | 0.80 | 10 | 1.27e-1 | 6 130 | |

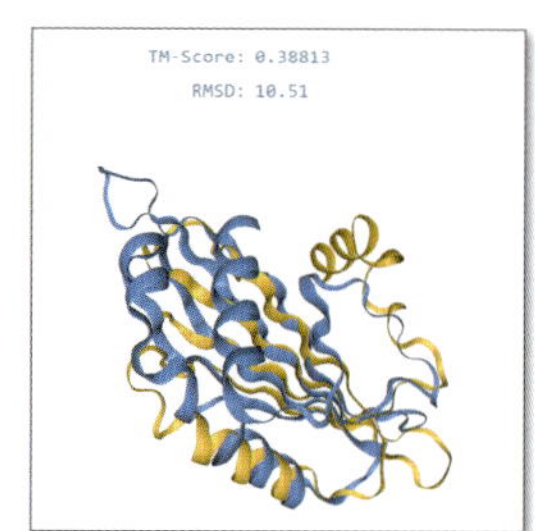


D

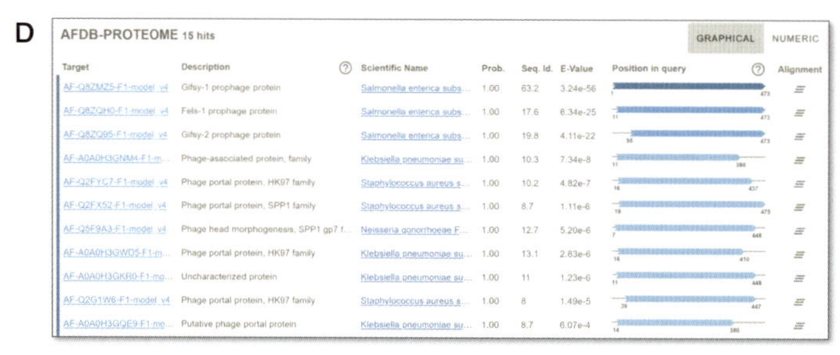

AFDB-PROTEOME 15 hits

GRAPHICAL NUMERIC

| Target | Description | Scientific Name | Prob. | Seq. Id. | E-Value | Position in query | Alignment |
|---|---|---|---|---|---|---|---|
| AF-Q8ZMZ5-F1-model_v4 | Gifsy-1 prophage protein | Salmonella enterica subs... | 1.00 | 63.2 | 3.24e-56 | 1 473 | |
| AF-Q8ZQH0-F1-model_v4 | Fels-1 prophage protein | Salmonella enterica subs... | 1.00 | 17.6 | 6.34e-25 | 11 473 | |
| AF-Q8ZQ95-F1-model_v4 | Gifsy-2 prophage protein | Salmonella enterica subs... | 1.00 | 19.8 | 4.11e-22 | 55 473 | |
| AF-A0A0H3GNM4-F1-m... | Phage-associated protein, family | Klebsiella pneumoniae su... | 1.00 | 10.3 | 7.34e-8 | 11 380 | |
| AF-Q2FYC7-F1-model_v4 | Phage portal protein, HK97 family | Staphylococcus aureus s... | 1.00 | 10.2 | 4.82e-7 | 16 437 | |
| AF-Q2FX52-F1-model_v4 | Phage portal protein, SPP1 family | Staphylococcus aureus s... | 1.00 | 8.7 | 1.11e-6 | 19 475 | |
| AF-Q5F9A3-F1-model_v4 | Phage head morphogenesis, SPP1 gp7 f... | Neisseria gonorrhoeae F... | 1.00 | 12.7 | 5.20e-6 | 7 448 | |
| AF-A0A0H3GWD5-F1-m... | Phage portal protein, HK97 family | Klebsiella pneumoniae su... | 1.00 | 13.1 | 2.83e-6 | 16 410 | |
| AF-A0A0H3GKR0-F1-mo... | Uncharacterized protein | Klebsiella pneumoniae su... | 1.00 | 11 | 1.23e-6 | 11 448 | |
| AF-Q2G1W6-F1-model_v4 | Phage portal protein, HK97 family | Staphylococcus aureus s... | 1.00 | 8 | 1.49e-5 | 39 447 | |
| AF-A0A0H3GQE9-F1-mo... | Putative phage portal protein | Klebsiella pneumoniae su... | 1.00 | 8.7 | 6.07e-4 | 14 380 | |

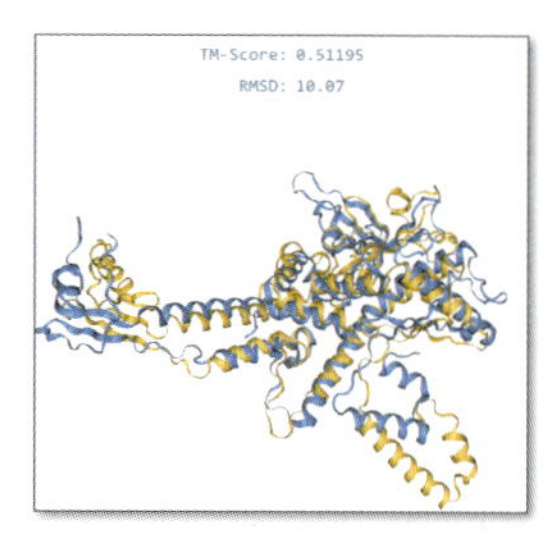


**図4　Foldseekによる8XOWの検索結果の一部**

8XOWは4種類のタンパク質からなっているので，例としてそれぞれの種類から1つずつ，検索結果を示す．**A)** f鎖の検索結果．AFDB Proteomeデータセットに対しては60のヒットがあったが，そのうち上位のみ示した．右のパネルにはこの検索結果から，E-valueが2.41e-1，配列相同性が13.7％でヒットしたS-adenosylmethionine：tRNA ribosyltransferase-isomerase（のAlphaFold2による予測構造）（UniProt ID：Q2FXT5）との重ね合わせを示した．構造の画像は検索結果のリストからAlignmentの三本線のボタンをクリックすると配列アラインメントとともに表示される．**B)** W鎖の検索結果．右にはE-valueが2.6，配列相同性が20％でヒットした*Pseudomonas*のタンパク質（UniProt ID：Q9HV99）の構造との重ね合わせを示した．**C)** U鎖の検索結果．右のパネルはE-valueが5.76e-3，配列相同性が13.4％でヒットした大豆のHLH domain-containing protein（UniProt ID：K7LC61）の予測構造との重ね合わせ．**D)** B鎖の検索結果．右のパネルはE-valueが1.23e-6，配列相同性が11％でヒットした*Klebsiella*のuncharacterized protein（UniProt ID：A0A0H3GKR0）の予測構造との重ね合わせ．

生物種のタンパク質がヒットしている.

3番目（図4C）はU鎖（tail tube terminator protein）．このタンパク質はヘリックス2本の裏に5本のベータストランドから構成されるひねりの入ったベータシートをもつ構造をしている．もしかしたら注目する価値のあるのは，転写因子が同様な構造をしているとしていくつか有意性の高いE-valueでヒットしていることである．重ね合わせで示した構造はRMSDが10.51 Åと高いが，これは1本のヘリックスの向きが違うことから来る値で，本質的には同じフォールドである．

最後の例（図4D）は533残基の比較的大きな主に複数のヘリックスで構成されているタンパク質で，トップにヒットしているのはすべてファージのタンパク質である．そのなかで，9番目に*Klebsiella pneumonae*のuncharacterized proteinが有意性の高いE-value，1.23e-6でヒットしているのが目を引く．この*Klebsiella*のタンパク質は構造を重ね合わせてみるとほぼ同じであるし（右のパネル），その他上位でヒットしているタンパク質はすべてファージのタンパク質ということなので，多分これもアノテーションがついていないがファージをつくるタンパク質であることが推定される（最終的な結論を出すためには，機能残基やファージの他のタンパク質との結合部分のアミノ酸残基の保存性や，ファージの他のタンパク質の*Klebsiella*のゲノムのなかの分布などを精査する必要がある）．

以上この4例についてまとめると，**Foldseekによる構造検索によって，配列相同性が低い（普通，進化的関係が推定される25～30％以下）にもかかわらず構造が似ているタンパク質が検索されていることがわかる**．ただ，最後の例で述べたように，その構造の類似性の生物学的，進化的な意義について結論づけるには，機能残基，モチーフやゲノム上での関連タンパク質の分布などを注意深く精査する必要がある．

## 表面形状による高速検索：3D-Surfer

次に紹介する**3D-Surfer**[13]は筆者の研究室による開発である．この手法は，**タンパク質の表面形状の比較に数学的な形状表現を用いることで，高速なPDBエントリーとAlphaFoldモデルに対する検索を実現している**．3D-Surferでは，タンパク質の立体表面形状を三次元関数と捉え，これを**Zernike-Canterakis基底関数**[13]によって級数展開する．この級数展開を用いて，立体構造を回転に対して不変のベクトルとして表現することができる．このベクトルを3D Zernike記述子（descriptor）（3DZD）と称する[14][15]．3DZDは立体構造の比較をベクトルの比較（通常，長さ121のベクトルを用いる）で行えるため，超高速なリアルタイムでの立体構造データベースの検索が可能である[16]．3DZDはタンパク質の全体構造の比較のみならず，機能部位の部分構造比較[17]，タンパク質ドッキング[18]，リガンドとのドッキング[19]など生体高分子の構造を扱う幅広い応用が可能である．われわれは3D-SurferというウェブサイトでPDBの全エントリーに対するリアルタイムの構造検索を提供してきたが，AlphaFold DBの出現に伴ってAlphaFoldのモデルも検索の対象にとり入れた（**3D-AF-Surfer**）[6]．

3D-Surferの利用の手順を図5とともに説明する．

A

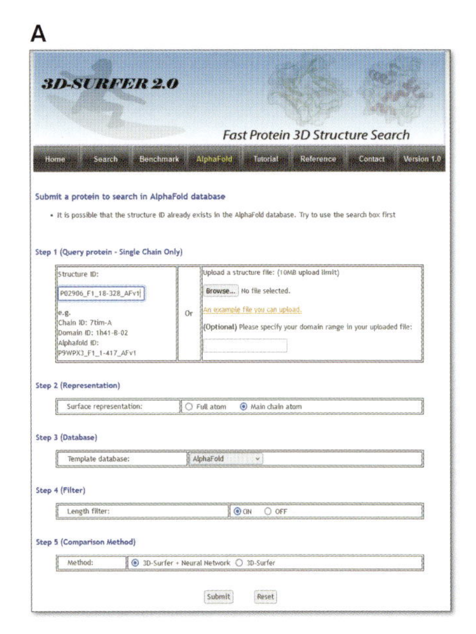


B

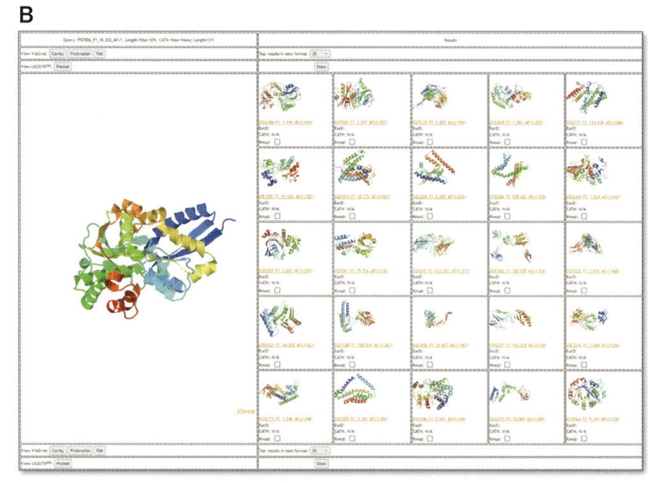

図5　3D-Surfer

A）検索画面．B）検索の例．

❶ 上段のタブから，AlphaFoldのモデル検索の場合はAlphaFoldをクリックする（図5A）．

❷ Step1でクエリの構造をPDB-IDで指定，もしくはPDBファイルをアップロードする．

❸ Step2で構造の表現をFull atom＊4かMain chain atom＊5から選ぶ．

＊4　**Full atom**を選ぶと，クエリのタンパク質の表面構造を計算する際にタンパク質の全原子（水素以外）を使うので全体的に滑らかな表面構造による検索になる．

＊5　**Main chain atom**を選ぶと，側鎖を除いた主鎖から表面構造をつくるため，主鎖構造をある程度重視した構造比較が行われる．

❹ Step3で検索するデータセットをAlphaFoldモデルか，PDBのうちから選ぶ＊6．

＊6　**PDB domain**は，タンパク質の全体構造から各ドメインの構造を抽出したデータセットである．

❺ Step4の長さのフィルタは，Onにしておくと検索の際にタンパク質の長さも考慮し，表面形状が似ていて長さも似ているタンパク質のみ出力する．

❻ 最後のStep5では，検索方法として3DZDのベクトルの比較による高速な検索（数秒）を行うか，3DZDを入力とする深層学習（3D-Surfer＋Neural network）を使ってより構造分類の精度の高い検索をするか（2，3分かかる）を選択する＊7．

＊7　普通の意味で似た構造を検索する場合には深層学習を使った検索を選べばよいが，3DZDのみの検索では従来の構造分類にとらわれない，表面形状の類似性が高く主鎖構造が違うような意外な類似性をもつタンパク質を見つけることができる場合もある．

図5Bに検索結果を示す．クエリが左側，右側にスコア上位の検索結果を構造のモデル図とともに示している．この検索結果の構造のモデル図をクリックすると，今度はそれをクエリとした検索を実行することができる．このようにして，構造の海を軽やかに波乗りしていくというのが3D-Surferのコンセプトである．

## 残基間距離マップによる検索：DALI

表1の3つめ，**DALIはタンパク質の残基間の距離情報を記した二次元のマップの比較を行う方法**で，開発の時期はタンパク質のバイオインフォマティクスの黎明期，1995年に遡る[20) 21)]．ウェブ上ではPDBの構造とAlphaFold2のモデルの構造を別々に検索できる．AlphaFoldモデルの検索では，ヒトを含めた50弱のゲノムからユーザーが1つを選択してそれに対する検索ができるようになっている（図6）．もともと検索の高速化を目的とした手法ではないため検索は遅く，オプションで提供されている電子メールで結果を受けとるサービスを利用するのがよいだろう．アルゴリズムの観点からいうと，残基間の距離マップの比較を行うため，**構造がかなり近いものを探すのに適していて，逆に二次構造の空間配置レベルでは似ているがその間の角度などがずいぶん違うというような遠い関係の構造を発見するのには向いていない**．現在検索に含まれているAlphaFoldのモデルの数は，2022年1月にリリースされた主要なモデル生物のゲノムを含む約100万のモデルまでが含まれている．DALIはデータベースのファイルとプログラムをダウンロードしてローカルにインストールするのを推奨している（http://ekhidna2.

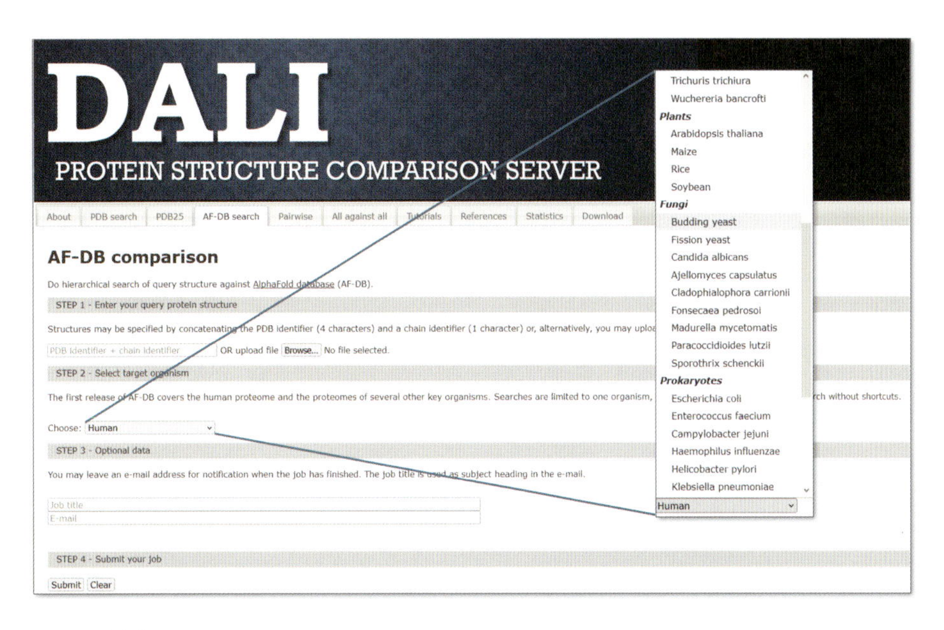


図6　DALIの検索画面
生物種の選択メニューを広げて拡大表示した．

biocenter.helsinki.fi/dali/digest.html）ので，頻繁に利用する予定があればインストールが検討に値する．

紹介した3手法は，**タンパク質構造の表現方法が異なるため，（検索するデータベースが同じであっても）検索結果が異なることが十分ある**．検索結果のうち，類似性がとても高い構造はどの手法を使っても検索の結果の上位に表れるが，類似性が中程度と判断される構造は手法によって個性が現れる．例えば，Foldseekの場合，構造を一次元配列で表しているので主鎖構造がN端からC端の順に似ている構造が類似性が高いと判断されるし，3D-Surferの場合，主鎖構造にほぼ関係なく表面形状が類似のタンパク質がスコアが高いと判断される．DALIはこの3手法のなかでは残基間の距離レベルで類似性が高くないと，全体的なフォールドが似ていてもスコアは高く計算されない．ユーザーはどのような類似構造を検索したいのか考慮して目的にあった方法を選ぶとよい．

## おわりに

AlphaFold2登場の衝撃にもすでに慣れたものになってきたと思う．もちろん，いまだにさまざまな新しい関連の話題が学会の演題や研究室の日々の会話をにぎわし，構造予測，また最近ではタンパク質構造デザインの新しい手法の開発が激しい競争で進められているが，そのような，5年前とは一変した状況のなかで研究生活を送ることに慣れてきたのではないだろうか．AlphaFold3の最近の発表にみられるように，まだまだ新しいAIの手法が登場してくることになるのは想像に難くないが，有用そうなツールをいち早く気軽に試してみて研究に取り入れていく柔軟な姿勢を心がけていきたい．

## ◆ 文献


1）Jumper J, et al：Nature, 596：583-589, doi:10.1038/s41586-021-03819-2（2021）
2）Tunyasuvunakool K, et al：Nature, 596：590-596, doi:10.1038/s41586-021-03828-1（2021）
3）Abramson J, et al：Nature, 630：493-500, doi:10.1038/s41586-024-07487-w（2024）
4）Evans R, et al：bioRxiv, doi:10.1101/2021.10.04.463034（2021）
5）Mariani V, et al：Bioinformatics, 29：2722-2728, doi:10.1093/bioinformatics/btt473（2013）
6）Aderinwale T, et al：Commun Biol, 5：316, doi:10.1038/s42003-022-03261-8（2022）
7）Cheng J, et al：Science, 381：eadg7492, doi:10.1126/science.adg7492（2023）
8）Varadi M, et al：Nucleic Acids Res, 52：D368-D375, doi:10.1093/nar/gkad1011（2024）
9）Steinegger M & Söding J：Nat Biotechnol, 35：1026-1028, doi:10.1038/nbt.3988（2017）
10）van Kempen M, et al：Nat Biotechnol, 42：243-246, doi:10.1038/s41587-023-01773-0（2024）
11）Lin Z, et al：Science, 379：1123-1130, doi:10.1126/science.ade2574（2023）
12）Sillitoe I, et al：Nucleic Acids Res, 49：D266-D273, doi:10.1093/nar/gkaa1079（2021）
13）Han X, et al：Curr Protoc Bioinformatics, 60：3.14.1-3.14.15, doi:10.1002/cpbi.37（2017）
14）Canterakis N：3D Zernike moments and Zernike affine invariants for 3D image analysis and recognition.「Proceedings of the 11th Scandinavian Conference on Image Analysis」（Ersbøll BK & Johansen P, eds）, pp85-93, Dansk Selskab for Automatisk Genkendelse af Mønstre（1999）
15）Novotni M & Klein R：Proceedings of the Eighth ACM Symposium on Solid Modeling and Applications, 216-225, doi:10.1145/781606.781639（2017）
16）Sael L, et al：Proteins, 72：1259-1273, doi:10.1002/prot.22030（2008）
17）Zhu X, et al：Bioinformatics, 31：707-713, doi:10.1093/bioinformatics/btu724（2014）
18）Venkatraman V, et al：BMC Bioinformatics, 10：407, doi:10.1186/1471-2105-10-407（2009）
19）Shin WH, et al：J Chem Inf Model, 56：1676-1691, doi:10.1021/acs.jcim.6b00163（2016）
20）Holm L & Sander C：Trends Biochem Sci, 20：478-480, doi:10.1016/s0968-0004(00)89105-7（1995）
21）Holm L：Nucleic Acids Res, 50：W210-215, doi:10.1093/nar/gkac387（2022）

# 第4章

# 応用・発展的研究

# タンパク質の構造変化予測
## AlphaFoldと分子動力学の統合

岡崎圭一，大貫　隼

AlphaFoldによりタンパク質の構造変化を予測することは可能だろうか？ AlphaFoldにおいて，入力アミノ酸配列から作成されるホモログ配列の多重配列アラインメント（MSA）がこの疑問に対する鍵となっていることがわかってきた．また，物理的な分子モデルに基づいた分子動力学（MD）シミュレーションでも構造変化を追うことができ，AlphaFoldと相補的に組合わせることで，タンパク質の構造ダイナミクスの解明につながることが期待される．

## はじめに

AlphaFold2（AF2）の登場により，アミノ酸配列からタンパク質構造を高精度に予測することが可能になった[1]．しかし，タンパク質はリガンド結合等により構造変化し，異なる構造状態を経て機能することが多い．このような複数の異なる構造状態はAF2〔もしくはリガンドとの相互作用を考慮する最新のAlphaFold3（AF3）[2]〕で予測できるだろうか？ AF2の公開後，そのような観点でさまざまな試行錯誤が行われた結果，入力配列から作成されるホモログ配列の多重配列アラインメント（MSA）がこの疑問に対する鍵となっていることがわかってきた．また，分子ダイナミクスを研究する計算手法として，物理的な分子モデルに基づいた分子動力学（MD）シミュレーションがあるが，このMDシミュレーションとAF2を相補的に組合わせることで，タンパク質の構造ダイナミクスの解明につながることが期待される．

本稿では，まず，AF2においてMSAが果たしている役割を解説して，MSAに基づいた構造状態探索手法を紹介する．さらに，トランスポータータンパク質を題材にして，MDシミュレーションとAF2を組合わせることで，実験的に未知の構造状態の予測や，その状態を安定化する変異の予測を行ったわれわれの研究を紹介する．

## AF2においてMSAの果たす役割
### ――エネルギー地形の観点から

構造予測をしたいタンパク質のアミノ酸配列に類似した多数のホモログ配列がアラインメントされたMSAには，**異なる位置にあるアミノ酸残基が配列進化の過程でどれくらい一緒に変化したか**，という**共進化情報**が含まれている．共進化しているアミノ酸残基ペアは立体構造においても近い距離にあると考えられるので（図1A），MSAの共進化情報は構造予測に使える[3]．AF2においても，入力配列から作成されたMSAは，Evoformerモジュールで精密化されてStructureモジュールに渡されることで，最終的な予測構造の精度に大きく影響を及ぼすことが知られている[1]（第1章-2

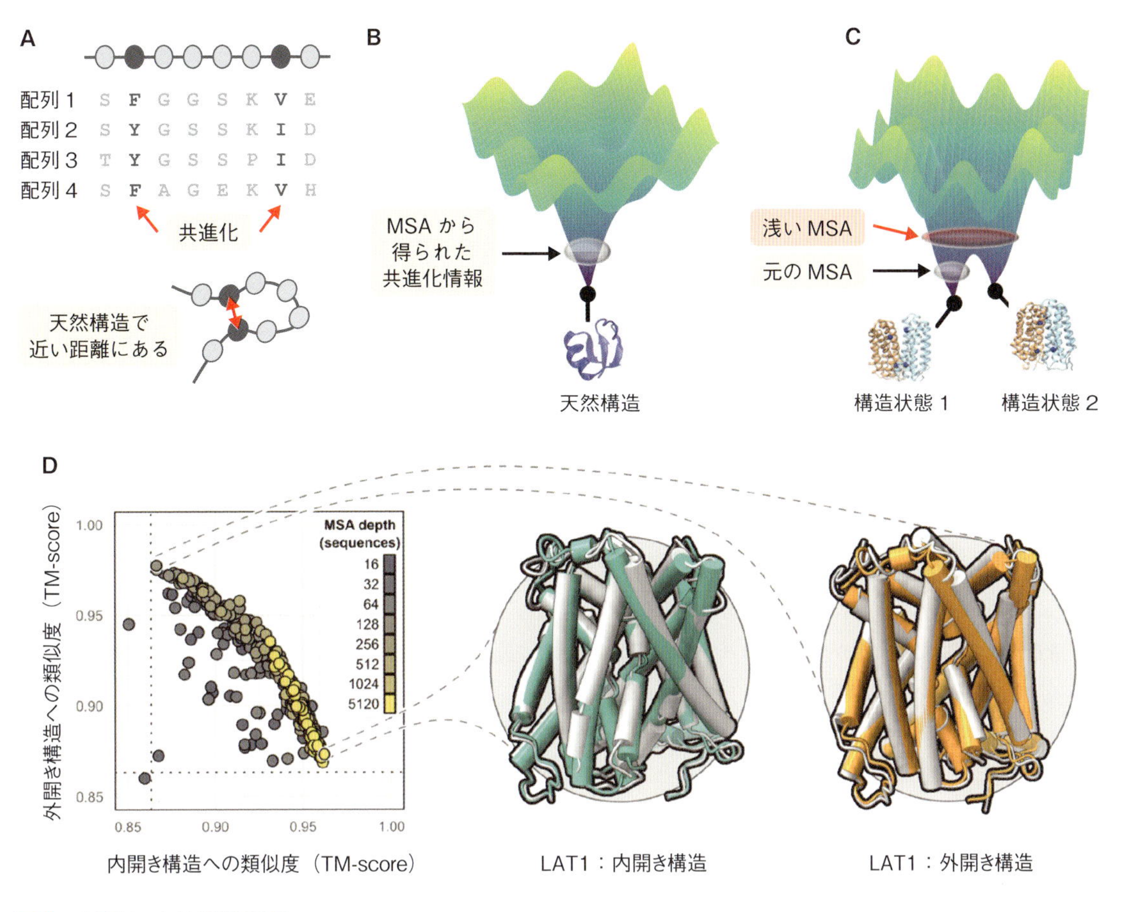


**図1　AF2による構造探索**

**A**）MSAにおける共進化情報．共進化しているアミノ酸残基ペアは立体構造において近い距離にある．**B**）タンパク質のエネルギー地形．天然構造がグローバルミニマムとなったファネル型をしている．MSAに含まれる共進化情報によりグローバルミニマムが探索される．**C**）構造変化するタンパク質のエネルギー地形．もとのMSAでは特定の構造状態しか探索されない．浅いMSAを用いると複数の構造状態が幅広く探索される．**D**）MSAの深さを変えたAF2構造予測．浅いMSAによりLAT1タンパク質の複数の構造状態が幅広く探索された（**D**は文献10より引用）．

も参照）．最新のAF3においても，Evoformerモジュールが Pairformerモジュールに置き換わった等の変更はあるものの，MSAの重要性に変わりはない[2]．

しかし，Anfinsenのドグマ※1に立ち返れば，タンパク質は自身のアミノ酸配列だけにより特定の構造にフォールディングする．つまり，どのような配列進化をしてきたかは関係ないのである．よって，原理的な意味ではMSAの情報は必要ないのではないかと考えることもできる．実際に，Shawらは2011年，純粋に物理化学的な分子モデルである全原子力場（エネルギー関数）を用いたMDシミュレーションにより，αヘリックスやβストランドなどさまざまな形をもつ小型タンパク質を正しい構造にフォールディングさせることに成功した[4]．この成功には，エネルギー関数の改

**※1　Anfinsenのドグマ**

タンパク質が生理条件下でとる立体構造（天然構造ともよばれる）は，そのアミノ酸配列によってのみ決定されるという仮説である．この天然構造は自由エネルギー最小となっており，自発的に構造形成が起こる．Christian B Anfinsen（1972年ノーベル化学賞受賞）によって提唱された．構造生物学の発展により，基本的にはその正しさが実証された．

良と，彼らが開発した**Anton**とよばれる世界最速のMD専用機によるシミュレーション時間の飛躍的な向上があった．

それでは，AF2においてMSAは具体的にどのような役割を果たしているのだろうか？Roney，Ovchinnikovらは，MSA情報なしで多数のデコイ構造（計算により生成された非天然構造）をAF2の信頼度スコアでランク付けした場合も，天然構造に近いほどスコアが高くなることを示した[5]．つまり，**AF2は，MSA情報なしでも，タンパク質の天然構造に最適化された，いわゆる"エネルギー関数"を正確に学習している**のである．これは，天然構造がグローバルミニマム（構造空間全体で最もエネルギーが低い地点，すなわち最も安定）となるファネル型（漏斗型）エネルギー地形に対応することを示唆する（図1B）[6) 7]．しかし，タンパク質の構造空間は膨大で，しかも多数のローカルミニマム（局所的なエネルギー極小点）が存在するため，天然構造を探索するのは容易ではない．MSAから得られた共進化情報は，構造空間に制限を与えることで"エネルギー地形のグローバルミニマム"である天然構造付近を探索するのに役立っている（図1B）．この状況は，MDシミュレーションにおける二大チャレンジ

❶ エネルギー関数の改良

❷ 構造探索手法の開発

に対比させることができる．MDシミュレーションにおいては，エネルギー関数の改良に並行して，ブルートフォース（力任せ）的なAntonによる長時間MDはもとより，レプリカ交換法や後述のaccelerated MDなどさまざまな構造探索手法が開発されて発展してきた．AF2はすでに正確なエネルギー関数を学習しているので，後はMSA情報により天然構造近くを探索すれば精度の高い構造予測が実現する．

## AF2による構造状態探索 ——MSAに基づいた手法

前項で見たように，MSAには天然構造付近の構造を探し出す役割がある．しかし，AF2を構造変化するタンパク質に適用すると，ほとんどの場合，特定の構造状態しか予測されない．例えば，カルモジュリンの構造をAF2で予測すると，カルシウム結合型構造しか出てこない．このような問題は，**MSAによる構造空間制限が強すぎるため起こる**ということがわかってきた．つまり，構造変化するタンパク質の場合，エネルギー地形の底には各構造状態に対応した複数の谷があるが[7) 8]，そのうちの1つのみをMSA情報に基づいて選んでしまうのである（図1C）．この状況はリガンドとの相互作用を考慮できるようになった最新のAF3においても変わらず，AF3論文ではリガンド結合により構造変化するタンパク質をリガンドあり・なしで予測したところ，どちらの場合も同じ構造が予測されたという結果が議論されている[2]．以下では，MSAによる構造空間制限を緩和することで，AF2で幅広い構造状態探索（構造サンプリングともいわれる）を実現する方法について解説したい[9]．

まず，del Alamo，Meilerらによる**"浅い（shallow）"MSA**を用いた手法について解説する[10]．AF2では，多数のホモログ配列を含むMSAがJackHMMerとHHblitsにより作成される．ここから，ランダムに選ばれた部分的なMSAを用いて構造予測が行われる．この部分的なMSAに含まれる配列数は最大5,120個であるが，それを最小16個まで減少させて**共進化情報に不確定性を導入**することで，MSAによる構造空間制限を弱めてより幅広い構造探索を行うというのがこの手法である．この不確定性の導入により，特定の構造状態にのみ存在する相互作用に関する共進化情報が確率的に失われることになる．これにより，MSAによる構造空間制限が緩和されて，複数の構造状態とそれらの中間構造を予測できるようになる（図1C）．原著論文では，トランスポーターやGPCRといった構造変化をして機能する膜タンパク質にこの手法が適用され，MSAの配列数（深さ）を5,120から16まで減少させることで，複数の構造状態の予測に成功している（図1D）．ColabFoldにおいて[11]，MSAの深さはオプション"max_msa"で指定することができるので，本手法は比

較的簡単に試すことができる（第2章-3も参照）．ただし注意点としては，ColabFoldではMMseqs2という別のプログラムでMSAが作成されるので，AF2でつくられたMSAを使いたい場合は，AF2でMSAを作成した後にColabFold用にファイルを変換（Stockholm形式をa3m形式に変換）して指定する必要がある．

次に，Wayment-Steele，KernらによるAF-Clusterという手法について解説する[12]．この手法では，**AF2やColabFoldで作成したMSAをクラスタリングして，複数のMSAクラスターに分割する**．つまり，MSA中にある配列同士の距離を定義してクラスタリングすることで，ホモログ配列のなかでも互いにより近い配列からなるグループをつくる．これにより，複数の構造状態に由来する共進化情報が各状態へと分離されることが期待できる．このMSAクラスターをそれぞれ用いてAF2で構造予測することで，フォールドスイッチするタンパク質の基底状態構造とフォールドスイッチ構造の両方を予測することに成功している．前述の浅いMSAを使う手法が確率的に不確定性を導入したのに対して，AF-Clusterは事前にMSAの分割を行うことでそれぞれの構造状態を狙い撃ちして構造予測を行う手法である．この手法を行うスクリプトがGitHub上で公開されている（https://github.com/HWaymentSteele/AF_Cluster）．

## MDシミュレーションによる構造状態探索

MDシミュレーションでは，タンパク質や周囲の水・脂質分子等を構成する原子の運動方程式を数値的に逐次解くことで，構造空間を探索していく（図2A，さらに詳しくは第3章-3参照）．このときタンパク質は，熱揺らぎによってエネルギー地形上の多数のミニマム（極小点）を遷移していくことになる．しかし，タンパク質の機能に重要な構造変化においては，ミニマム間を隔てるエネルギー障壁が高く，熱揺らぎで乗り越えるのにミリ秒以上かかることが多い．シミュレーション系の全原子数が数十万を超える大規模サイズのタンパク質に対しミリ秒のMDシミュレーションを行うとなると，MD専用計算機であるAntonを除き，一般に利用できる計算機では十年を超える時間が必要になっ

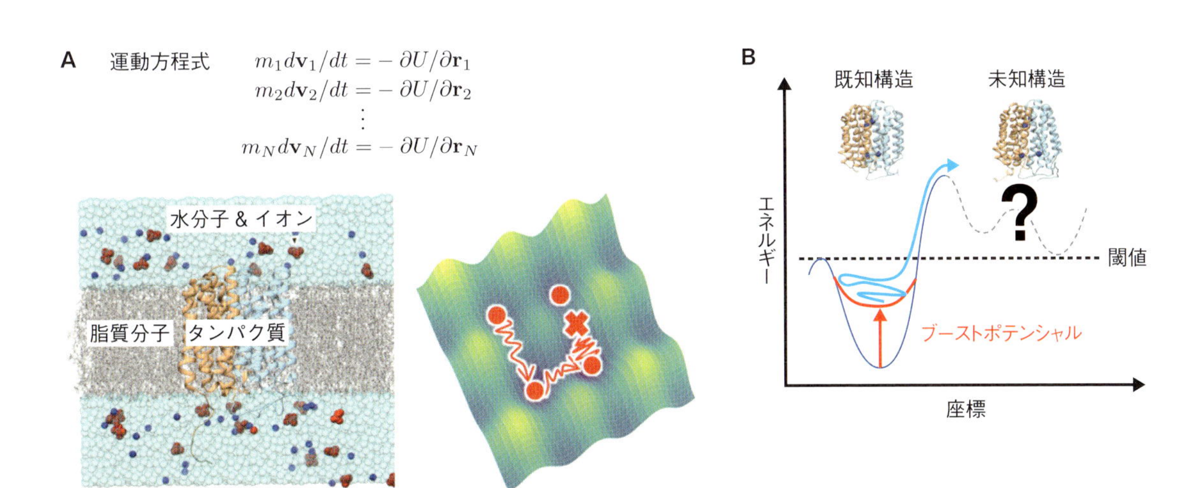


**図2　MDシミュレーションによる構造探索**
**A）** MDシミュレーション．タンパク質や周囲の水・脂質分子の原子の運動方程式を数値的に解き，構造探索を行う．構造空間には多数の安定点が存在し，エネルギー障壁が高いと構造探索は困難になる．**B）** accelerated MD法．閾値以下のエネルギーとなるときブーストポテンシャルを追加し，エネルギー障壁超えを促進して未知構造の探索を効率化できる．

てしまう．したがって，ミリ秒の計算はいまだ困難な状況である．そのため，探索のしかたを工夫することで，本来長時間のMDシミュレーションが必要になるレアなイベントを効率的に観測する手法がこれまで数多く開発されてきた．そのなかでも，**エネルギー関数の改変による手法**を以下で紹介する．

構造変化がミリ秒以上かかるのは，ミニマム間を隔てるエネルギー障壁が高いことが原因である．それならば，エネルギー関数を改変してエネルギー障壁を下げようと考える．なお，“エネルギー関数の改変”は**AF2においてMSAの果たす役割**の項で述べた“エネルギー関数の改良”とは意味が異なることに注意されたい．“改良”はグローバルミニマムを天然構造に正しく対応付けることであり，ここで述べる“改変”は**エネルギー関数を正しい形からあえて変えることで探索効率を上げる試み**のことである．ここでは，エネルギー関数を改変して探索効率を上げる例として，**accelerated MD法**を紹介する[13) 14)]．この方法では，図2Bに示すようにユーザーが設定した閾値よりも低いエネルギーのとき，正値のブーストポテンシャルが本来のエネルギー関数に追加される．これによりローカルミニマムのエネルギーが底上げされ，エネルギー障壁超えが加速されることで，未知の構造状態を探索することができる．エネルギー関数に改変が加えられているので，熱平衡分布は当然本来のものから変わってしまうが，加えられたブーストポテンシャルの値を用いて分布を調整（再重み付けとよばれる）すれば，もとのエネルギー関数での平衡分布を知ることもできる．

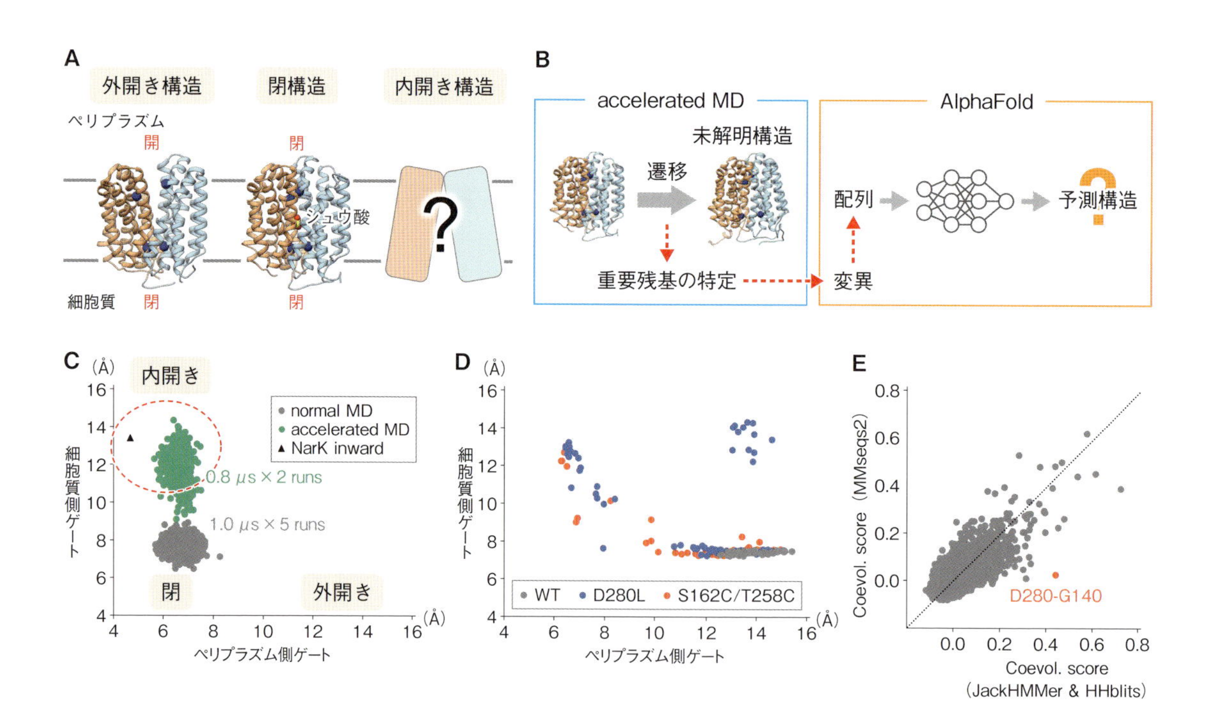


**図3　シュウ酸トランスポーターOxlTの未解明構造探索**

**A）** 交互アクセスメカニズム．**B）** MDシミュレーションとAF2による構造探索方法．accelerated MD法により未解明構造への遷移を加速し，遷移時の重要残基を特定する．そしてその重要残基への変異導入の影響をAF2により調査する．**C）** MDシミュレーションの探索構造分布．NarK inwardはOxlTと同じファミリーに属するNarKの内開き結晶構造を表す．**D）** AF2の探索構造分布．**E）** 共進化スコア散布図．点一つひとつがOxlTの残基ペアに対応している．

## MDとAF2の統合による未知構造状態とその安定化変異の予測

前項までで紹介したAF2とaccelerated MD法によるMDシミュレーションをわれわれはトランスポータータンパク質に適用し，未解明構造の探索とその状態を安定化する変異の予測を行った．その研究内容を最後に紹介したい[15]．ここで対象としたのはシュウ酸トランスポーターOxlTである．OxlTは腸内のシュウ酸分解細菌*Oxalobacter formigenes*に存在し，シュウ酸のとり込みとその分解産物であるギ酸の放出を担う．この腸内細菌は体内の過剰シュウ酸濃度に起因した尿路結石形成リスクを軽減していると考えられ，OxlTによる輸送機構の解明が重要となる．トランスポータータンパク質は，図3Aに示すように外開き，閉，内開きの三構造状態を切り替える交互アクセスメカニズムによって基質輸送を行う．このうちOxlTの外開き構造と閉構造は，山下敦子教授（岡山大学）のグループによる結晶構造解析およびわれわれのMDシミュレーションによって明らかになったが[16]，内開き構造は未解明のままであった．トランスポータータンパク質の構造状態のうち一部が実験的に未解明であることは珍しくなく，基質輸送機構の理解を阻んできた．そこでわれわれはAF2と前項で紹介したaccelerated MD法の統合的アプローチによって未解明構造の探索にとり組むことにした（図3B）．

まず，既知の閉状態結晶構造を出発点とした通常のMDシミュレーションを実施すると，閉構造に留まり構造変化を観測できない（図3C灰色）．そこで，未解明の内開き構造への遷移を加速するため，accelerated MD法を利用した．閉構造から内開き構造への遷移のエネルギー障壁には，細胞質側ゲートを閉口させる直接的なドメイン間相互作用，および基質を介した間接的なドメイン間相互作用が関与していると予想し，これらの相互作用エネルギーにブーストポテンシャルを課すこととした．その結果，通常のMDシミュレーションよりも短時間の計算にもかかわらず，細胞質側ゲートの開口が観測された（図3C緑）．ゲート開口に伴い細胞質側からは水と基質の流入もみられたことから，accelerated MD法によって得られた構造は適切な内開き構造となっていると考えられる．続いて，観測された内開き構造への遷移に重要な相互作用を特定するため，アミノ酸残基間コンタクトの変化を調査した．ペリプラズム側のドメイン界面ではS162–T258などのコンタクト形成，細胞質側ではD280と膜貫通へリックスN末端の間などでコンタクト切断が多くみられることが明らかとなった．

MDシミュレーションによって特定された重要アミノ酸残基の結果を補強するため，AF2によるOxlTの構造予測を行った．まず，OxlTの野生型配列をAF2に与えると，生成した100個の予測構造はすべて外開き構造になった（図3D灰色）．これは**AF2による構造状態探索**の項で述べたカルモジュリンのAF2構造予測と同じ現象である．そこでMDシミュレーションによって特定した重要残基D280，S162/T258への変異導入を試みた．D280は外開き，閉構造を不安定化するためロイシンに，S162/T258はジスルフィド結合によって内開き構造を安定化できるようシステインへ変異させた．これらの変異導入の結果，AF2は部分的に内開き構造も予測するようになった（図3D赤，青）．D280Lのように1変異導入でも予測構造が大きく変わることは驚くべきことであり，この残基が構造状態間の安定性にきわめて重要であることを示唆している．

変異導入による予測構造の変化は，MSAの共進化情報から説明することができる．図3EにはOxlTの野生型配列をクエリとして，JackHMMerとHHblitsからつくられたMSAおよびMMseqs2からつくられたMSAの共進化スコアを示している．前者はAF2，後者はColabFoldで用いられるMSAである．このスコアは**direct coupling解析**[17]によって得られ，正に大きな値ほど共進化傾向の強い残基ペアであることを意味する．興味深いことに，細胞質側のドメイン間残基ペアD280–G140はJackHMMer/HHblits由来のMSAでのみ高い．そのため，このMSAを利用するAF2では細胞質側のドメイン間が空間的に近いと予測し，外開き構造に偏るのである．そしてD280への変異導入はこの共進化情報を乱し，内開き構造も予測できるようになったといえる．ちなみに，MMseqs2由来のMSAを用いる場合は，野生型配列でも外開き，内開き構造ともに予測され，D280-G140に強い共進化傾向がみられないことと一致する．今回の研究は，MDシミュレーションから得たコンタクト変化，そしてMSAから得た共進化情報から，構造状態間の相対的安定性を変える変異候補を見出すことができることを示している．こうした変異候補は，将来的に実験による未解明構造決定に有益な情報となるはずである．

## おわりに

本稿では，タンパク質機能に重要な構造変化をAF2とMDシミュレーションを用いて予測する方法について解説した．AF2で異なる構造状態を予測するには，浅いMSAを用いる手法のように，MSAがもつ共進化情報を意図的に減らしてやることが有効である．一方で，MDシミュレーションにおいても未知構造状態を予測することが可能であり，さらに構造変化過程で重要と思われる物理的な相互作用を特定することもできる．このように物理的に得られた重要アミノ酸（相互作用）をAF2で変異させて検証することで，特定の構造状態を安定化する変異体の予測につながる．また，MSAがもつ共進化情報を共進化スコアという形で数値化することで，共進化という新しい軸で相互作用を評価することができる．AF2とMDシミュレーションの統合は今後さらに進むことが予想され，例えば構造変化経路の解明のようなMDシミュレーションにおけるチャレンジも，AF2の助けを借りることにより効率化されていくだろう[18]．

### ◆ 文献


1） Jumper J, et al：Nature, 596：583-589, doi:10.1038/s41586-021-03819-2（2021）
2） Abramson J, et al：Nature, 630：493-500, doi:10.1038/s41586-024-07487-w（2024）
3） Morcos F, et al：Proc Natl Acad Sci U S A, 108：E1293-E1301, doi:10.1073/pnas.1111471108（2011）
4） Lindorff-Larsen K, et al：Science, 334：517-520, doi:10.1126/science.1208351（2011）
5） Roney JP & Ovchinnikov S：Phys Rev Lett, 129：238101, doi:10.1103/PhysRevLett.129.238101（2022）
6） Onuchic JN & Wolynes PG：Curr Opin Struct Biol, 14：70-75, doi:10.1016/j.sbi.2004.01.009（2004）
7）「蛋白質の柔らかなダイナミクス」（笹井理生），培風館（2008）
8） Okazaki K, et al：Proc Natl Acad Sci U S A, 103：11844-11849, doi:10.1073/pnas.0604375103（2006）
9） Sala D, et al：Curr Opin Struct Biol, 81：102645, doi:10.1016/j.sbi.2023.102645（2023）
10） Del Alamo D, et al：Elife, 11：e75751, doi:10.7554/eLife.75751（2022）
11） Mirdita M, et al：Nat Methods, 19：679-682, doi:10.1038/s41592-022-01488-1（2022）
12） Wayment-Steele HK, et al：Nature, 625：832-839, doi:10.1038/s41586-023-06832-9（2024）
13） Hamelberg D, et al：J Chem Phys, 120：11919-11929, doi:10.1063/1.1755656（2004）
14） Miao Y, et al：J Chem Theory Comput, 11：3584-3595, doi:10.1021/acs.jctc.5b00436（2015）
15） Ohnuki J, et al：J Phys Chem Lett, 15：725-732, doi:10.1021/acs.jpclett.3c03052（2024）
16） Jaunet-Lahary T, et al：Nat Commun, 14：1730, doi:10.1038/s41467-023-36883-5（2023）
17） Ekeberg M, et al：Phys Rev E Stat Nonlin Soft Matter Phys, 87：012707, doi:10.1103/PhysRevE.87.012707（2013）
18） Ohnuki J & Okazaki KI：J Phys Chem B, 128：7530-7537, doi:10.1021/acs.jpcb.4c02726（2024）

# タンパク質デザインAIの動向と利用のコツ

小林直也

AlphaFold2の登場以降，“タンパク質デザイン”分野も急速な発展を見せており，さまざまなタンパク質デザインのための深層学習（AI）プログラム（タンパク質デザインAI）が公開されている．これらのプログラムはいずれも無料で試行できるクラウド実行環境も公開されており，Webブラウザがあれば誰でもタンパク質デザインを直ちに行うことができる．本稿では，現在主流のタンパク質デザインAIの動向を概説するとともに，最近のタンパク質デザインプログラムを利用するうえでの注意点とtipsを紹介する．

## はじめに

AlphaFold2[1]の登場以降，タンパク質の立体構造の原子座標やアミノ酸配列を扱う深層学習モデルが数多く開発され，bioRxivやarXiv等のプレプリントサーバーでは毎日のように新しいモデルが発表されている．画像生成AIや文章生成AIとときを同じくして，深層学習モデルに基づいて新しいタンパク質の立体構造やアミノ酸配列を生成するタンパク質デザイン用の深層学習プログラムも登場し，天然酵素タンパク質の改変や機能性人工タンパク質の創製をコンピューター上で行うことが急速に身近になっている．本稿では，最近の**タンパク質デザインAI**にはどのようなものがあり，どのようなことができるのか，そして現在主流となっているタンパク質設計法の注意点やTips，今後の課題および期待について述べる．

## 高速に膨大な数のタンパク質を生み出すAI時代のタンパク質デザイン

“タンパク質デザイン”とは，目的の性質や構造を示すタンパク質のアミノ酸配列を新規に設計することをいう．現在までに数多く行われてきたコンピューターを用いたタンパク質デザインは，一般に

❶ **主鎖骨格構造モデリング**
❷ **側鎖構造（アミノ酸配列）設計**
❸ **設計配列の折りたたみ能力の評価（アミノ酸配列からタンパク質立体構造の予測）**

の3ステップからなる（図1）．この3つのステップのうち，どのステップからはじめるかで「**リデザイン**」と「***de novo* デザイン**」に区別される．「リデザイン」は，既知のタンパク質の主鎖骨格構造を設計の鋳型として「❷ 側鎖構造（アミノ酸配列）設計」を行い，鋳型としたタンパク質と類似の立体構造を有するが新しいアミノ酸配列に改変されたタンパク質を設計することをいう．一方，「*de novo* デザイン」は，もとの構造

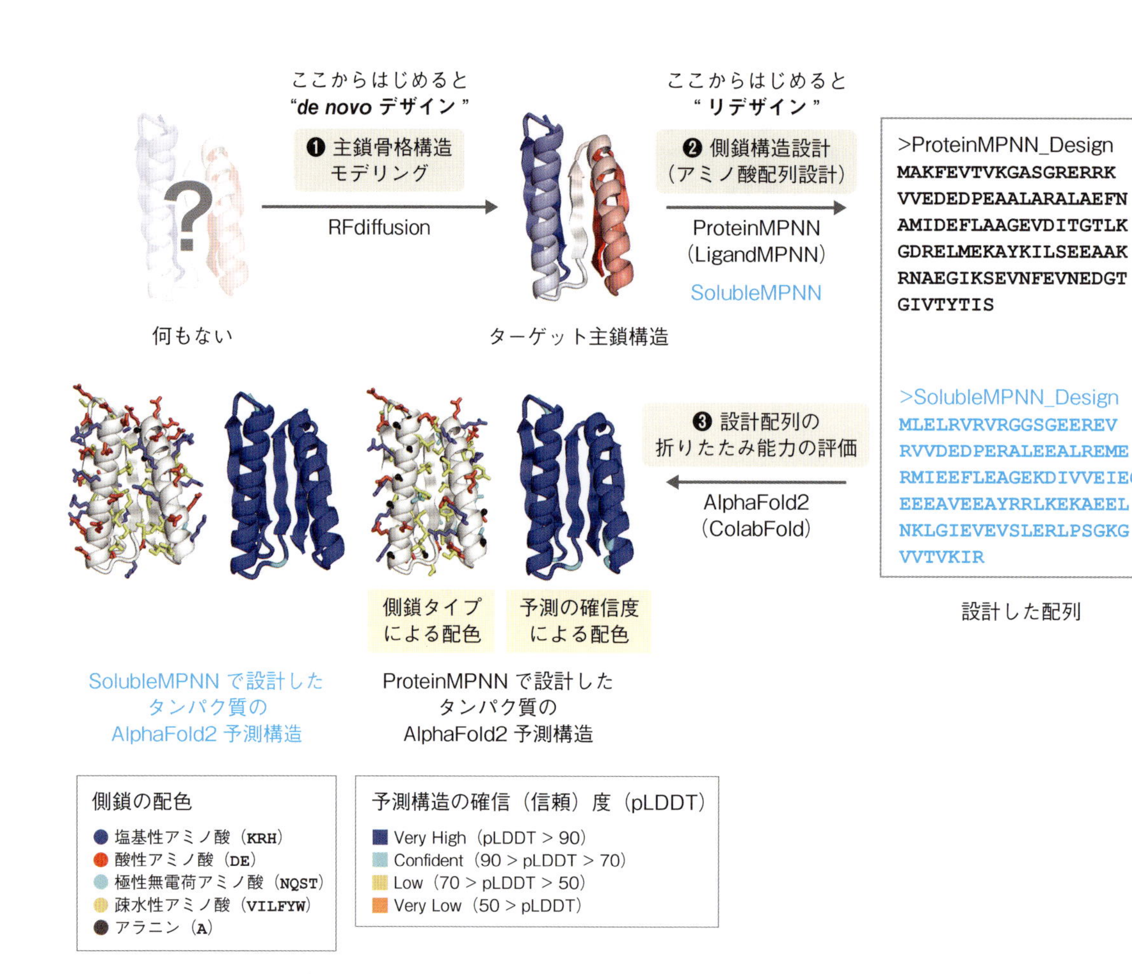


**図1　コンピューターを用いたタンパク質デザインの基本的な3ステップ**

RFdiffusionを用いて生成した主鎖骨格構造に対して，ProteinMPNNとSolubleMPNNを使ってアミノ酸配列設計を行い，ColabFoldを用いてそれぞれのプログラムで設計された配列の折りたたみ能力を評価した．SolubleMPNNで設計したタンパク質の表面はすべて親水性残基で設計された．一方，ProteinMPNNで設計したタンパク質は分子表面のαヘリックス上にアラニンが数多く選ばれ，露出ぎみの疎水性アミノ酸もみられた．このような配列は実際にwet実験を行うと可溶性に影響を与えるはずだが，AlphaFold2（ColabFold）の予測ではどちらの設計配列も高いpLDDTを示した．これは得られたAlphaFold2の予測結果のみでは細かな配列の良し悪しは量れないことを示唆する．そのため，AlphaFold2で折りたたみ能力を評価する前の段階でターゲット主鎖骨格構造やアミノ酸配列がどのような工夫のもとに生成されたか，その工夫した点を考慮してAlphaFold2の予測結果を解釈することが設計の成功率を高めるうえで重要である．

の有無によらず「❶ 主鎖骨格構造モデリング」を行い，新規に主鎖骨格構造を創り出して，その主鎖骨格構造を鋳型に「❷ 側鎖構造（アミノ酸配列）設計」以降を行うことという．

コンピューターを用いたタンパク質の「リデザイン」や「*de novo*デザイン」は，1990年代からタンパク質立体構造の統計情報や物理計算に基づいて行われてきた．代表的なプログラムとして**Rosetta**[2]がよく知られている．Rosettaはタンパク質を主とした分子構造を統計情報や物理計算によりモデリングするための統合ソフトウェアパッケージである．Rosettaを用いたタンパク質設計により，さまざまな種類の折りたたみ構造の新規タンパク質やタンパク質複合体構造が創り出され[3]，機能的な面でも特異的にタンパク質や低分子化合物に結合する能力を有する新規タンパク質[4)5)]や熱安定性を向上させた酵素[6)~8)]等が創り出されてきた．これらの成果が示すように，コンピューターを用いてタンパク質を設計できるということは，従来の統計情報や物理に基づくデザイン手法でも示されてきたことであった．しかしながら，これらの実施は，科学計算の知識や技術といったソフトウェア面の制約だけでなく，ハードウェアの面にも大きな制約があり，クラスター計算機資源を使った長時間の計算を必要とする敷居の高いものであった．こうした状況を大きく変えたのが最近の**深層学習に基づくタンパク質デザイン手法**の登場である．

深層学習に基づく手法でタンパク質デザインを行うことにより大きく変わった点に，結果の出力が圧倒的に速くなったことがあげられる．例えば，Rosettaを用いて「❷ 側鎖構造（アミノ酸配列）設計」を行うと，設計するタンパク質の大きさにもよるが，タンパク質のアミノ酸配列を1配列のみ設計するのにも数十分程度必要とした．しかし，深層学習に基づく手法では数千配列設計するのにわずか数分しかかからない．深層学習に基づく手法の速度を実感するためにはGPUを搭載したコンピューターが必要となるが，現在，タンパク質デザインに用いる深層学習ツールの多くは，Google Colaboratoryで実行可能なコードが公開されており，WebブラウザとGoogleアカウントをもっていれば，Googleが提供する無料のクラウドGPUサーバーを利用することができる．タンパク質デザインは3ステップからなることを前に述べたが，現在までに，それらの各ステップに対応する深層学習ツールが出揃い，いずれのツールもGoogle Colaboratoryで利用できる形で公開されている（表1）．これにより，誰でも手元の使い慣れたコンピューターから直感的な操作でタンパク質デザインを行うことができるようになっている．次項では，タンパク質デザインの各ステップにおける現在のAI技術の状況と主要なツールについて説明する．

## タンパク質デザインに用いられる深層学習プログラムの動向

「❶ 主鎖骨格構造モデリング」のステップは，その後の「❷ 側鎖構造（アミノ酸配列）設計」のステップを通して設計されるアミノ酸配列の質に大きな影響を与えるため，特に*de novo*デザインにおいて重要なステップである．2023年に画像生成AIで広く利用されている拡散確率モデルを用いたタンパク質構造生成プログラム**RFdiffusion**[9)]や**Chroma**[10)]が登場し，タンパク質構造設計に関する専門的な知識がなくとも，創り出したいタンパク質の長さを指定するだけで，新しいタンパク質構造を生成することができるようになった．RFdiffusionを用いることで，天然タンパク質の機能にかかわる部分構造を構造中に含む新しいタンパク質構造の生成や，ループ領域などの局所的な構造をよりシンプルな構造に改造すること（これらをRFdiffusionやChromaでは**motif scaffolding**や**in painting**とよぶ）が可能になり，従来よりも合理的にタンパク質工学を行うことが可能になった．RFdiffusionやChromaではタンパク質の主鎖構造のみしか生成することはできなかったが，2024年にタンパク質と他の分子の複合体構造を主鎖構造のみならず側鎖構造を含めて全原子で予測することができる**RoseTTAFold All-Atom**[11)]が発表され，その構造生成部分を応用した**RFdiffusion All-Atom**（RFdiffusion AA）[11)]も合わせて公開された．RFdiffusion AAはタンパク質以外の分子と複合体を形成したタンパク質構造を生成することができ，低分子化合物と結合する実用的なタンパク質構造の生成も可能になっている．

RFdiffusionのような立体構造生成用のプログラムを用いず，trRosetta[12)]やAlphaFold2といったアミノ酸配列から立体構造を予測するプログラムの**hallucination**（ランダムなアミノ酸配列を入力として，そのアミノ酸配列から予測される構造がもっともらしくなるように入力アミノ酸配列の調整をくり返すことで，実在しそうなタンパク質構造とそれをコードするアミノ

表1　主要なタンパク質デザインツール

| デザインステップ | プログラム名 | ソースコード | Colaboratory notebook | 文献 |
|---|---|---|---|---|
| ❶主鎖骨格構造モデリング | RFdiffusion | https://github.com/RosettaCommons/RFdiffusion | https://colab.research.google.com/github/sokrypton/ColabDesign/blob/v1.1.1/rf/examples/diffusion.ipynb | 9 |
| | RFdiffusion - conditional fold generation | https://github.com/sokrypton/ColabDesign/tree/main/rf | https://colab.research.google.com/github/sokrypton/ColabDesign/blob/main/rf/examples/diffusion_foldcond.ipynb | 9 |
| | Chroma | https://github.com/generatebio/chroma | https://colab.research.google.com/github/generatebio/chroma/blob/main/notebooks/ChromaDemo.ipynb | 10 |
| | RFDiffusion AA | https://github.com/baker-laboratory/rf_diffusion_all_atom | | 11 |
| | BindCraft | https://github.com/martinpacesa/BindCraft | https://colab.research.google.com/github/martinpacesa/BindCraft/blob/main/notebooks/BindCraft.ipynb | 15 |
| ❷側鎖構造（アミノ酸配列）設計 | ProteinMPNN | https://github.com/dauparas/ProteinMPNN | https://colab.research.google.com/github/dauparas/ProteinMPNN/blob/main/colab_notebooks/quickdemo.ipynb | 18 |
| | ProteinMPNN in jax! | https://github.com/sokrypton/ColabDesign/tree/main/mpnn | https://colab.research.google.com/github/sokrypton/ColabDesign/blob/v1.1.1/mpnn/examples/proteinmpnn_in_jax.ipynb | 18 |
| | LigandMPNN | https://github.com/dauparas/LigandMPNN | | 21 |
| | LigandMPNN - Colab | | https://colab.research.google.com/github/ullahsamee/ligandMPNN_Colab/blob/main/LigandMPNN_Colab.ipynb | 21 |
| ❸設計配列の折りたたみ能力の評価 | AlphaFold2 | https://github.com/google-deepmind/alphafold | | 1 |
| | ColabFold - v1.5.5 | https://github.com/sokrypton/ColabFold | https://colab.research.google.com/github/sokrypton/ColabFold/blob/main/AlphaFold2.ipynb | 25 |
| | ColabFold v1.5.5: AlphaFold2 w/ MMseqs2 BATCH | | https://colab.research.google.com/github/sokrypton/ColabFold/blob/main/batch/AlphaFold2_batch.ipynb | 25 |
| | LocalColabFold | https://github.com/YoshitakaMo/localcolabfold | | 25 |
| | AlphaFold3 | | (Server) https://alphafoldserver.com/ | 24 |
| | RoseTTAFold-All-Atom | https://github.com/baker-laboratory/RoseTTAFold-All-Atom | | 11 |
| その他 | ESM3 | https://github.com/evolutionaryscale/esm | https://colab.research.google.com/github/evolutionaryscale/esm/blob/main/examples/generate.ipynb | 30 |
| | Rosetta/PyRosetta | https://rosettacommons.org/download/ | | 2 |

酸配列を生成すること）を利用して，タンパク質構造を生成する方法もある[13) 14)]．最近，この方法を応用した**BindCraft**[15)]（表1）という手法が公開され，標的タンパク質への結合タンパク質を非常に高い成功率で得ることができると報告している．タンパク質構造予測プログラムのhallucinationを利用したこれらの方法も主鎖骨格構造モデリングの有力な手法と言えるだろう．

「❷ 側鎖構造（アミノ酸配列）設計」では，2018年頃から主鎖骨格構造を入力として，各残基位置に好まれる20種類のアミノ酸の確率を予測する深層学習ベースのプログラムが登場しはじめた[16) 17)]．2022年に主鎖骨格構造を入力としてアミノ酸配列まで一息に設計する深層学習ベースのアミノ酸配列設計プログラム**ProteinMPNN**[18)]が公開され，現在，アミノ酸配列設計において最も標準的に使用されるプログラムとなっている．ProteinMPNNでは数分で数千種類のアミノ酸配列を設計することが可能になり，ProteinMPNNで設計したタンパク質はwet実験でも高い成功率で目的の構造を形成するタンパク質が得られると証明されている．RFdiffusionで生成した主鎖骨格構造に対してProteinMPNNを利用してさまざまな構造のタンパク質の*de novo*デザインが達成された報告[9)]の他，Protein-MPNNで機能性タンパク質のリデザインも試みられており，ミオグロビンやTEVプロテアーゼといった天然の機能性タンパク質をProteinMPNNでリデザインし，機能を保持したまま発現量や熱安定性を向上させることができると確かめられている[19)]．また，タンパク質－タンパク質相互作用面の設計において，Rosettaを用いた手法では，設計されたタンパク質のアミノ酸組成が疎水性アミノ酸に偏り，凝集しやすい傾向があったが，ProteinMPNNでタンパク質－タンパク質相互作用面を設計した場合には親水性残基を含む相互作用面を設計できることが示されている[20)]．2023年の年末にはタンパク質以外の分子との複合体構造におけるアミノ酸配列を設計する**LigandMPNN**[21)]が発表され，DNA結合タンパク質の設計[22)]や低分子化合物結合タンパク質の設計が行われている[11)]．LigandMPNNのソースコード公開時には，膜タンパク質の構造情報を学習データセットから除いて作られた可溶性タンパク質設計用パラメータファイル**SolubleMPNN**も公開された．従来のProteinMPNNでは可溶性タンパク質のアミノ酸配列を設計しようとした際に分子表面に疎水性アミノ酸残基を設計してしまうことがあったが，このSolubleMPNNを用いることで，表面に正しく親水性アミノ酸残基を設計できるようになった（図1）．さらに，SolubleMPNNを使用して，脂質二重膜に埋もれている膜タンパク質の表面のアミノ酸残基を配列リデザインすることで膜タンパク質を水溶液に可溶化し，鋳型に用いた膜タンパク質と同じ立体構造をもつ水溶性タンパク質を創り出すことができることも報告されている[23)]．

「❸ 設計配列の折りたたみ能力の評価」は，従来のRosettaを使ったタンパク質デザインのときには，フラグメントアセンブリ法を応用したフォールディングシミュレーションとエネルギー計算により行っていた．しかしながら，**AlphaFold2**登場以降のタンパク質デザインでは，設計したアミノ酸配列の目的構造への折りたたみ可能性をAlphaFold2の予測の確信（信頼）度〔pLDDTやpAE，pTM，複合体予測の際にはinterface pTM（ipTM）やinterface pAE（ipAE）〕で評価するのが標準になってきている．AlphaFold2が予測できるのはタンパク質の立体構造のみであるため，設計した新規タンパク質フォールドの評価やタンパク質を標的とする結合タンパク質の設計の評価にはAlphaFold2を利用することができるが，タンパク質とタンパク質以外の分子が結合したデザイン構造はAlphaFold2で評価できなかった．2024年に発表された**AlphaFold3**[24)]や前述の**RoseTTAFold All-Atom**[11)]では，タンパク質と他分子の複合体構造を全原子で予測することが可能になった．まだ積極的にこれらのプログラムをデザインに利用した研究の報告はないが，今後，設計した機能性タンパク質の評価に利用した報告も増えるだろう（後述，図6参照）．しかしながら，現状，タンパク質デザインでは，数千から数万種類のアミノ酸配列を前述のProteinMPNN等を用いて設計し，立体構造予測により設計配列の折りたたみ能力を評価する．膨大な数のアミノ酸配列に対して立体構造予測を行う必要があるため，なるべく高速な立体構造予測プログラムを利用するのが好ましい．実用的には，AlphaFold2への入力とする多重配列アラインメント（MSA）作成プログラム部分が高速化された**ColabFold**[25] が便利である．ColabFoldは森脇由隆氏（第2章-3）によってローカル環境で動かすことができるLocalColabFoldも公開されている．LocalColabFoldは，Google ColaboratoryのGPU使用量上限や連続動作時間を気にせず，大量のアミノ酸配列や長大なアミノ酸配列の立体構造予測を行うことができるため，大量に設計したアミノ酸配列を網羅的に評価したい場合には，LocalColabFoldの導入をおすすめしたい．また，ColabFoldは複数のタンパク質鎖を含む複合体予測やMSAの作成に用いるデータベースの選択（MSAを作成せず予測する“single_sequence”の選択も可），自前のMSAやテンプレート構造を利用した構造予測，構造予測のrecycle数の変更など，さまざまなオプションの設定が簡単に行えるように整備されており，デザインの目的に合わせて，立体構造予測のやり方を調整することができる．

前述のタンパク質デザインにかかわるプログラムはいずれもGoogle Colaboratoryで実行できるコードが公開されている（表1）．Google Colaboratoryを用いて「❶ 主鎖骨格構造モデリング」および「❷ 側鎖構造（アミノ酸配列）設計」を実施する方法については，実験医学2023年10月号の筆者らの記事で動画資料も交えて解説したので，そちらを参考にしていただきたい[26]（movie 動画は本書の特典としても閲覧可能．詳しくは本書冒頭の特典のご案内を参照）．

これらのタンパク質デザインのためのプログラムを利用すると，マウスのボタンを数回クリックすることで，数千，数万の設計されたアミノ酸配列と立体構造が得られる．実際にタンパク質デザインをはじめてみると，多くの人は「設計したどの配列・構造を実際にwet実験で検証するか？」という問題に直面することになる．タンパク質デザインによって生み出されるタンパク質は，点変異で改変されたタンパク質と異なり，広範囲にわたってアミノ酸配列が改変され，自然界に類似配列が全く存在しないアミノ酸配列をもつようになる．そのため，wet実験で扱うには，新たに人工合成DNAを購入する必要がある．近年，人工合成DNAは安価になってきたものの，複数本を購入するとなると，いまだに出費がかさみ，タンパク質デザインによって設計される数千，数万のタンパク質すべての人工合成遺伝子を購入して，wet実験で検証することは現実的に難しい．こうした事情に対して，比較的小型のタンパク質に限定した手法にはなるが，大量の短鎖DNAを安価に入手可能なオリゴプールを利用して，数万から数十万種類の設計タンパク質を調製し，一度にwet実験で評価する試みもある[27][28]．しかしながら，こうしたアプローチは個々の目的に合わせて大規模スクリーニング系を特別に設計する必要があり，日常の研究にとり入れるのは難しい．タンパク質デザインをいつもの研究にとり入れていくには，膨大に生成されるタンパク質から何らかの基準でwet実験を行う候補を絞り込む必要がある．

そこで，次に筆者のこれまでのタンパク質デザイン経験からRFdiffusion，ProteinMPNN，AlphaFold2（ColabFold）を用いてタンパク質デザインを行ううえでの注意点とtipsを紹介する．

## 設計タンパク質のなかから候補を絞り込む際に考えること，工夫すること

### 1．AlphaFold2（ColabFold）を設計配列の折りたたみ能力評価に用いる際の注意点とtips

AlphaFold2では予測したタンパク質立体構造を評価する指標として予測の確信度（pLDDT，pAE，pTM，ipTM，ipAE）の値が一般に用いられる．しかし，**これらの予測の確信度の値は，必ずしもwet実験でのそのタンパク質の物質的な性質のよさを反映しないことには注意が必要である**．AlphaFold2登場以降，筆者もAlphaFold2の予測の確信度の値に基づいて選んだ多数の設計タンパク質をwet実験で調べてきたが，確信度の値が良好であるからといってwet実験でのタンパク

質の性質もよいとは限らないことを確かめている．しかしながら現状，AlphaFold2よりも優れた簡便に設計配列の折りたたみ能力を評価できるプログラムがなく，AlphaFold2を用いる他ない．AlphaFold2の予測の確信度の大小に多くを期待せず，あくまで“膨大に生成される設計配列のなかからwet実験検証を行う候補を絞り込むため”と割り切って使用するのがよいだろう．通常，筆者は数千種類のアミノ酸配列を設計し，そのすべての立体構造をColabFoldで予測したうえで，各配列から予測されるrank1からrank5の5つの構造の平均pLDDT，平均pAEおよび平均pTMを計算し，それらの値の大小でソートして，上位の設計配列を選んでwet実験に回している．ColabFoldの予測結果を基に設計配列を選択する際には，予測の確信度の数値のみを当てにするのではなく，「望みの構造が予測されているか？」，「高い確信度を示した設計タンパク質のアミノ酸組成に不自然な偏りがないか？」について，予測された構造を目視確認することを大切にしている．

AlphaFold2（ColabFold）による立体構造予測は，デフォルト設定では多重配列アラインメント（MSA）を使用して行われるが，**設計したアミノ酸配列の立体構造をMSAを使用してColabFoldで予測する場合には結果の解釈に注意が必要である**．例えば，既知の天然由来のタンパク質の構造を鋳型にリデザインを行ったタンパク質の配列をMSAを利用してAlphaFold2で予測すると，設計した数千配列すべてのrank1からrank5までの予測結果が非常に良好な予測の確信度を持つことがある．これでは予測の確信度に基づいて設計配列を選別することができない．本来AlphaFold2は，自然界の相同タンパク質の配列情報から立体構造を予測するプログラムである．リデザインしたタンパク質の配列は，同じ配列が自然界には存在しないものの，ある種の新しい相同タンパク質の配列ともいえるために，MSAありで構造予測を行うと自然界から構造の予測に参考になる配列情報が多く得られ，設計配列の差異によらず，設計したすべての配列で高い確信度持った構造が予測されてしまうのである（図2）．また，*de novo*デザインしたタンパク質のアミノ酸配列では逆に，MSAを利用してAlphaFold2で予測すると，予測結果が不安定になる．これは，*de novo*デザインタンパク質の配列はそもそも自然界に存在しないものであるのに，MSA検索によって少しでも似た配列があると集められ，そのMSAがAlphaFold2の予測に使われてしまうために，予期せぬバイアスが予測構造に反映されてしまうと考えられる．したがって，**設計したアミノ酸配列の折りたたみ能力をAlphaFold2を用いて評価する場合には，可能な限りMSAなしの予測（“--msa_mode single_sequence”）で実施するのがよい**．しかしながら，自然界の機能性タンパク質は一般にMSAなしの予測では折りたたまれないことが多く，リデザインした天然の機能性タンパク質やバインダータンパク質設計における標的タンパク質の予測の際，折りたたみ能力評価の障害となる．このようなとき，筆者はテンプレートを用いて構造予測の難易度を調整して，設計配列を評価している（図2および図3，テンプレートを用いた予測については，実験医学2023年10月号の森脇由隆氏の記事に詳しい[29]）．

**AlphaFold2を用いた設計配列の評価では，残基ごとのアミノ酸の細かな違いを感度よく検出することができない点にも注意が必要となる**．例えば，設計したタンパク質のαヘリックス上にアラニンが多くてもAlphaFold2は高い予測の確信度を示すことがある（図1）．一般にアラニンはαヘリックスに多いことが知られているが，このような偏りのある配列は，wet実験を行うとよい性質を示さない．こうした配列をwet実験の前に見分けるためにも，目視で確認し，アミノ酸配列の組成に不自然な偏りがないかをチェックすることが肝要である．

## 2. ProteinMPNNをアミノ酸設計配列に用いるうえでの注意点とtips

**ProteinMPNNは入力とする主鎖骨格構造の質に出力される設計アミノ酸配列が強く影響される**．例えば，NMRで決定された構造は歪んだ二次構造を含むことが多く，結合長，結合角，二面角等にマイナーな部分がある構造をProteinMPNNの入力とした場合，αへ

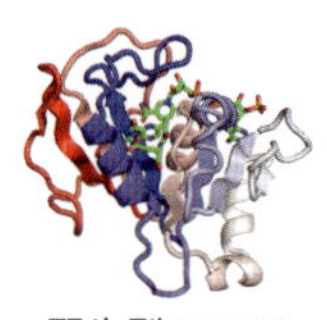


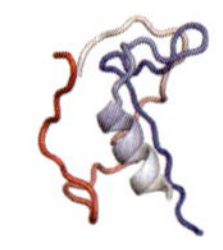


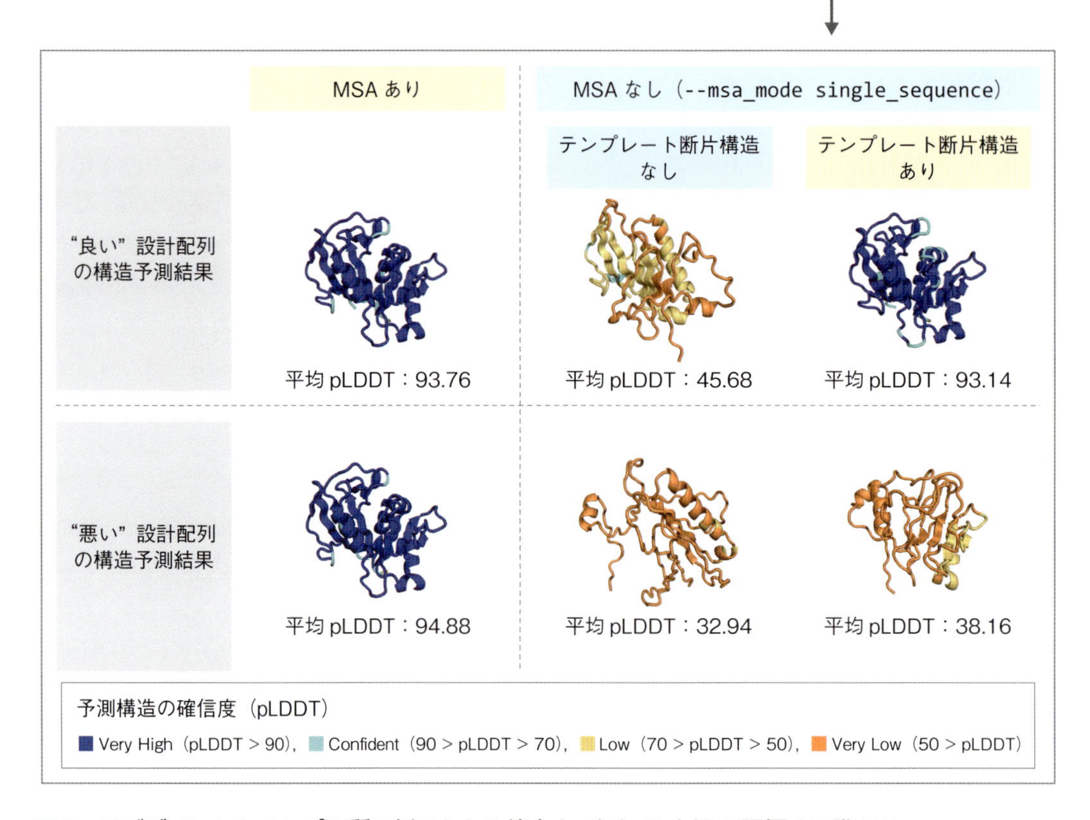


**図2　リデザインしたタンパク質の折りたたみ能力をAlphaFold2で評価する際のtips**

LigandMPNNを使用してジヒドロ葉酸還元酵素（DHFR）をリデザインし，設計したアミノ酸配列の折りたたみ能力をAlphaFold2で評価した．天然タンパク質のリデザインの場合，設計されるタンパク質は鋳型タンパク質の人工ホモログタンパク質になる．このようなリデザインしたタンパク質をMSAありで構造予測した場合，天然の配列データベースから類似タンパク質の配列が無数に見つかるため，設計したどの配列の予測構造でも高いpLDDTで予測されてしまい，AF2の構造予測で設計の良し悪しを選抜できない．とはいえ，MSAなしで予測すると，複雑な構造をもつ天然のタンパク質では高いpLDDTをもつ折りたたまれた構造が予測されなくなる．このような場合は，予測が難しい箇所やリデザインしていない箇所の部分構造の断片をテンプレートとして与え，テンプレートを与えていない部分をMSAなしで予測させると，AF2にとっての予測問題の難易度を調整できる．リデザインした配列がテンプレート断片構造をヒントにどれくらい整合して折りたたまれるかを評価することで，設計配列をpLDDT等の値で選別することができる．

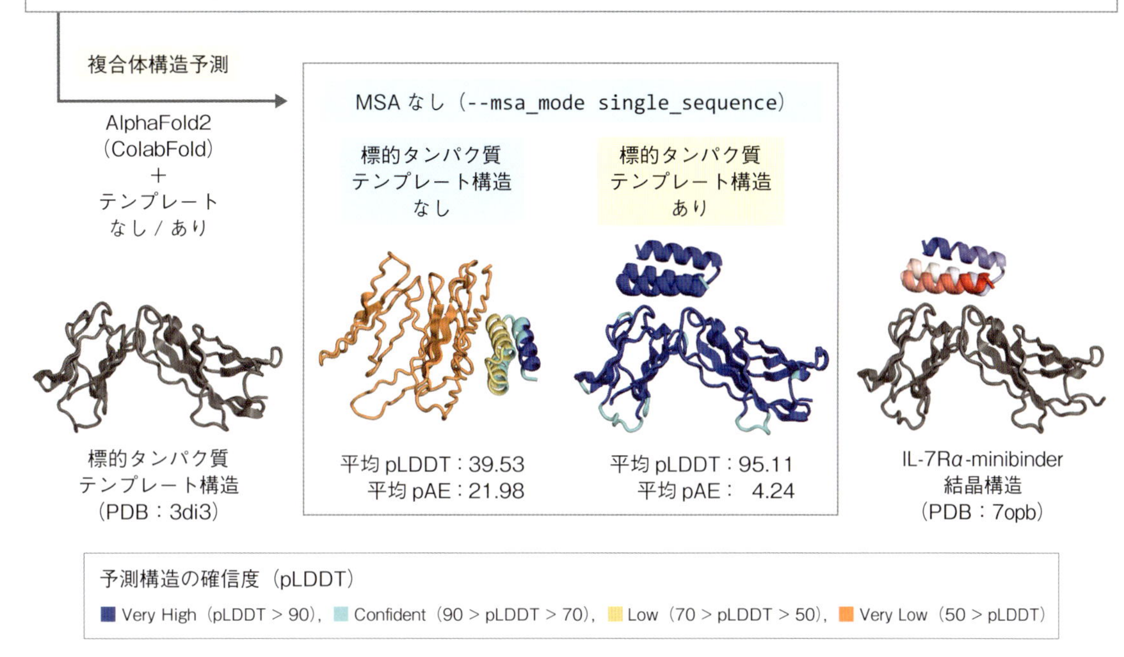


**図3　設計した結合タンパク質と標的タンパク質の複合体構造をAF2で評価する際のtips**

文献37で設計されたIL-7Rαへの結合タンパク質をAF2で予測した場合の例を示す．標的と結合タンパク質の複合体構造を評価する場合も*de novo*設計や酵素リデザイン（図2）同様，MSAなしで，設計したタンパク質の配列の情報のみから構造予測を行い，構造形成能力を評価するのが望ましいが，多くの場合，標的タンパク質は複雑な構造をもつ天然のタンパク質であるため，MSAなしでは標的タンパク質部分が折りたたまれなくなることが多い．このような場合には，標的タンパク質部分のみテンプレート構造を与え，MSAなしで標的タンパク質と結合タンパク質の配列から複合体構造を予測することで，pLDDTやpAEの値に基づいて設計した結合タンパク質を選別できるようになる．また，このような複合体タンパク質を評価する際には，モデルタイプの選択も重要となる．複数のアミノ酸配列を予測する際のデフォルト設定では“`alphafold2_multimer_v3`”モデルが使用されるが，このパラメータでは複合体構造が予測されやすくなり，偽陽性が多くなる．一方，単量体予測用のモデルである“`alphafold2`”を用いると，逆に複合体構造が予測されにくくなり，偽陰性が多くなる．先行研究では，設計した結合タンパク質のスクリーニングに，あえて単量体予測用モデルである“`alphafold2`”を選択して使用したという報告[15]もあり，モデルの選択についても検討の余地があるだろう．

リックス上にグリシンが過剰に選ばれる等，不可解な配列が生成されることがある．このような場合には一度，AlphaFold2で構造予測を行い，その予測構造をProteinMPNNの入力構造とすると改善される．AlphaFold2の予測構造は，主鎖骨格構造の欠陥が除かれており，配列デザインに適した骨格構造となっている．また，ProteinMPNNで配列を生成する際には，“`--sampling_temp`”をデフォルトの0.1ではなく，やや高めの0.2～0.3程度で行うと，生成されるアミノ酸配列が安定する．さらに，公開されているProteinMPNNをそのまま使用すると，同じ配列がくり返された．低複雑性配列やアラニンが過剰に選ばれたαヘリックス，分子表面に疎水性残基を選んだ配列が生成されることがある．膜タンパク質を学習データセットから除いてつくられたSolubleMPNN weight[21][23]を使用するとこれらの生成される配列のこれらの問題が解決されることが多いため，可溶性タン

V987
K986
V987P
K986P

野生型 SARS-CoV-2
スパイクタンパク質
AlphaFold2 予測構造

スパイクタンパク質安定化変異体
(K986P/V987P)
CryoEM 構造
PDB：6VSB

野生型スパイクタンパク質の
AF2 予測構造をもとに
ProteinMPNN で設計した配列

980 986 990

| | | | | | | | | | | | | | |
|---|---|---|---|---|---|---|---|---|---|---|---|---|---|
| 野生型 | D | I | L | S | R | L | D | K | V | E | A | E | V |
| 設計配列 1 | E | I | L | A | S | L | P | P | E | E | A | R | A |
| 設計配列 2 | E | I | L | A | S | L | P | P | A | E | A | K | A |
| 設計配列 3 | A | I | L | A | S | L | D | P | A | A | A | E | A |
| 設計配列 4 | E | I | L | A | S | L | P | P | A | E | A | E | A |
| 設計配列 5 | E | I | L | A | S | L | P | P | E | E | A | E | A |
| 設計配列 6 | E | I | L | A | S | L | P | P | E | E | A | K | A |
| 設計配列 7 | E | I | L | A | N | F | P | P | E | E | A | K | A |
| 設計配列 8 | E | I | L | A | S | L | P | P | A | E | A | K | A |
| 設計配列 9 | E | I | L | A | S | L | P | P | A | E | A | E | A |

スパイクタンパク質を安定化する
K986P 変異が
設計配列で保存されている

**図4　ProteinMPNNで生成した配列のアラインメントから安定化する点変異を探索する**

SARS-CoV-2のスパイクタンパク質の構造解析[38]と，その後のワクチンの作成のためにはプロリン変異体（K986P/V987P）[39) 40)]が重要な役割を果たした．プロリンはとりうる主鎖二面角のコンフォメーションに制約が強いため，ProteinMPNNのような主鎖骨格構造情報をもとに各部位に好ましいアミノ酸を予測する類のプログラムは，プロリンが導入可能な部位の予測が得意である．BLAST検索により得られる配列アラインメントで保存されるアミノ酸は，機能発現と立体構造形成上で重要なアミノ酸と考えられる一方，ProteinMPNN等で生成した配列アラインメントで保存されるアミノ酸は，立体構造上その部位に適したアミノ酸であり，構造形成に重要なアミノ酸と解釈できる．通常の配列アラインメントで保存される残基とProteinMPNNで生成した配列に共通する残基を比較することで“機能のための残基”と“構造形成のための残基”をある程度推測することができる．

パク質の設計であればSolubleMPNN weightを使用して配列生成することがおすすめである（図1）．応用として，ProteinMPNN等の配列生成プログラムは，配列全体のリデザインだけでなく，設計した配列のアラインメントから安定化する変異の候補を見つけ出すのにも役立てることもできる（図4）．実験医学2023年10月号の筆者らの記事[26]では，プラスチック分解酵素の熱安定化変異を同様の方法で見つけることができることも示している．

## 3. RFdiffusionを用いた主鎖骨格構造生成の注意点とtips

RFdiffusionは現在，数回マウスでクリックするだけで何もないところから何らかの構造を生成することができるようになっているが，思い通りの構造を生成することは意外と難しい．出力される構造をコントロールして，安定に生成させるには，RFdiffusionの“**motif scaffolding**”とよばれる方法を用いて，既存のタンパク質の断片構造から構造全体を生成させると，良質の構造が生成されることが多い．RFdiffusionは，入力とした断片構造の表面のアミノ酸側鎖の性質を認識しているらしく，望みの方向に主鎖構造を生成させたい場合には，親水性と疎水性のパターンを考慮して分子表面の側鎖を改変した断片構造を与えると生成される構造の向きを制御することができる（図5）．つくりたい構造の二次構造要素の長さや数のイメージをはっきりともっていて，そのイメージの範囲内で新しい構造を生成したい場合には，Sergey Ovchinnikov氏が公開しているColaboratory notebook「**RFdiffusion - conditional fold generation**」が便利である（表1）（図1に示した構造はこのnotebookを使用して生成した）．

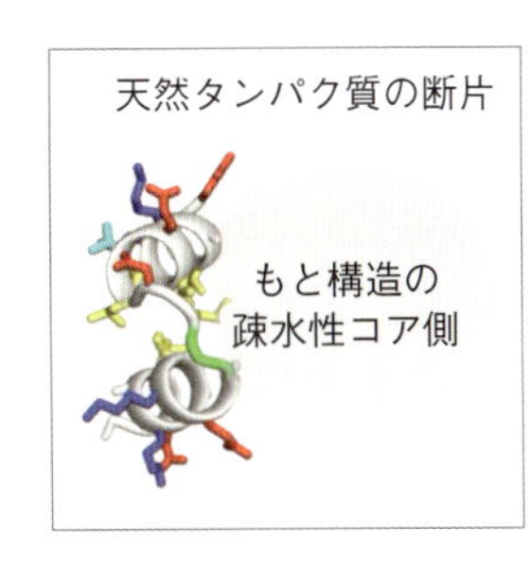

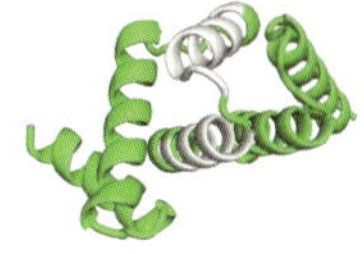

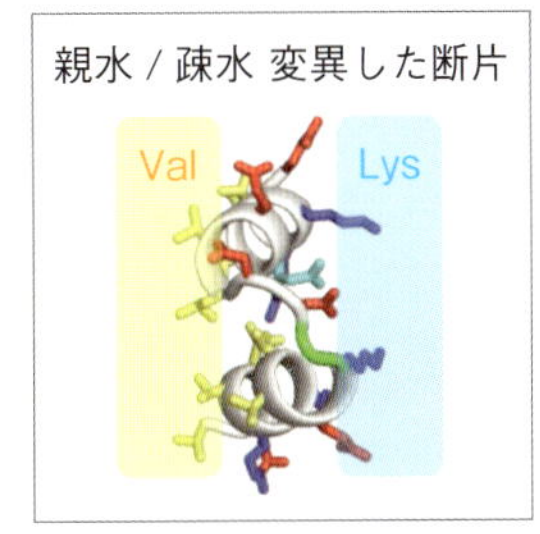

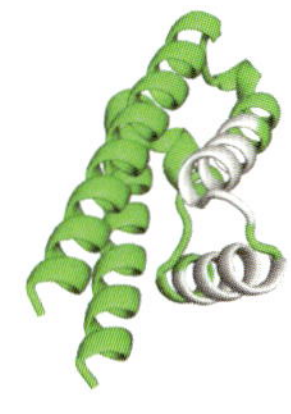

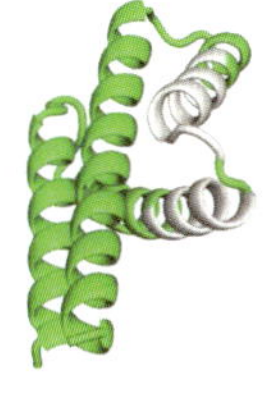

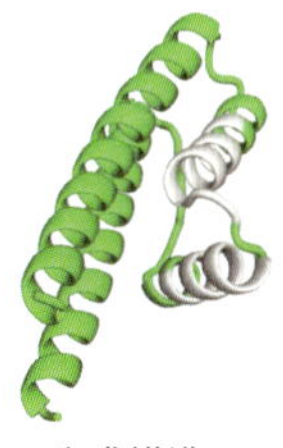


**図5　RFdiffusionで生成される主鎖構造の向きをコントロールするためのtips**
**上段）** 天然のタンパク質構造の断片をそのまま使用して，RFdiffusionのmotif scaffoldingにより構造を生成した場合，もとの天然タンパク質で疎水性コア領域があった側を中心に構造が生成される．**下段）** もとの天然タンパク質で疎水性コア領域があった面に側鎖の長い荷電性アミノ酸のリジンを変異導入し，その反対側に短い疎水性分岐鎖アミノ酸のバリンを変異導入した断片構造を作成し，motif scaffoldingにより構造生成を行うと，リジンを導入した側には構造が生成されなくなり，バリンを導入した側に疎水性コアをつくるように構造生成される．同様に，標的タンパク質の狙った位置に結合するタンパク質構造を生成したい場合，標的タンパク質の結合させたい表面にバリンを変異導入し，結合させたくない表面をすべてリジンに変異した構造をもとに結合タンパク質の構造を生成させると，結合させたい箇所に集中的に構造を生成させることができる．また，RFdiffusionを使って望みの構造を生成させる際の心がけとして“一発で生成しようとしない”ことも大切である．生成された構造のなかから好みの構造を含むものを選び出し，それを断片構造として再度motif scaffoldingを行う．これをくり返し，段階的に目的構造を作り上げていくことで，均整のとれた構造を得ることができる．

## 今後の課題と期待

これまでのタンパク質デザインは主にタンパク質分子の立体構造ベースに行われてきた．最近，ChatGPT等の言語ベースの深層学習モデルが席巻しているが，タンパク質の構造予測・デザイン分野においてもタンパク質言語モデル（PLM：protein language model）に関する論文が連日bioRxivやarXivに発表されている．代表的なPLMである**ESM3**（evolutionary scale model）[30] は，現在の立体構造ベースの手法に比べて精度はまだ劣るものの，配列設計の鋳型とする質の高い主鎖骨格構造を必要とせず，自然言語で条件を指示することによって，直接アミノ酸配列を生成することができる．タンパク質言語モデルは，メタゲノム等のゲノム解読により今後も学習データとなるタンパク質一次構造が増えていくこと，また，アミノ酸配列情報のみならず分子の座標情報も統一の言語モデルで扱えるようにする**SaProt**[31] や**FoldToken**[32] などの深層学習モデルも登場してきていることから，今後も性能の向上が期待される注目の技術と言えるだろう．

また，本稿執筆中にAlphaFoldシリーズを開発したGoogle DeepMind社からタンパク質デザインを目的とした**AlphaProteo**が発表された[33]．AlphaProteoの実装の詳細は公表されていないが，疾患や感染症の標的となるタンパク質への結合タンパク質の設計例が示され，本稿でも紹介したRFdiffusionを用いたタンパク質デザインよりも高い設計成功率で，より強い結合力をもったタンパク質の創出が可能であるとしている．AlphaProteoは従来の設計法では難しかった抗体可変領域ドメイン様の構造を創出し，湾曲したβシート構造を標的タンパク質の凹みにはめ込むような相互作用面の設計に成功している（図6）．また，RFdiffusionにおいても，抗体可変領域ドメイン様の構造の生成に特化させたモデルを作ることで抗体のように複雑な長いループ構造部分で標的タンパク質と結合するタンパク質を設計できると報告されている[34]．これらの手法で創出されるタンパク質は抗体に比べると顕著に高い熱安定性と発現量を示し，生産や品質管理上好ましい物性を有している．今後，抗体のような特異的タンパク質分子認識能力を有したタンパク質は*de novo*デザインによって創り出されることが増えていくのかもしれない．

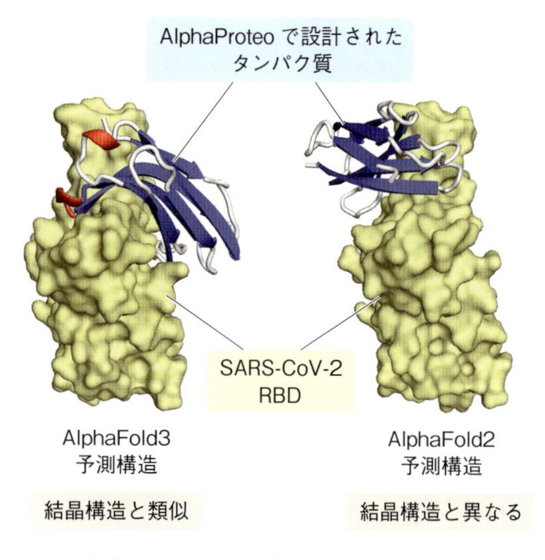


**図6　AlphaProteoで設計されたSARS-CoV-2 RBD結合タンパク質のAlphaFold3とAlphaFold2（ColabFold）の予測構造の比較**

AlphaProteoの論文[33]で示されている結晶構造は図に示すAlphaFold3予測構造と一致し，AlphaFold2では正解の構造を予測できなかった．結合タンパク質の設計ではAlphaFold3のような高い性能の構造予測プログラムでなければ正解の結合タンパク質が得られないということなのだろう．従来のタンパク質デザイン手法では，AlphaFold3の予測構造に示されたような，抗体可変領域ドメインに似たオールβ構造をもち，曲がったβシート構造を標的タンパク質の凹みにはめ込むような設計は難しかった．相互作用面の形状相補性で分子認識の特異性を確保できているのだろうと思われるが，相互作用面のアミノ酸組成は疎水的であり，可溶性タンパク質として発現させた際の安定性には難があるかもしれない．親水的な表面への結合タンパク質の設計はRFdiffusionを使った試み[41]が最近報告されたが，今後も重要な課題となるだろう．

AlphaProteoはタンパク質構造のみ設計することが可能であり，タンパク質以外の分子との結合構造の設計例は示されていないが，同じ頃，別の研究グループから**ChemNet**[35]とよばれる酵素反応時の基質の反応中間体と相互作用する側鎖構造のアンサンブルを生成する深層学習モデルとRFdiffusionを組合わせることでセリンエステラーゼの*de novo*デザインに成功した報告があった[36]．今後，個別の目的に特化した深層学習モデルが開発されていくことで，タンパク質内，タンパク質間の相互作用のデザインだけでなく，タンパク質と他の分子との間の相互作用の設計もより高い精度で可能になり，化学反応のデザインも進んでいくだろう．

現在の深層学習ベースのタンパク質デザインは，その設計がなぜ優れているかについてブラックボックスになりがちである．今後，タンパク質の機能発現メカニズムをより深く理解するためにも，物理学や化学の理論に基づいた新しいタンパク質設計手法の発展に期待したい．

## おわりに

本稿では，タンパク質デザインを日頃の研究にとり入れてもらえるように，設計タンパク質の選び方に関するtipsを具体的に説明することを心がけた．興味のあるタンパク質の改変やお好みの新規タンパク質設計に本稿で記したテクニックを活用していただければ幸いである．

## ◆ 文献


1） Jumper J, et al：Nature, 596：583-589, doi:10.1038/s41586-021-03819-2（2021）
2） Leman JK, et al：Nat Methods, 17：665-680, doi:10.1038/s41592-020-0848-2（2020）
3） Huang PS & Baker D：Nature, 537：320-327, doi:10.1038/nature19946（2016）
4） Tinberg CE, et al：Nature, 501：212-216, doi:10.1038/nature12443（2013）
5） Fleishman SJ, et al：Science, 332：816-821, doi:10.1126/science.1202617（2011）
6） Dahiyat BI & Mayo SL：Science, 278：82-87, doi:10.1126/science.278.5335.82（1997）
7） Dantas G, et al：J Mol Biol, 223：449-346, doi:10.1016/S0022-2836(03)00888-X（2003）
8） Goldenzweig A, et al：Mol Cell, 63：337-460, doi:10.1016/j.molcel.2016.06.012（2016）
9） Watson JL, et al：Nature, 620：1089-1100, doi:10.1038/s41586-023-06415-8（2023）
10） Ingraham JB, et al：Nature, 623：1070-1078, doi:10.1038/s41586-023-06728-8（2023）
11） Krishna R, et al：Science, 384：eadl2528, doi:10.1126/science.adl2528（2024）
12） Yang J, et al：Proc Natl Acad Sci U S A, 117：1496-1503, doi:10.1073/pnas.1914677117（2020）
13） Anishchenko I, et al：Nature, 600：547-552, doi:10.1038/s41586-021-04184-w（2021）
14） GitHub：AfDesign（v1.1.1）https://github.com/sokrypton/ColabDesign/tree/main/af
15） Pacesa M, et al：bioRxiv, doi:10.1101/2024.09.30.615802（2024）
16） Wang J, et al：Sci Rep, 8：6349, doi:10.1038/s41598-018-24760-x（2018）
17） Qi Y & Zhang JZH：J Chem Inf Model, 60：1245-1252, doi:10.1021/acs.jcim.0c00043（2020）
18） Dauparas J, et al：Science, 378：49-56, doi:10.1126/science.add2187（2022）
19） Sumida KH, et al：J Am Chem Soc, 146：2054-2061, doi:10.1021/jacs.3c10941（2024）
20） de Haas RJ, et al：Proc Natl Acad Sci U S A, 121：e2314646121, doi:10.1073/pnas.2314646121（2024）
21） Dauparas J, et al：bioRxiv, doi:10.1101/2023.12.22.573103（2023）
22） Glasscock CJ, et al：bioRxiv, doi:10.1101/2023.09.20.558720（2023）
23） Goverde CA, et al：Nature, 631：449-458, doi:10.1038/s41586-024-07601-y（2024）
24） Abramson J, et al：Nature, 630：493-500, doi:10.1038/s41586-024-07487-w（2024）
25） Mirdita M, et al：Nat Methods, 19：679-682, doi:10.1038/s41592-022-01488-1（2022）
26） 小林直也 & 佐久間航也：実験医学, 41：2601-2608, doi:10.18958/7335-00001-0000603-00（2023）
27） Rocklin GJ, et al：Science, 357：168-175, doi:10.1126/science.aan0693（2017）
28） Tsuboyama K, et al：Nature, 620：434-444, doi:10.1038/s41586-023-06328-6（2023）
29） 森脇由隆：実験医学, 41：2585-2591, doi:10.18958/7335-00001-0000601-00（2023）
30） Hayes T, et al：bioRxiv, doi:10.1101/2024.07.01.600583（2024）
31） Su J, et al：bioRxiv, doi:10.1101/2023.10.01.560349（2023）
32） Gao Z, et al：bioRxiv, doi:10.1101/2024.08.04.606514（2024）
33） Zambaldi V, et al：arXiv, doi:10.48550/arXiv.2409.08022（2024）
34） Bennett NR, et al：bioRxiv, doi:10.1101/2024.03.14.585103（2024）
35） Anishchenko I, et al：bioRxiv, doi:10.1101/2024.09.25.614868（2024）
36） Lauko A, et al：bioRxiv, doi:10.1101/2024.08.29.610411（2024）
37） Cao L, et al：Nature, 605：551-560, doi:10.1038/s41586-022-04654-9（2022）
38） Wrapp D, et al：Science, 367：1260-1263, doi:10.1126/science.abb2507（2020）
39） Pallesen J, et al：Proc Natl Acad Sci U S A, 114：E7348-E7357, doi:10.1073/pnas.1707304114（2017）
40） Kirchdoerfer RN, et al：Sci Rep, 8：17823, doi:10.1038/s41598-018-36918-8（2018）
41） Gloegl M, et al：bioRxiv, doi:10.1101/2024.09.13.612773（2024）

# AlphaMissenseによる変異導入効果予測
## タンパク質言語モデルと立体構造予測の融合

山口秀輝，齋藤　裕

AlphaFold2に代表される高度なタンパク質立体構造予測アルゴリズムは構造生物学やタンパク質デザインの研究に絶大なインパクトを与えた．そのなかにあって，遺伝子変異のタンパク質機能への影響，つまり変異導入効果が予測立体構造の情報から推論できるかどうかは興味深い論点の一つである．本稿では，近年の変異導入効果予測において中心的な役割を果たしている深層学習技術「タンパク質言語モデル」の解説からはじめ，AlphaFold2が抱える課題を言語モデル的なアプローチとの合わせ技で解決したAlphaMissenseまでを，ツールとしての利用可能性に触れながら概観する．

## はじめに

本稿のテーマである**変異導入効果予測（variant effect prediction）**とは，文字通り核酸やタンパク質などの生物配列に生じた変異がその機能にどのような影響を及ぼすか予測することをいう．例えば，タンパク質工学においては，天然タンパク質を出発点として機能改善につながるアミノ酸変異を探索・導入し，より高機能な改変体を実現することをめざす．可能な組合わせ変異の数は膨大で網羅できないので，予測アルゴリズムにより「筋のよい」改変候補をあらかじめ知ることができれば，多大なコストと時間を要する生化学実験の負担を減らすことができるだろう．また，アミノ酸置換につながる遺伝子上の点変異，つまり**ミスセンス変異**により病原性が生じるかどうかは医学的にきわめて重要な意味をもつ．ClinVar[1]に代表される公共データベースには病原性の有無が判別された変異情報が多く収載されているとはいえ，ありうるすべての変異に対して人手によるアノテーションを与えるのは現実的でない．したがって，精度高く，かつスケーラブルに実行可能な変異導入効果予測手法には大きなニーズがある．本稿では，この目的に向かって開発されてきた主要な機械学習技術を紹介する．なお，本稿執筆時点（2024年7月）ですでにAlphaFold3が発表されているが[2]，ここではAlphaFold2[3]（AF2）とその派生技術までを対象としたい．

## タンパク質言語モデルによる一次配列に基づく変異導入効果予測

ChatGPTに代表される大規模言語モデル（large language models：LLM）ベースの技術を日常的に利用している読者も多いだろう．アミノ酸を「単語」，タンパク質配列を「文章」と見立てて配列解析にLLM技術を応用したバイオインフォマティクス手法のことを**タンパク質言語モデル（protein language models：**

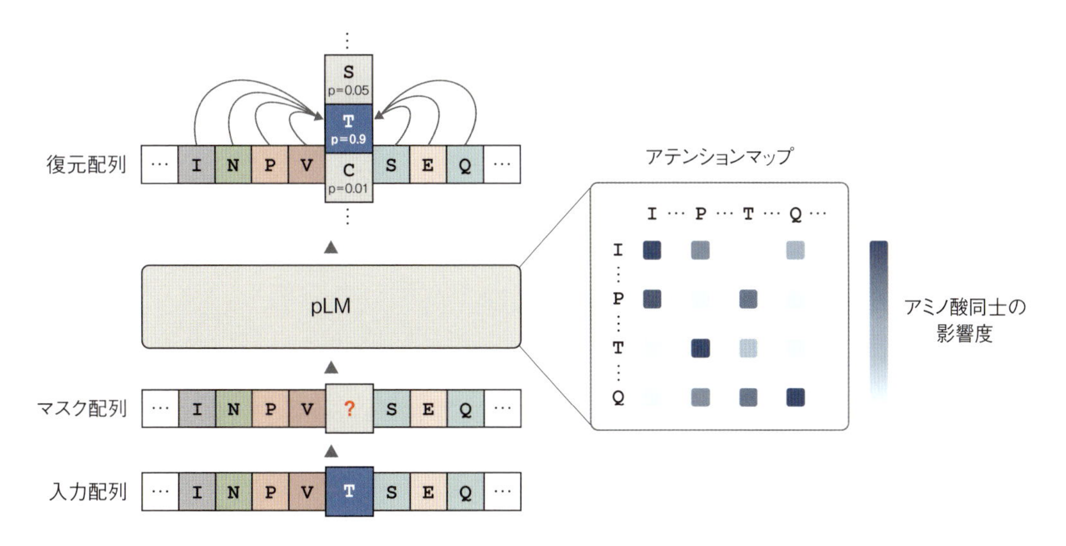


**図1 transformer型pLMの学習機構（masked language modeling）**
まず入力配列の一部アミノ酸がランダムにマスクされる〔ここでは**T**（threonine）を選択〕．次にマスク配列がモデルに入力され，マスク位置で20種類のアミノ酸それぞれの出現確率が配列内の他のアミノ酸を考慮して計算される．もとのアミノ酸（**T**）に対する確率が最大となるようパラメータ調整するのが学習の目標である．モデル内部ではアミノ酸同士の影響度を定量するアテンションが計算されており，これにより「文脈」を捉えられると期待される．

**pLM**）という．pLMは大規模な配列データであらかじめ学習されており，ざっくりいうと「配列内でのアミノ酸出現のもっともらしさ」を定量できる．これにより，配列に含まれる変異の「もっともらしさ」が異常な値をとる場合には病原性が疑われる，といった変異導入予測が実現でき便利である．そのしくみと具体的な応用法，そして注意点について見ていこう．

## 1. pLMは「穴埋め問題」を解いて配列特徴を自動学習する

タンパク質は長い進化の過程を経て現存する立体構造と機能を獲得していると考えられるため，配列に含まれる進化的な情報を学習したモデルがあれば種々の予測に有効活用できそうである．そこでpLMはタンパク質配列に含まれるアミノ酸同士が互いに関連して出現する傾向を捉えられるよう，さまざまな生物種由来の配列を用いて学習される．LLMが大量の文章データを学習し文脈に応じた適切な推論をするのと似た内容である．より詳細には，タンパク質一次配列の一部をマスクしてしまい，周辺残基の情報を手がかりにもとのアミノ酸を推論するタスクを深層学習モデルに解かせる（図1左）．モデルはこの「穴埋め」をする際に20種類あるアミノ酸それぞれの出現確率（pLMの文献では尤度（ゆうど）とよばれることが多い）を計算し，最大値をもつものを候補として解答する．**masked language modeling（MLM）**とよばれるこのタスクを通してpLMはアミノ酸の共起パターンを学習するのである．MLMの大きなメリットは，おのおののタンパク質に対する測定値を必要とすることなく配列さえあれば実行できることであり，これにより公共データベースに含まれる数億以上の配列すべてを対象とするモデル学習が可能となっている．最近のpLMでしばしば使われる深層学習モデルのtransformerはLLMを実現する基幹技術の一つで（GPTのTはtransformerのT），モデル内部でアミノ酸同士の関連の強さをアテンションとよばれるしくみを通して定量している（図1右）．

## 2. pLMにより教師データを用いない変異導入効果予測ができる

pLMの注目すべき応用法の一つとして，変異タンパク質に対する実験データを使わずに機能値を予測する**zero-shot予測**があげられる．Meierらは pLMを用い，変異体に含まれる改変アミノ酸と天然タンパク質内の改変前アミノ酸の尤度比（もしくはその対数をとった対数尤度比）が機能値の変化とある程度の相関をもつことを複数の生化学実験データを用いてはじめて示した[4]．生化学実験は熱安定性・蛍光強度・結合親和性・酵素活性など幅広い性質を対象としており，タンパク質の由来生物種も多様であった．予測値と実測値との順位相関係数は平均で0.5弱と報告されており，改善余地は大きいものの当てずっぽうよりははるかによい水準である．これはモデルから見た配列の「もっともらしさ」とタンパク質機能との間には非自明な関係が存在することを示唆する．その後整備された約270万ものミスセンス変異配列データからなるProteinGymベンチマーク[5]でも，変異導入効果のzero-shot予測タスクの上位10位のうち8つはpLMに基づく手法が占めている．測定値なしでもある程度の精度が出ることから，例としてタンパク質工学プロジェクトの開始時点で変異導入すべき残基位置を探るなどの使い方が想定できるだろう．オフトピックとなるため詳細は割愛するが，pLMは相同性検索や配列アラインメント，配列進化方向の推定といった配列解析タスクなどにも広く応用できる[6]．

本手法は非常に手軽だがリミテーションも存在する．最近の知見として，pLMが計算する尤度は事前学習データの種バイアスの影響を大きく受けることが明らかになっている[7]．データ内に豊富に存在する種，およびその進化的類縁関係にある種由来の配列に対する尤度は，そうでない配列と比較して系統的に大きくなるようである．アーキアなど収載配列数が少ない生物種は「もっともらしさが低い」とモデルが判断するため，たとえば好熱菌由来タンパク質をzero-shot予測に従って改変すると，熱安定性が下がり工学的に好ましくない結果となる可能性がある．同様に，公共データベースに進化的類縁配列（ホモログ）がほとんどないタンパク質に関して，pLMは意味のある特徴を抽出できないことを示唆するデータもある[8]．前項で見たpLMの学習方法をかんがみると妥当な結果であり，筆者も実務上同様の所感を得ているため，自身の関心のあるタンパク質のホモログがモデル学習データ内に乏しい場合にはzero-shot予測の適用を避けるべきだと考えている．

表1　主要なタンパク質言語モデル

| モデル名 | アーキテクチャ | パラメータ数 | 学習データ | URL |
|---|---|---|---|---|
| ESM-1b | transformer | 650M | UniRef50 | https://github.com/facebookresearch/esm |
| ESM2 | transformer | 8M～15B | UniRef50 | https://github.com/facebookresearch/esm |
| ESM3 | transformer | 1.4B，7B，98B | UniRef/MGnify/JGI/Observed Antibody Space（OAS）/PDB/AlphaFold DB/ESMAtlas | https://github.com/evolutionaryscale/esm |
| MSA Transformer | transformer | 100M | UniRef50/Uniclust30 | https://github.com/facebookresearch/esm |
| AbLang | transformer | 85M | OAS | https://github.com/oxpig/AbLang |
| AntiBERTy | transformer | 26M | OAS | https://github.com/jeffreyruffolo/AntiBERTy |
| CARP | CNN | 640M | UniRef50 | https://github.com/microsoft/protein-sequence-models |

### 3. 数あるモデル，どれを使うべきか？

利用可能なpLMは多岐にわたるが（表1），性能ととり回しのよさのバランスがとれていることから**ESM-1b**[9]や**ESM2**[10]がしばしば用いられている．また，ESMシリーズの最新世代となる**ESM3**[11]は，配列や立体構造を生成する全く新しいモデルとして提案されている．利用にあたってはライセンスへの同意が必要となる点にご注意いただきたい．タンパク質の単一配列ではなく多重配列アラインメント（multiple sequence alignment：MSA）からの情報抽出をしたい場合には**MSA Transformer**[12][13]が使える．これは文字通りMSAを入力とするpLMであり，AF2内部でも類似のしくみが使われていることを後述する．免疫分野に特化したpLMも提案されており，抗体分析については**AbLang**[14]や**AntiBERTy**[15]などが以前から利用されてきた．興味あるタンパク質配列が非常に長い場合は**CARP**[16]が利用候補となる．ESMは最大で1,022残基までしか入力できない一方，CARPは原理的には無制限の配列長をとり扱えるためである．pLM研究は非常にさかんに行われており，ここにあげたもの以外にも多くのモデルが提案されている．pLMはミュンヘン工科大学のチームが提供するGoogle Colab Notebook[17]などから簡単に利用できるが，残念ながら利用可能なモデルが限定的でzero-shot予測機能も提供されていないので，できればユーザ自身がPythonコードを書いた方がいいだろう．例としてESMを用いたzero-shot予測は開発元自身がサンプルコードを提供している[18]ほか，各モデルのソースコードを格納したGitHubレポジトリを見ると大抵の場合は利用方法が書かれているので適宜参考にされたい．

## AlphaFold2の言語モデリング機能を強化したAlphaMissenseによる変異導入効果予測

### 1. AlphaFold2の予測立体構造に基づく変異導入効果予測

AF2は2021年の公開以来，予測精度の高さやColab-Fold[19]のような利用しやすいインターフェイスが整備されたことなどから爆発的に利用が拡大し，すでにタンパク質立体構造予測の標準的ツールとなっている．では，AF2による予測構造を用いれば変異体機能も推論できるのだろうか．じつは，これに対しては否定的な指摘がAF2登場からほどなくしてなされている[20]．実験的に立体構造が得られたいくつかの変異体に対してAF2の予測構造を検討すると，実際の立体構造は顕著に変化しているにもかかわらず，天然型配列に対する予測構造とほとんど差がなく予測信頼度を示すpLDDTの値も変わらない事実が明らかにされた．また，pLDDTに基づく変異導入効果の予測値は実測値とほぼ無相関であることも蛍光タンパク質の変異体データを用いて示されており[21]，立体構造情報を用いた変異導入効果予測は大きな議論の的となってきている．

### 2. AlphaFold2の内部機構

これらの課題を受け，AF2開発元のGoogle DeepMind社所属研究者たちがとった方策は，構造モデリングをより洗練させるのではなくAF2の言語モデリング能力を強化することだった．ここで提案された新手法**AlphaMissense**[22]について説明する前に，簡単にAF2のデータ処理方法をおさらいしておこう（詳細は第1章-2や文献23などを参照されたい）．AF2のデータ処理パイプラインは大別すると以下の4要素からなる．❶参照配列（構造予測の対象となる配列）をクエリとしたデータベースからのホモログおよびテンプレート構造取得．この段階でMSAが構成される．❷❶の生データからの初期特徴量計算．❸Evoformerによる特徴量変換．❹ structure moduleによる原子座標計算．本稿との関連で着目したいのは，AF2の学習の初期段階において，❶のMSA内のアミノ酸を確率的にマスクし，❸の特徴表現からマスク残基を復元する「穴埋め問題」が用いられている点である．原論文[3]のsupplementary figure 10によると，この言語モデリングタスクはAF2の予測精度向上に大きく寄与していることがわかる．AF2では，モデル全体がPDB収載の立体構造を正解とする教師あり学習によりパラメーター調整される点がpLMとは異なるものの，言語モデルに着想を得た学習アプローチ自体はきわめて有効であることを示唆している．

## 3. AlphaMissense

AlphaMissenseはオリジナルのAF2と比べていくつかの点が変更されている（図2）．まず，AF2の入力MSAは1行目が参照配列でそれ以外がホモログから構成されるが，AlphaMissenseではさらに複数の点変異を集約した配列が2行目に追加される．また，モデルを事前学習する際にMSA復元タスクの重みがAF2比で5倍大きく設定された．さらに，MSA 2行目の変異配列表現から，pLMの項で説明したのと同様に天然型配列に対する対数尤度比を計算し，これを病原性スコアとする．事前学習の後には，このスコアをもとに病原性あり（pathogenic）もしくはなし（benign）の2値分類問題を教師あり学習するファインチューニングも行われる．ほかにもAF2の入力に使われていた構造テンプレートや，構造予測関連のいくつかの損失関数が削除されたなどの差分があり，全体として言語モデリングが強化されたバージョンであると理解できる．

AlphaMissenseは病原性予測を高精度に実現する．遺伝子変異に対するアノテーション情報を収載したClinVarのテストデータにおいて，2値分類問題の性能指標となるAUROC（area under the receiver operator curve）で0.940とかなり高い予測精度を達成している（仮に予測が完璧に行える場合にはAUROC = 1となる）．特に，AlphaMissenseはClinVarの訓練用データを使っていないにもかかわらず，同データで学

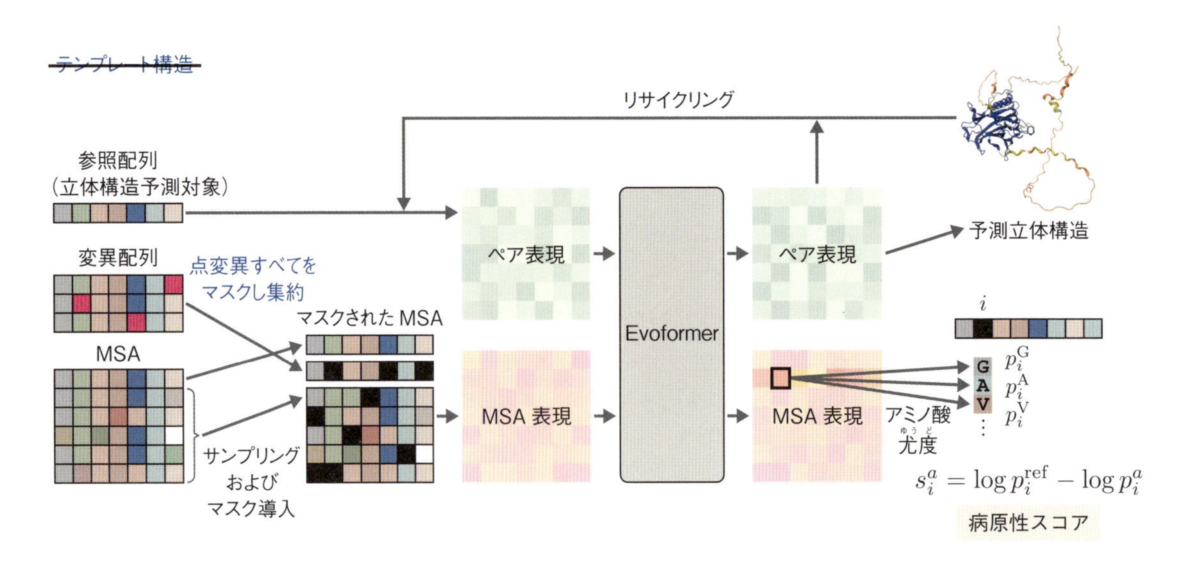


**図2　AlphaMissenseのデータ処理パイプライン**

AlphaMissenseはAF2と類似のデータ処理を経て立体構造予測と病原性スコア予測を同時に実行する．AF2のデータ処理との主な差分を青字で示した．病原性スコアは，MSA 2行目に追加されている変異配列に対する特徴表現から計算される変異アミノ酸（$\log p_i^a$）と変異前の参照アミノ酸（$\log p_i^{ref}$）との対数尤度比として定められ，残基位置ごとにすべての点変異に対して算出される．（文献21をもとに作成）

習した先行手法よりも精度がよく，汎化性能が高いことを示唆している．前述は遺伝子横断的な評価結果であるが，臨床的に関心の強い遺伝子にフォーカスし，遺伝子ごとに分けて評価した場合でも同様となった．AlphaMissenseは立体構造予測を同時に行うため，病原性の予測結果を立体構造上にマッピング・可視化できる点で解釈性に優れている．また，病原性に限定せず変異導入効果を予測するProteinGymベンチマークにおいても順位相関係数0.5前後となり，僅差ではあるが比較された全モデル中最高の性能を達成した．

なお，ややマニアックな余談となるが，オリジナルのAF2に含まれるEvoformerによる変異導入効果のzero-shot予測精度はESMなどのpLMと比較して衝撃的に低いことがわかっている[24]．実際，AF2論文のsupplementary methods 1.9をよく読むと，MSA復元タスクは配列間の関係性をモデルに学習させる意図で導入したのに立体構造予測精度向上に寄与するのみであった，と正直に書かれている．おそらくこの時点でpLMが得意とする系統関係の推定などにはEvoformer特徴量をうまく使うことができない事実に開発者自身も気がついており，それが後のAlphaMissense考案につながったのかもしれない．

最後にモデルの利用可能性に関しては，ソースコードはGitHubリポジトリから入手できるが学習済みモデルは非公開となっており，実質的にはユーザ自身による何らかの学習が必要である点は大きな障壁である．一方で，ヒトプロテオームにおいて理論上ありうる点変異について網羅的に病原性予測した結果は公開されており，同じリポジトリにダウンロードリンクが記載されている．さらに，AF2の予測立体構造を収載した

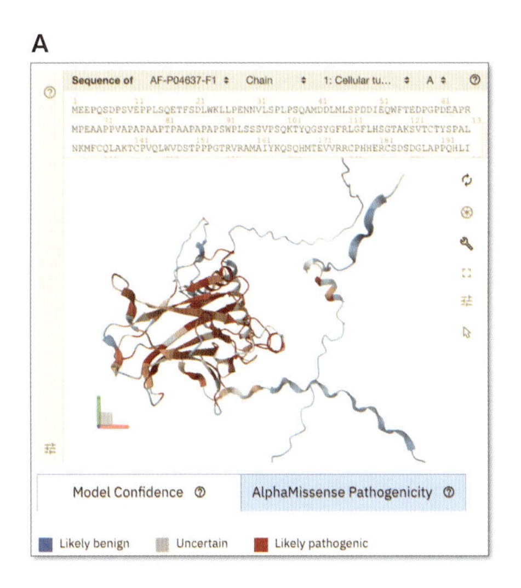


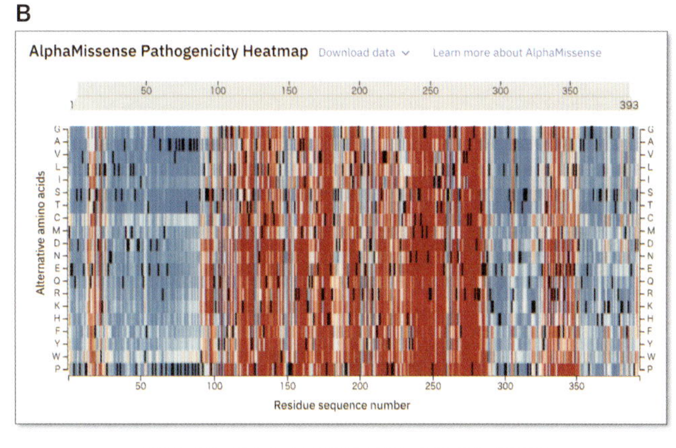


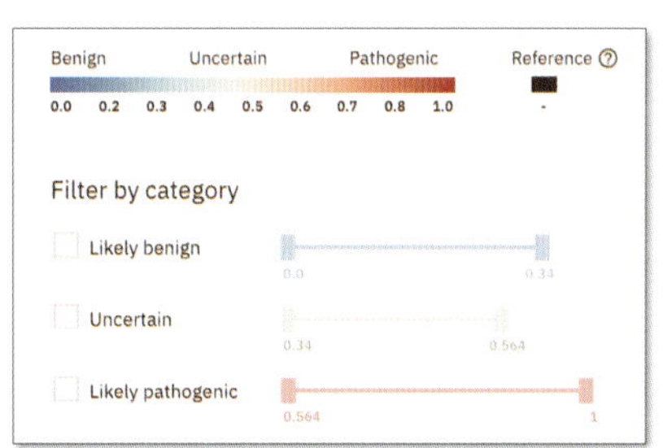


**図3 AlphaFold DB上でのAlphaMissense予測結果例**

cellular tumor antigen p53（uniprot ID：P04637）についての予測立体構造および予測病原性スコアをAlphaFold DB上で表示したもの．**A）**従来から利用可能だったAF2による予測信頼度に加え，AlphaMissenseによる病原性予測結果も立体構造上で確認できる．**B）**ありうるすべての点変異（縦軸）に対する予測病原性スコアを一次配列に沿って表示している．病原性あり・なしの閾値はユーザーがスライドバーを動かすことで変更可能．

AlphaFold Protein Structure Database（本データベースについては第３章-4，文献25が詳しい）では，一部のタンパク質立体構造上に病原性スコアが色付けされており，ヒートマップ形式でも閲覧できる（図3）．国内のリソースであればTogoVar[26]上で予測結果が参照可能である．

## おわりに

ここまで，pLMと立体構造予測が融合することで高精度な変異導入効果予測が実現されつつあることを見てきた．このアプローチはますます広がっており，例えば本稿執筆時点（2024年７月）でのProteinGymベンチマークのトップランカーは，AF2の予測構造を効率的に検索するアルゴリズムのFoldseek[27]が内部的に利用している「構造アルファベット」をpLM学習に追加した**SaProt**[28]である．

本稿の最後に，構造インフォマティクスやタンパク質デザイン研究で著名なOvchinnikovとHuangによる問い[29]を引用したい．“*is it simply a better exercise in bioinformatics, or are the models learning physics?*”ここでいう“it”は深層学習，“the models”は立体構造予測モデルのことであるが，タンパク質一次配列にその立体構造や機能を実現する物理情報がエンコードされていると考えるならば，この質問はpLMにも投げかけられてしかるべきである．現状のpLMはまさに“*better exercise in bioinformatics*”を実現しているのだと思われるが，生物物理学的データをpLMにとり込もうとする意欲的な試みも出てきている[30]．今後もより深い原理に根差したアルゴリズムが変異導入効果予測の限界を押し広げていくだろう．

◆ 文献


1）Landrum MJ，et al：Nucleic Acids Res，46：D1062-D1067，doi:10.1093/nar/gkx1153（2017）
2）Abramson J，et al：Nature，630：493-500，doi:10.1038/s41586-024-07487-w（2024）
3）Jumper J，et al：Nature，596：583-589，doi:10.1038/s41586-021-03819-2（2021）
4）Meier J，et al：NeurIPS，https://openreview.net/forum?id=uXc42E9ZPFs（2021）
5）Notin P，et al：NeurIPS，https://openreview.net/forum?id=URoZHqAohf（2023）
6）山口秀輝，齋藤 裕：JSBi Bioinformatics Review，4：52-67，doi:10.11234/jsbibr.2023.1（2023）
7）Ding F & Steinhardt J：bioRxiv，doi:10.1101/2024.03.07.584001（2024）
8）Li FZ，et al：bioRxiv，doi:10.1101/2024.02.05.578959（2024）
9）Rives A，et al：Proc Natl Acad Sci U S A，118：e2016239118，doi:10.1073/pnas.2016239118（2021）
10）Lin Z，et al：Science，379：1123-1130，doi:10.1126/science.ade2574（2023）
11）Hayes T, et al：bioRxiv, doi:10.1101/2024.07.01.600583（2024）
12）Rao RM，et al：Proc Mach Learn Res，139：8844-8856，https://proceedings.mlr.press/v139/rao21a.html（2021）
13）Lupo U，et al：Nat Commun，13：6298，doi:10.1038/s41467-022-34032-y（2022）
14）Olsen TH，et al：Bioinform Adv，2：vbac046，doi:10.1093/bioadv/vbac046（2022）
15）Ruffolo JA，et al：arXiv，doi:10.48550/arXiv.2112.07782（2021）
16）Yang KK，et al：Cell Syst，15：286-294，doi:10.1016/j.cels.2024.01.008（2024）
17）bio_embeddings：Notebooks https://docs.bioembeddings.com/v0.2.3/notebooks.html
18）github：facebookresearch/esm https://github.com/facebookresearch/esm/tree/main/examples/variant-prediction
19）Mirdita M，et al：Nat Methods，19：679-682，doi:10.1038/s41592-022-01488-1（2022）
20）Buel GR & Walters KJ：Nat Struct Mol Biol，29：1-2，doi:10.1038/s41594-021-00714-2（2022）
21）Pak MA，et al：PLoS One，18：e0282689，doi:10.1371/journal.pone.0282689（2023）
22）Cheng J，et al：Science，381：eadg7492，doi:10.1126/science.adg7492（2023）
23）森脇由隆：JSBi Bioinformatics Review，3：47-60，doi:10.11234/jsbibr.2022.3（2022）
24）Hu M，et al：NeurIPS，https://openreview.net/forum?id=U8k0QaBgXS（2022）
25）木原大亮：実験医学，41：2575-2579，doi:10.18958/7335-00001-0000599-00（2023）
26）Mitsuhashi N，et al：Hum Genome Var，9：44，doi:10.1038/s41439-022-00222-9（2022）
27）van Kempen M，et al：Nat Biotechnol，42：243-246，doi:10.1038/s41587-023-01773-0（2023）
28）Su J，et al：NeurIPS，https://openreview.net/forum?id=6MRm3G4NiU（2024）
29）Ovchinnikov S & Huang PS：Curr Opin Chem Biol，65：136-144，doi:10.1016/j.cbpa.2021.08.004（2021）
30）Gelman S，et al：bioRxiv，doi:10.1101/2024.03.15.585128（2024）

## 記号・数字



## 欧文

### A・B・C



### D・E・F



### G・H・I



### J・K・L



### M・N・O

# INDEX



## P・Q・R



## S・T・U



## V・W・X



## Y・Z



# 和文

## あ行

## か行



## さ行



## た行



## な行



## は行



## ま行



## や行



## ら行

# 執筆者一覧

## ◆編　集


富井健太郎　産業技術総合研究所人工知能研究センター


## ◆執筆者［五十音順］


石谷隆一郎　東京科学大学総合研究院難治疾患研究所／東京大学大学院理学系研究科

大上雅史　東京科学大学情報理工学院

大貫　隼　自然科学研究機構分子科学研究所計算科学研究センター

岡崎圭一　自然科学研究機構分子科学研究所計算科学研究センター

木原大亮　パデュー大学理学部生物科学科・計算機科学科／大阪大学蛋白質研究所

栗栖源嗣　大阪大学蛋白質研究所

小林直也　奈良先端科学技術大学院大学先端科学技術研究科

齋藤　裕　国立研究開発法人産業技術総合研究所／北里大学未来工学部

寺田　透　東京大学大学院農学生命科学研究科

西　羽美　東北大学大学院情報科学研究科／お茶の水女子大学基幹研究院

森脇由隆　東京科学大学難治疾患研究所計算創薬科学分野

山口秀輝　中外製薬株式会社

山守　優　産業技術総合研究所人工知能研究センター

于　健　大阪大学蛋白質研究所

力丸健太郎　東京科学大学総合研究院難治疾患研究所／株式会社エクサウィザーズ

## ◆ 編者プロフィール ◆

**富井健太郎**（とみい　けんたろう）

1998年 京都大学大学院理学研究科博士後期課程修了．博士（理学），生物分子工学研究所（BERI）ポスドク，UC Berkeleyポスドクを経て産業技術総合研究所入所，2016年より同所 人工知能研究センター研究チーム長．
専門：計算生物学（computational biology）．

実験医学別冊　最強のステップUPシリーズ

**AlphaFold時代の構造バイオインフォマティクス実践ガイド**

**今日からできる！構造データの基本操作から相互作用の推定、タンパク質デザインまで**

2024年12月15日　第1刷発行

編　集　富井健太郎
発行人　一戸敦子
発行所　株式会社　羊　土　社
〒101-0052
東京都千代田区神田小川町2-5-1
TEL　03（5282）1211
FAX　03（5282）1212
E-mail　eigyo@yodosha.co.jp
URL　www.yodosha.co.jp/
印刷所　三美印刷株式会社
広告取扱　株式会社エー・イー企画
TEL　03（3230）2744㈹
URL　https://www.aeplan.co.jp/



ISBN978-4-7581-2276-4